Ausgewählte chemische
Untersuchungsmethoden
für die Stahl- und Eisenindustrie

Von

Oberingenieur Otto Niezoldi

**Leiter der Versuchsanstalt
der Firma Borsig Aktiengesellschaft, Berlin-Tegel**

Fünfte, vermehrte und verbesserte Auflage

Springer-Verlag
Berlin / Göttingen / Heidelberg

1957

ISBN-13: 978-3-642-92711-9   e-ISBN-13: 978-3-642-92710-2
DOI: 10.1007/978-3-642-92710-2

Vorwort zur fünften Auflage

Die fünfte Auflage des Buches bringt wiederum einige Verbesserungen und Ergänzungen. Die weitere Entwicklung photometrischer Geräte macht es möglich, auch auf dem Gebiet der Stahl-Eisen-Analyse entsprechende Verfahren zu benutzen. Es wurde daher neu aufgenommen:

Die photometrische Nickel-, Kobalt- und Molybdänbestimmung, sowie die Vanadium- und Titanbestimmung nebeneinander.

Benutzt werden dabei das LANGE-, das PULFRICH- und das EPPENDORF-Photometer.

Ferner die Zinn-Bestimmung im Stahl, die Untersuchung des Calcium-Siliciums und des Ferrocarbontitans sowie des Silumins.

Außerdem die Schnellmethode zur Bestimmung von Stickstoff in Stahl und Brennstoffen.

Das Kapitel Betriebs- und Brennstoffe wurde erweitert um eine kurze Anleitung für die Probenahme von Kohle, die Resthärtebestimmung nach WESLY, die Viskositätsbestimmung nach ENGLER und mit dem Kugelfall-Viskosimeter.

Bei allen genormten Verfahren wurden die neuesten Normblätter berücksichtigt.

Die bei den einzelnen Bestimmungen angeführten Faktoren entsprechen den neuesten Atomgewichten. Zur Vereinfachung ihrer Benutzung sind sie in einer Tabelle zusammengefaßt und als Anhang dem Buch beigefügt.

Den Herren G. SCHEFCZYK, E. REIMANN, J. LANGE und Fräulein I. GROSS danke ich für ihre Mitarbeit.

Berlin, im Februar 1957

Otto Niezoldi

Aus dem Vorwort zur ersten Auflage

Für die vielseitigen Arbeiten eines Laboratoriums der stahlverarbeitenden Industrie fehlte bisher ein Buch, das sowohl die Untersuchungsmethoden für Stahl und Eisen, als auch die für Metalle, feuerfeste Steine, Gas, Wasser und Kohle umfaßt. Diese Lücke soll das vorliegende Werk ausfüllen.

Darüber hinaus soll es aber auch ein Hilfsmittel sein, welches die Ausbildung von Lehrlingen, Volontären und Werkstudenten erleichtert.

Um diesen Zweck zu erfüllen, werden bei der Beschreibung der Analysengänge auch Angaben gemacht über die zu verwendenden Gefäße, Säure- und Chemikalienmengen und die Art der Filter. Hierdurch soll nicht nur eine Arbeitserleichterung und Kostenersparnis, sondern in erster Linie eine größere Genauigkeit in der Übereinstimmung von Parallelanalysen erreicht werden. Ferner wird, soweit erforderlich, der chemische Vorgang erklärt und in zahlreichen Anmerkungen auf alle nur möglichen Fehlerquellen hingewiesen. So soll es auch weniger geschulten Kräften möglich sein, sich innerhalb kurzer Frist einzuarbeiten und einwandfreie Analysenergebnisse zu erzielen. Bei dem heutigen Facharbeitermangel ist dies von besonderer Wichtigkeit.

Die weitere Abweichung von den bisher erschienenen Büchern besteht darin, daß nur der Arbeitsgang geschildert wird, wie er tatsächlich zur Zeit im Laboratorium des Verfassers ausgeführt wird. Damit soll nicht behauptet werden, daß die anderen Verfahren ungenaue Ergebnisse liefern. Es ist vielmehr versucht worden, von der Vielzahl der möglichen Untersuchungsgänge die einfachsten und in allen Fällen brauchbarsten herauszulösen.

Das Werk gliedert sich in vier Teile:

1. Stahl und Eisen einschließlich Ferrolegierungen.

2. Metalle und Legierungen.

3. Betriebsstoffe, insbesondere Brennstoffe, Schlacken, Zuschläge und feuerfeste Baustoffe, ausschließlich Ölprüfungen. Letztere sind genormt und eingehend in den „Richtlinien für den Einkauf und die Prüfung von Schmiermitteln" beschrieben.

4. Lösungen: Bereitung und Titerstellung der Lösungen zur Maßanalyse, Herstellung sämtlicher für die Analysen notwendigen Reagenzienlösungen.

Grundsätzlich wurden Bestimmungen, welche nur selten vorkommen, wie z. B. die des Sauerstoffgehalts, sowie außergewöhnlicher Legierungsbestandteile nicht aufgenommen.

Die Auswahl der beschriebenen Methoden erfolgte auf Grund langjähriger Praxis im Laboratorium der Firma Borsig; sie sind dort zum Teil schon viele Jahre im Gebrauch. Sie stützen sich auf Veröffentlichungen in der einschlägigen Fachliteratur, insbesondere auf die Mitteilungen des Chemikerfachausschusses des Vereins Deutscher Eisenhüttenleute und der Gesellschaft Deutscher Metallhüttenleute.

Möge sich das Buch besonders unter dem Nachwuchs, für den es in erster Linie geschrieben ist, gute Freunde erwerben und ihm das Einarbeiten in dieses Fachgebiet erleichtern.

Berlin, im Juni 1936

Otto Niezoldi

Inhaltsverzeichnis

Erster Teil

Stahl und Eisen

Zweiter Teil

Metalle

Dritter Teil

Betriebsstoffe

Vierter Teil

Lösungen

Erster Teil

Stahl und Eisen

Kohlenstoff

a) Gewichtsanalytisch. Die Apparatur besteht aus I. einer Sauer-
stoffbombe mit Reduzierventil, II. einer Waschflasche mit Kalilauge
zur Entfernung der evtl. im Sauerstoff enthaltenen Kohlensäure (1),
III. dem mittels drei (2) Silitstäben geheizten Verbrennungsofen,
IV. einem zur Hälfte mit Chrom(VI)oxyd und zur anderen Hälfte mit
Phosphorpentoxyd gefüllten U-Röhrchen, das zur Absorption des in den
Verbrennungsgasen enthaltenen Schwefeldioxyds und der Feuchtigkeit
dient. V. Ferner zwei mit Natronkalk oder Natronasbest und etwas
Phosphorpentoxyd gefüllten U-Röhrchen, welche die bei der Verbren-
nung entstehende Kohlensäure aufnehmen sollen. VI. Den Schluß bildet
eine mit Schwefelsäure 1,84 gefüllte Waschflasche zum Schutz der
Absorptionsgefäße gegen das Eindringen feuchter Luft und gleichzeitig
zur Beobachtung der Schnelligkeit des Sauerstoffdurchganges.

Vor der erstmaligen Benutzung leitet man durch die ganze Apparatur
einen mäßigen Sauerstoffstrom, bis sämtliche Luft verdrängt ist. Dann
nimmt man die Natronkalkröhrchen ab und wägt sie. Inzwischen heizt
man den Ofen an und wägt die Probespäne ab (3). Man nimmt von Roh-
und Gußeisen 1 g, von Stahl 1,5 g und von Ferrolegierungen 0,5–1,5 g.
Dieselben breitet man im Schiffchen gleichmäßig aus und bedeckt sie mit
0,5–1 g eines sauerstoffabgebenden Zuschlages (4). Ist die Temperatur des
Ofens etwa 900° (5), schiebt man das Schiffchen mittels eines Metallstabes,
der am Ende zu einem Haken umgebogen ist, bis in die Mitte des Porzellan-
rohres, schließt nun schnell die Absorptionsröhrchen an, öffnet das
Sauerstoffventil und bringt den Ofen in etwa 10 Minuten auf eine Temperatur von 1150° (6). Sobald die Verbrennung einsetzt, wird fast der
gesamte Sauerstoff verbraucht, was man an dem Stocken des Gas-
stromes in der letzten Waschflasche erkennen kann. Man muß dann die
Sauerstoffzufuhr entsprechend regeln, damit genügend zur vollständigen
Verbrennung vorhanden ist (7). Sobald die Verbrennung beendet ist,
was man an der Zunahme der Gasblasen in der letzten Waschflasche
erkennen kann, schaltet man den Ofen aus und läßt dann noch etwa
10 Minuten Sauerstoff durch die Apparatur strömen, um sicher zu sein,
daß alles gebildete Kohlendioxyd in die Natronkalkröhrchen gespült ist.
Jetzt wird die Sauerstoffzufuhr abgestellt, die Hähne der U-Rohre werden

geschlossen, dieselben abgenommen und, nachdem sie die Temperatur des Wägezimmers angenommen haben, gewogen (8).

$$\frac{\text{Gewichtszunahme} \cdot 27{,}29}{\text{Einwaage}} = \% \; C$$

Bemerkungen: (1) Den Sauerstoff noch mittels Schwefelsäure 1.84 und Calciumchlorid zu trocknen, ist nicht nötig, da es sich gezeigt hat, daß in feuchtem Sauerstoff die Verbrennung leichter vor sich geht. Man kommt in feuchtem Sauerstoff auch bei größeren Spänen mit niedrigeren Temperaturen aus.

(2) Die Kohlenstoffbestimmungsöfen, die sog. Marsöfen, sind im allgemeinen mit zwei Silitstäben ausgerüstet im Gegensatz zu den Öfen für die Schwefelbestimmung, welche drei Heizstäbe besitzen. Da die Verbrennungstemperatur mit drei Stäben naturgemäß leichter erreicht wird als mit zwei, empfiehlt es sich, auch bei den C-Öfen drei Stäbe einzubauen. Hierbei werden die Stäbe nicht überlastet und besitzen eine längere Lebensdauer.

(3) Die Späne sollen gleichmäßig und nicht zu dick sein, da die dickeren Späne zu langsam verbrennen. Ferner ist zu berücksichtigen, daß bei Graugußproben die feineren Späne oft einen anderen Kohlenstoffgehalt haben als die gröberen. Bei diesen tritt leicht eine Entmischung der Probe ein. Ist Entmischung eingetreten, siebt man das Material durch ein 900- und ein 2500-Maschensieb und verbrennt anteilmäßige Einwaagen.

(4) Schwer verbrennbare Stoffe, wie Ferrochrom, Ferromangan, Ferrosilicium und hochlegierte Stähle können nur mit Zuschlägen, die als Sauerstoffüberträger dienen, verbrannt werden. Als solche nimmt man entweder Kupferoxyd oder Bleioxyd, letzteres zieht jedoch leicht CO_2 an. Man kann aber auch reine Kupferspäne als Zuschlag verwenden, die dann auf dem Umwege über das Oxyd katalytisch wirken. Soll ohne Zuschlag verbrannt werden, so muß entweder die Sauerstoffgeschwindigkeit stark erhöht werden, oder man muß die Gase noch durch ein glühendes mit Kupferoxyd gefülltes Quarzrohr schicken. Ferrowolfram verbrennt auch ohne Zuschlag.

Häufig werden gute Verbrennungen erzielt, wenn als Zuschlag ein Normalstahl mit sehr geringem Kohlenstoffgehalt verwendet wird.

(5) Bei einer zu hohen Temperatur schmilzt das Eisen vorzeitig und schließt unverbrannten Kohlenstoff ein.

(6) Bei höherer Temperatur als 1150° kann sich Kohlenoxyd bilden. Es entsteht dadurch, daß bei der hohen Temperatur die Verbrennung so schnell vor sich geht, daß der Sauerstoff das Kohlendioxyd nicht verdrängen kann und das im Schiffchen weiter zurückliegende Metall das Kohlendioxyd reduziert. Da Kohlenoxyd von Natronkalk nicht

absorbiert wird, wird zu wenig Kohlenstoff gefunden. Für eine Verbrennung des Ferrosiliciums ist bei Verwendung eines Zuschlages eine Temperatur von 1100° und eine Verbrennungsdauer von 15 Minuten nötig. Ferrochrom braucht 1200° und 30 Minuten, wobei man die Probe in den heißen Ofen bringen muß. Ferrowolfram und Ferromolybdän brauchen ohne Zuschlag 900° und 15 Minuten und Ferrovanadium 900° mit Zuschlag.

(7) Andererseits darf aber auch die Sauerstoffzufuhr nicht zu schnell erfolgen, weil sonst die Natronkalkröhrchen nicht in der Lage sind, die Kohlensäure vollständig zu absorbieren.

(8) Man darf die U-Röhrchen nicht unmittelbar vor dem Wägen mit einem Tuch oder Lederlappen abreiben, weil dabei leicht elektrische Aufladung eintritt, und hierdurch die Wägung beeinflußt wird.

b) Volumetrisch. Die Apparatur ist dieselbe wie bei der gewichtsanalytischen Methode, nur tritt an Stelle der U-Röhrchen eine mit einer Niveauflasche versehene Meßbürette und ein mit Kalilauge gefülltes Absorptionsgefäß. Die Einwaage bei der volumetrischen Bestimmung beträgt bei Stahl mit 0,1···0,7% C 1 g, bei höherem C-Gehalt 0,5 g. Von Roh- und Gußeisen nimmt man 0,25 g, wobei darauf zu achten ist, daß keine Entmischung der Späne stattfindet.

Hochlegierte Stähle bzw. Ferrolegierungen werden mit Zuschlag verbrannt (1).

Die Verbrennungstemperatur beträgt 1200···1250°. Sobald der Ofen diese Temperatur erreicht hat, leitet man für einige Sekunden Sauerstoff durch das Verbrennungsrohr, bringt das Schiffchen, das man schon im kälteren Teil des Rohres vorgewärmt hat, in den heißen Teil desselben und stellt die Verbindung zur Meßbürette her. Das Sauerstoffventil öffnet man erst, nachdem die eingeführte Probe so weit erhitzt ist, daß die Verbrennung sofort beginnt. Während der Dauer der Verbrennung sollte nicht mehr Sauerstoff zugeführt werden als zu derselben verbraucht wird. Die richtige Geschwindigkeit ist eingehalten, wenn sich der Flüssigkeitsspiegel in der Erweiterung der Meßbürette während der Verbrennung nicht wesentlich senkt. Das Gasgemisch passiert, bevor es in die Meßbürette kommt, ein mit Watte lose gefülltes Kugelrohr, um mitgerissenes Eisenoxyd zurückzuhalten (2). Alsdann durchfließt es einen Kühler und gelangt in die Meßbürette, welche schwach mit Schwefelsäure angesäuerte 26%ige Kochsalzlösung enthält (3). Sobald der Flüssigkeitsspiegel bis auf den Nullpunkt gesunken ist, schließt man gleichzeitig das Sauerstoffventil und den Dreiwegehahn der Meßbürette. Nun entfernt man das Schiffchen aus dem Ofen, öffnet den Dreiwegehahn nach dem mit 30%iger Kalilauge gefüllten Absorptionsgefäß und drückt das Gasgemisch durch Hochheben der Niveauflasche vollständig in das Absorptionsgefäß über. Durch Senken der Niveauflasche wird es zurückgeholt. Die Gase werden ein zweites Mal in die Kalilauge geleitet und nach dem Zurückholen der Hahn geschlossen. Die Ablesung des Gasvolumens erfolgt, nachdem der Flüssigkeitsspiegel der Bürette mit dem der Flasche in gleiche Ebene gebracht und einige Sekunden gewartet worden ist (4). Die eingetretene Volumenverminderung auf 1 g berechnet, ergibt den prozentualen C-Gehalt. Da die Meßbürette bei 20° bzw. 16° und 760 Torr[1] geeicht ist, bedürfen bei einer erheblich von diesen Daten abweichenden Witterung die Ablesungen noch einer Korrektur. Man findet in der jedem Apparat beigegebenen Korrekturtabelle den Faktor, mit welchem der abgelesene Wert multipliziert werden muß. Oder man findet aus dem Korrekturdiagramm (5) den korrigierten C-Gehalt, indem man den Schnittpunkt der Temperaturlinie mit der Barometerstandslinie ermittelt. Von diesem Punkt aus begibt man sich nach rechts oder links, bis man die analytisch ermittelte Kohlenstofflinie trifft. Diesen neuen Schnittpunkt lotet man auf die Abszisse. Hier kann der berichtigte Kohlenstoffgehalt abgelesen werden.

Bemerkungen: (1) Jedoch läßt sich nur im Ferrowolfram der Kohlenstoffgehalt mit genügender Genauigkeit volumetrisch feststellen. Bei allen anderen Ferrolegierungen ist es ratsam, den Kohlenstoff gewichtsanalytisch zu bestimmen.

(2) Der Schwefelgehalt des Stahles ist unter normalen Umständen derart gering, daß es unnötig ist, eine das Schwefeldioxyd beseitigende Vorlage einzuschalten. Bei Schiedsanalysen oder bei höherem Schwefelgehalt ist es jedoch notwendig, eine Chrom (VI)oxyd-Vorlage zwischenzuschalten.

(3) Wird nur mit Schwefelsäure angesäuertes Wasser als Sperrflüssigkeit genommen, so fällt die erste Bestimmung nach der Einfüllung zu niedrig aus, da die Sperrflüssigkeit Kohlensäure absorbiert. Ebenso tritt die Gefahr der Abgabe oder Aufnahme von Kohlensäure auf, wenn Bestimmungen stark verschiedener Kohlenstoffgehalte aufeinanderfolgen.

(4) Um der an der Wandung haftenden Lösung Zeit zum Nachlaufen zu lassen.

(5) Das Korrekturdiagramm besteht eigentlich aus zwei Diagrammen, dem einen, welches aus Temperatur und Barometerstand besteht und an dessen Ordinate der Faktor, welcher sich aus Temperatur und Druck ergibt, abgetragen ist. Das zweite Diagramm hat die gleiche Y-Achse, jedoch als Abszisse die Kohlenstoffgehalte.

c) Kolorimetrisch (1). Zur Bestimmung von Kohlenstoff im Stahl mit weniger als 0,1% C wägt man 0,2 g in die sog. EGGERTzschen Röhrchen ein (2). Genau dieselbe Einwaage nimmt man von einer Normalstahlprobe, deren Kohlenstoffgehalt etwa 0,065% beträgt (3). In jedes Röhr-

---

[1] Nach DIN 1314 ist 1 Torr = 1 mm Quecksilber.

chen gibt man dann 5 ml Salpetersäure 1,2 (4), erhitzt die Röhrchen im Wasserbade bis keine nitrosen Gase mehr entweichen und läßt sie abkühlen (5). Nun verdünnt man die Lösungen in den verschiedenen Röhrchen so weit, daß ihr Farbton mit dem des Normalstahles übereinstimmt. Zum besseren Erkennen der Farbe stellt man die Röhrchen in das dafür vorgesehene Gestell mit einer Milchglasscheibe und bringt die zu untersuchende Probe einmal links und einmal rechts neben die Normalstahllösung. Bei übereinstimmendem Farbton verhalten sich die Kohlenstoffgehalte der beiden Stahlproben wie die Milliliter. Hat man z. B. einen Normalstahl von 0,065% auf 13 ml verdünnt und liest bei der zu untersuchenden Probe 10 ml ab, so gilt

$$13:10 = 0,065:x$$
$$x = \frac{0,065 \cdot 10}{13} = 0,05\% \text{ C.}$$

Bemerkungen: (1) Der Kohlenstoff kann im Stahl in zwei verschiedenen Formen vorkommen. Einmal als chemische Verbindung Fe_3C, also als Carbid, und einmal in gelöster Form, der sog. Härtungskohle. In ersterer Form liegt der Kohlenstoff in allen langsam abgekühlten Proben vor. In allen rasch abgekühlten, also gehärteten Proben, ist er in der zweiten Form enthalten. Da sich beim Lösen in heißen Säuren die Härtungskohle in Form von Dinitroverbindungen niederer Kohlenwasserstoffe verflüchtigt, beruht der Farbenvergleich nur auf dem Gehalt an Carbidkohle, denn der gebundene Kohlenstoff löst sich unter Bildung von Dinitroverbindungen höherer Kohlenwasserstoffe, welche die Lösung braun färben. Man kann also in einem gehärteten Stahl den Kohlenstoffgehalt nicht kolorimetrisch bestimmen. Wird aber ein gehärteter Stahl durch Erwärmen angelassen, vergütet oder ausgeglüht, so kann je nach dem Grad der Erwärmung die Härtungskohle wieder mehr oder weniger in Carbidkohle umgewandelt werden. Es ist daher von großer Wichtigkeit, daß nur solche Stähle miteinander verglichen werden, die in ausgeglühtem (normalisiertem) Zustand vorliegen. Mit Chrom, Nickel, Wolfram usw. legierte Stähle können nicht kolorimetrisch untersucht werden, da diese Legierungsbestandteile den Farbton verändern. Wegen des unlöslichen Graphit- bzw. Temperkohlegehaltes können Roh- und Gußeisenproben auf diese Art ebenfalls nicht untersucht werden.

(2) Man achte darauf, daß die Röhrchen aus ganz farblosem Glas hergestellt sind und die lichte Weite wie die Wandstärke bei allen gleich ist.

(3) Es geht nicht an, eine Normalstahlprobe für alle Kohlenstoffgehalte zu benutzen, um etwa durch starkes Verdünnen die gewünschten Kohlenstoffgehalte zu erhalten. Man muß vielmehr für etwa 0,05, 0,10, 0,15, 0,20, 0,25% Kohlenstoff usw. Normalstähle benutzen, die möglichst in der Nähe des gesuchten Kohlenstoffgehaltes liegen. Ebenso darf man als

Normalstahlprobe nur einen Stahl derselben Herstellungsart benutzen, also nicht etwa Bessemerstahl mit Martinstahl vergleichen wollen.

(4) Die Salpetersäure muß frei von Salzsäure sein, weil Eisenchlorid die Lösung gelblich färbt.

(5) Die Abkühlung der Röhrchen nimmt man am besten unter Lichtabschluß vor. Dem direkten Sonnenlicht dürfen die Lösungen niemals ausgesetzt sein, da sie sonst gebleicht werden. Am richtigsten ist es, die Normalstahllösung bei jeder Bestimmung neu herzustellen.

Graphit

0,5 g der Probe wird im 250-ml-Becherglas mit etwa 25 ml Salpetersäure 1,2 vorsichtig gelöst, wobei man das Auflösungsgefäß in kaltes Wasser stellt. Danach erhitzt man etwa 1···2 Stunden auf dem Wasserbad. Enthält die Probe viel Silicium, so gibt man zur Zerstörung der Kieselsäure einige Tropfen Flußsäure hinzu. Man filtriert durch einen gewogenen Goochtiegel mit Asbesteinlage (1) den Graphit ab, wäscht mit kalilaugehaltigem, dann mit salzsäurehaltigem und zum Schluß mit reinem kaltem Wasser gut aus. Der Tiegel wird bei 110° getrocknet und ausgewogen. Oder man filtriert durch ein Filtrierröhrchen, bringt nach dem Auswaschen den Asbest mit dem darauf befindlichen Graphit verlustlos in ein Schiffchen, trocknet und bestimmt den Graphit volumetrisch. Bemerkungen: (1) Der Asbest, den man zur Herstellung des Filters benutzt, muß vorher ausgeglüht werden.

Silicium

a) Stahl. Man löst 4,6720 g im 400-ml-Becherglas hoher Form in 50 ml Salzsäure 1,19, dampft nach dem Lösen zur Trockne ein und erhitzt, bis der Rückstand sammetartig rotbraun ist (1). Nachdem man etwa 1 Stunde bei 130° geröstet hat, läßt man erkalten und nimmt den Rückstand mit 30 ml Salzsäure 1,12 auf, erwärmt bis zur Lösung der basischen Chloride (2) und verdünnt mit etwa 120 ml heißem Wasser. Dann läßt man kurz aufkochen (3) und filtriert durch 11 cm Schwarzbandfilter (4). Der Niederschlag wird zunächst mit heißem salzsäurehaltigem Wasser 1 : 10 eisenfrei (5) und dann mit reinem Wasser salzsäurefrei gewaschen. Man verascht vorsichtig (6), glüht dann über dem Gebläse oder besser in der Muffel (7) und wägt.

$$\text{Auswaage} \cdot 10 = \%\ \text{Si.}$$

b) Roh- und Gußeisen und Siliciumstahl. Von grauem Roheisen und Siliciumstahl werden 1 g, von weißem Roheisen 2 g in einem 400-ml-Becherglas hoher Form in 30 ml Salzsäure 1,19 bei aufgelegtem Uhrglas auf dem Asbestdrahtnetz über der vollen Flamme eines Bunsenbrenners gelöst. Sobald alles gelöst ist, werden 15 ml Schwefelsäure 1,4 hinzugegeben und bei abgenommenem Uhrglas bis zum Entweichen der Schwefelsäure eingedampft. Die Probe wird nach dem Erkalten mit etwas kaltem Wasser verdünnt und nach Zugabe von 5···10 ml Salzsäure 1,19 mit warmem Wasser auf etwa 100 ml verdünnt. Die weitere Behandlung ist genau so wie bei Stahl.

$$\frac{\text{Auswaage} \cdot 46{,}72}{\text{Einwaage}} = \% \text{ Si.}$$

Ist die Kieselsäure nicht rein weiß, so muß sie mit Flußsäure abgeraucht werden. Zu diesem Zweck wird die im Platintiegel veraschte und gewogene Kieselsäure zunächst mit Wasser befeuchtet, dann mit etwas Schwefelsäure 1,4 (8) versetzt und hierauf 5 ml reine Flußsäure zugegeben. Die Säuren werden vorsichtig verdampft und der Tiegel nach nochmaligem Glühen zurückgewogen. Der durch das Abrauchen bedingte Gewichtsverlust entspricht der vorhandenen Kieselsäure.

$$\frac{\text{Gewichtsverlust} \cdot 46{,}72}{\text{Einwaage}} = \% \text{ Si.}$$

Chemischer Vorgang: Beim Lösen des Stahles in Salzsäure entstehen sehr wahrscheinlich aus dem Eisensilicid vor der Bildung von Siliciumdioxyd leicht zersetzliche flüchtige Zwischenprodukte, die jedoch im Augenblick des Entstehens mit stets anwesendem Wasser Siliciumdioxyd bilden.

$$FeSi + 6\,HCl = FeCl_2 + SiCl_4 + 3\,H_2$$
$$SiCl_4 + 2\,H_2O = 4\,HCl + SiO_2$$

Beim Abrauchen verflüchtigt sich die Kieselsäure unter Bildung von gasförmigem Siliciumfluorid und Wasser.

$$SiO_2 + 4\,HF = SiF_4 + 2\,H_2O.$$

Bemerkungen: (1) Das entstehende Siliciumdioxyd bleibt in der sauren Lösung (besonders in salpetersaurer) in erheblicher Menge als Kolloid gelöst. Erst durch Erhitzen des beim Eindampfen verbleibenden Rückstandes auf mindestens 130° geht Siliciumdioxyd in die unlösliche Form der kristallisierten Kieselsäure über und kann durch Auswaschen mit Salzsäure von den löslichen Chloriden der übrigen Metalle getrennt werden.

(2) Will man im Siliciumfiltrat Nickel bestimmen, so oxydiert man nach dem Aufnehmen mit Salzsäure durch tropfenweisen Zusatz von Salpetersäure.

(3) Langes Kochen und Stehenlassen ist zu vermeiden, da sonst Kieselsäure zum Teil wieder kolloidal in Lösung gehen kann.

(4) Bei genauer Siliciumbestimmung ist es erforderlich, das Filtrat nochmals einzudampfen und zu rösten. Das Waschwasser einzudampfen ist aber nicht nötig.

(5) Es ist zweckmäßig, sich durch Prüfung mit Ammoniumthiocyanat von der Eisenfreiheit des Waschwassers zu überzeugen.

(6) Man muß vorsichtig veraschen, weil sonst durch das Verstäuben von Kieselsäure bei raschem Anheizen des Tiegels Verluste entstehen können, denn das geschrumpfte Kieselsäure-Gel wird beim Herabfallen des verkohlenden Filters auf die glühende Platinfläche durch das plötzlich entweichende Wasser explosionsartig auseinander getrieben. Es empfiehlt sich daher, den Tiegel mit dem Kieselsäurefilter auf dem Asbestdrahtnetz zu trocknen, bis das Filter vollständig verkohlt ist. Bei graphithaltigen Proben muß auch noch aus einem anderen Grunde das Veraschen mit allmählich gesteigerter Flamme erfolgen, denn bei zu schroffer Erhitzung bildet sich eine allotrope Modifikation des Graphits, die schwer verbrennlich ist.

(7) Da beim Lösen in Salzsäure nicht alles Silicium als Kieselsäure abgeschieden wird, sondern ein Teil in anderer Bindung (als Siloxan d. h. Silicoameisensäureanhydrid $H_2Si_2O_3$) zurückbleibt, muß durch sorgfältiges Glühen unter Luftzutritt alles Silicium in Kieselsäure übergeführt werden. Dem Vorhandensein dieser Verbindung ist es auch zuzuschreiben, daß bei der Siliciumbestimmung durch zu langes Auswaschen mit heißem Wasser Verluste entstehen, da das hierbei gebildete Kieselsäureanhydrid als hochdisperses Sol vom Filter nicht zurückgehalten wird.

(8) Der Zusatz von Schwefelsäure beim Abrauchen muß erfolgen, um:

a) die Bildung flüchtiger Fluoride zu vermeiden. Daher richtet sich die Menge der Schwefelsäure nach der Menge der vorhandenen Verunreinigungen und nicht nach der Menge des vorhandenen Siliciumdioxyds. Zu geringer Schwefelsäurezusatz würde bei Gegenwart von Aluminium-, Chrom-, Titan-, Vanadiumoxyden usw. durch teilweises Verflüchtigen der Fluoride dieser Metalle zu Gewichtsverlusten führen und damit zu hohe Siliciumwerte zur Folge haben.

b) die Kieselsäure vollständig zu verflüchtigen, denn von wäßriger Flußsäure wird die Kieselsäure bzw. das Anhydrid unter Bildung von Fluorkieselsäure gelöst:

$$SiO_2 + 6\,HF = 2\,H_2O + H_2SiF_6$$

Beim Verdampfen dieser Lösung entweichen Fluorwasserstoff und Siliciumfluorid unter Hinterlassung von geringen Mengen Kieselsäure, weil das Siliciumfluorid durch Wasser hydrolytisch gespalten wird. Will man daher die Kieselsäure durch Flußsäure vollständig verflüchtigen, so muß durch Schwefelsäurezusatz die hydrolytische Wirkung des Wassers aufgehoben werden.

Um das Abrauchen zu beschleunigen, bringt man nach Zusatz von Schwefelsäure und Flußsäure ein geeignetes großes quantitatives Filter so in den Tiegel, daß es mit der Flüssigkeit in Berührung kommt. War die Menge der Kieselsäure gering und hat man dementsprechend nur wenig Säure zusetzen müssen, so wird dieselbe vom Filter vollkommen aufgesaugt, und man kann mit dem Tiegel gleich auf den Brenner gehen. Bei größerer Säuremenge muß man allerdings erst eindampfen, jedoch wird der Verdampfungsvorgang beschleunigt, weil das Filter die Oberfläche vergrößert.

Mangan

a) Nach Smith für Stahl mit einem Mangangehalt unter 1,2%. 0,2 g Späne (1) werden im 300-ml-Erlenmeyer-Kolben in 15 ml Salpetersäure 1,2 gelöst. Zur Vertreibung der Stickoxyde erhitzt man und dampft ziemlich weit ein. Nach dem Zusatz von 50 ml Silbernitratlösung $n/_{100}$ wird aufgekocht, von der Kochplatte genommen, 15 ml Ammoniumperoxydisulfat zugegeben und abgekühlt (2). Die Lösung wird auf $120 \cdots 130$ ml verdünnt und mit Natriumarsenit möglichst rasch unter stetem Umschwenken (3) bis zum Umschlag der roten Farbe in Gelbgrün titriert[1].

Chemischer Vorgang. Das Verfahren beruht auf der Tatsache, daß Mangan(II)salze in salpetersaurer Lösung durch Ammoniumperoxydisulfat in Gegenwart von Silbernitrat zu Permanganat oxydiert werden. Das entstandene Permanganat kann durch eine Lösung von Natriumarsenit wieder zu Mangan(II)salz reduziert werden.

Die chemischen Gleichungen lauten:

$$\text{I.} \quad 2\,AgNO_3 + (NH_4)_2S_2O_8 + 2\,H_2O = Ag_2O_2 + (NH_4)_2SO_4 + 2\,HNO_3 + H_2SO_4$$

$$\text{II.} \quad 2\,Mn(NO_3)_2 + 5\,Ag_2O_2 + 6\,HNO_3 = 2\,HMnO_4 + 10\,AgNO_3 + 2\,H_2O$$

$$\text{III.} \quad 2\,HMnO_4 + 5\,Na_3AsO_3 + 4\,HNO_3 = 2\,Mn(NO_3)_2 + 5\,Na_3AsO_4 + 3\,H_2O$$

Bei Abwesenheit von Silbersalz geht das Mangan vollständig in Mangan(IV)oxyd über. Das Silbersalz wirkt also nur als Sauerstoffüberträger, indem sich Silberperoxyd bildet.

Bemerkungen: (1) Man darf namentlich bei chromhaltigem Material keine blau angelaufenen Späne verwenden, weil sich dieselben in Salpetersäure 1,2 nicht lösen. Eventuell muß man die Salpetersäure noch mehr verdünnen.

(2) Zu beachten ist, daß die Versuchsbedingungen streng eingehalten werden, weil ein Zuviel an Peroxydisulfat-, Silbernitrat- und Salpetersäurezusatz durch Mehrverbrauch an Natriumarsenit ein falsches Ergebnis bewirkt.

(3) Man erhält bei Zusatz von Natriumarsenit ohne gleichzeitiges Umschwenken falsche Resultate.

b) Volhard-Methode (1) für Stähle mit über 1,2% Mangan und legierte Stähle. Man löst $1 \cdots 4$ g Stahl bzw. Roheisen (2) im 400-ml-

---

[1] Die Berechnung des Mangangehaltes ist im Abschnitt Lösungen beschrieben

Becherglas mit 30···70 ml Salzsäure 1,19 und oxvdiert nach dem Lösen
mit Salpetersäure 1,2. Sobald das Chlor verkocht ist, spült man in einen
1000 ml fassenden Meßkolben und gibt so lange aufgeschlämmtes Zinkoxyd (für die Herstellung wird Zinkoxyd indifferent gegen $KMnO_4$ in der
fünffachen Menge kochenden Wassers aufgeschlämmt) zu, bis Eisen,
Chrom, Wolfram usw. ausgefällt sind und der Niederschlag gerinnt (3).
Hierauf kühlt man ab, füllt bis zur Marke auf, schüttelt gut durch, filtriert durch ein trockenes Faltenfilter in einen trockenen Kolben und
nimmt je nach der Art des Untersuchungsmaterials 100···500 ml in
einen 1000-ml-ERLENMEYER-Kolben ab, verdünnt auf etwa ### ml (4), erhitzt zum Sieden (5) und titriert siedend heiß mit Permanganat bis zur
schwachen Rosafärbung (6). Bei der Titration muß man stark schütteln,
weil sonst im Niederschlag ein Teil der Lösung eingeschlossen bleibt und
sich der Reaktion entzieht. Berechnung:

$$\frac{\text{Verbrauchte ml } KMnO_4 \cdot \text{Mn-Faktor}[1]}{\text{Einwaage}} = \%\ Mn$$

Chemischer Vorgang: Das vorhandene Eisen wird durch das Zinkoxyd als
Hydroxyd gefällt:

$$2\ FeCl_3 + 3\ ZnO + 3\ H_2O = 2\ Fe(OH)_3 + 3\ ZnCl_2$$

ebenso Chrom:

$$2\ CrCl_3 + 3\ ZnO + 3\ H_2O = 2\ Cr(OH)_3 + 3\ ZnCl_2$$

Das Mangan(II)salz wird durch das Permanganat zu Mangan(IV)oxyd
oxydiert, wobei das Permanganat zu Mangan(IV)oxyd reduziert wird.

$$3\ MnCl_2 + 2\ KMnO_4 + 2\ H_2O = 5\ MnO_2 + 2\ KCl + 4\ HCl$$

Die entstehende Salzsäure bildet mit dem überschüssigen Zinkoxyd Zink-
chlorid.

$$2\ ZnO + 4\ HCl = 2\ ZnCl_2 + 2\ H_2O$$

Bemerkungen: (1) Die VOLHARD-WOLFF-Methode, bei der die Zink-
oxydausfällung nicht abfiltriert wird, kann nicht zur völlig einwandfreien
Bestimmung des Mangans verwendet werden, da schon geringe Mengen
störender Stoffe, wie Kobalt, Chrom, Wolfram, Molybdän und Vanadium,
die in allen Roheisen- und Stahlsorten vorkommen, bei diesem Verfahren
mittitriert werden, also einen — besonders bei niedrigem Mangangehalt
fühlbaren — zu hohen Permanganatverbrauch verursachen und deshalb
einen zu hohen Mangangehalt vortäuschen:

$$2\ Cr(OH)_3 + 2\ KMnO_4 = K_2CrO_4 + H_2CrO_4 + 2\ MnO_2 + 2\ H_2O$$

---

[1] Die Ermittlung des Faktors ist im Abschnitt Lösungen beschrieben

(2) Die zu titrierende Substanzmenge ist aus folgender Tabelle zu ersehen.

Material	Mn-Gehalt %	Einwaage g	Titrationsmenge
Stahl und Eisen	bis 2	4	2 Proben mit je 1 bzw. 2 g
Stahleisen	2...5	4	3 „ „ „ 1 g
Spiegeleisen	8...12	2	3 „ „ „ 0,5 g
Ferromangan	30...85	1	3 „ „ „ 0,1 g

Man titriert die erste Probe durch Zusatz von größeren Mengen Permanganat, um die ungefähre Anzahl Milliliter zu ermitteln, die zweite und dritte Probe dient zur genauen Bestimmung des Permanganatverbrauches.

(3) Bei ungenügendem Zinkoxydzusatz erscheint die Lösung noch gelb. War zuviel zugegeben, so ist sie milchig, und der Niederschlag verliert seine dunkelbraune Farbe. In diesem Falle fügt man einige Tropfen Salpetersäure 1,2 zu, bis die Lösung wieder klar ist und der Niederschlag seine ursprüngliche Farbe zurückerhalten hat.

(4) Man nimmt möglichst viel Flüssigkeit, damit sich dieselbe beim Titrieren nicht zu schnell abkühlt, da sich gezeigt hat, daß nur kochende oder nahezu kochende Lösungen den höchsten Verbrauch an Permanganat zeigen. Jedenfalls darf die Temperatur der zu titrierenden Lösung nicht unter 80° C sein.

(5) Bei niedrigem Mangangehalt empfiehlt es sich, beim Titrieren etwas Zinkoxyd zuzufügen. Der entstehende Braunsteinniederschlag setzt sich dann schneller ab, und die Rosafärbung tritt deutlich in Erscheinung. Außerdem wird die sich bildende Salzsäure gebunden.

(6) Es ist nicht gleichgültig, ob die Permanganatlösung in mehrmaligen Absätzen zugesetzt wird, oder ob die Lösung während des Einfließens der Titerlösung beständig umgeschüttelt wird, in beiden Fällen ist der Verbrauch ein geringerer. Fügt man die durch den Vorversuch ermittelte Permanganatmenge auf einmal aus der Bürette hinzu, so ergibt sich ein höherer Permanganatverbrauch, wenn die Lösung erst zum Schlusse kräftig geschüttelt wird. Die so erhaltenen Werte kommen dem theoretischen Wert am nächsten (und decken sich fast mit denen, bei welchen das Permanganat im Überschuß zugesetzt und zurücktitriert wird). Nach jedesmaligem Zusatz von Titerflüssigkeit und nachfolgendem Umschütteln läßt man den Niederschlag so viel absitzen, daß man die Farbe der überstehenden Flüssigkeit beurteilen kann.

c) Mangan im Kobaltstahl. Die VOLHARD-Methode liefert bei Gegenwart von Kobalt zu hohe Werte, da zweiwertiges Kobalt in neutraler oder alkalischer Lösung durch Kaliumpermanganat in dreiwertiges übergeführt wird. Ferner stört aber auch die Kobaltfarbe. Man verfährt dabei wie folgt:

Vom Zinkoxydfiltrat der VOLHARD-Methode nimmt man 2 g ab, setzt etwa 10 ml Salzsäure zu und dampft zur Verringerung der Flüssigkeit etwas ein. Dann fällt man mit Ammoniak und Brom das Mangan aus. Nach dem Aufkochen läßt man absitzen und filtriert durch ein 11 cm qualitatives Filter. Der Niederschlag wird mit einigen Millilitern Schwefelsäure 1,4, der man etwas Wasserstoffperoxyd zugesetzt hat, vom Filter gelöst und dieses gut ausgewaschen. Die Lösung kocht man zur Zerstörung des Wasserstoffperoxydes und arbeitet dann weiter wie bei der Manganbestimmung nach SMITH, bzw. man trocknet den Niederschlag im Tiegel, verascht und glüht. Nach dem Erkalten löst man den Rückstand in Salzsäure und bestimmt das Mangan nach der VOLHARD-Methode.

Phosphor

a) Im Stahl. Man löst 4 g Stahl in einem 500-ml-ERLENMEYER-Kolben mit 60 ml Salpetersäure 1,2 (1) und oxydiert nach dem Entweichen der nitrosen Gase mit 5 ml Kaliumpermanganat durch mindestens 5 Minuten währendes Kochen. Der ausgeschiedene Braunstein wird durch tropfenweises Zugeben von Salzsäure 1,12 (2) in Lösung gebracht. Nun dampft man so weit ein, daß die Oberfläche der Flüssigkeit einen irisierenden Schimmer zeigt (3) und gibt 20 ml Ammoniumnitratlösung zu (4). In der Lösung, die 60···70° heiß sein soll, wird durch Zugabe von 50 ml Ammoniummolybdat durch kräftiges Schütteln Ammonium-phosphormolybdat (5) ausgefällt. Nachdem man mindestens 1 Stunde unter öfterem Umschütteln bei etwa 40° (6) hat absitzen lassen, wird durch ein 11 cm qualitatives Filter mit etwas Filterschleim filtriert und mit Wasser, das 5 g neutrales Kaliumsulfat, Natriumsulfat oder Kalium-nitrat im Liter enthält, säurefrei gewaschen. Das Filter mit dem gelben Niederschlag wird in den ebenfalls eisen- und säurefrei gewaschenen Fällungskolben gebracht, mit neutralem (7) Wasser aufgeschlämmt und mit einer abgemessenen Menge Natronlauge, von der 1 ml 0,25 mg Phosphor entspricht, gelöst. Nachdem man das Filter gut zerschlagen hat und die Natronlauge etwa 10 Minuten hat einwirken lassen, wird der Natronlaugeüberschuß nach Zusatz von 2 Tropfen Phenolphthalein mit einer gleichwertigen Schwefelsäure zurücktitriert.

$$\frac{\text{Verbrauchte ml NaOH} \cdot 0{,}025}{\text{Einwaage}} = \% \; P$$

Bemerkungen: (1) Beim Lösen des Eisens in Salzsäure entweicht Phosphorwasserstoff; man darf daher zur Phosphorbestimmung nur in Salpetersäure lösen. Da sich beim Lösen des Eisens in Salpetersäure nicht sämtliches Phosphid in Phosphorsäure verwandelt

$$FeP + 5\,HNO_3 = Fe(NO_3)_3 + H_3PO_3 + H_2O + 2\,NO$$

muß die entstandene phosphorige Säure mit Kaliumpermanganat zu
Phosphorsäure oxydiert werden.

$$2\,KMnO_4 = K_2O + Mn_2O_7$$
$$(K_2O + 2\,HNO_3 = 2\,KNO_3 + H_2O)$$
$$Mn_2O_7 = 2\,MnO + 5\,O$$
$$H_3PO_3 + O = H_3PO_4$$

Gleichzeitig werden dadurch organische Stoffe, welche die Fällung verhindern, zerstört, z. B. die durch Auflösen kohlenstoffhaltigen Eisens
entstehenden organischen Substanzen, ebenso der in Salpetersäure
sich lösende Carbidkohlenstoff.

(2) Man darf keinen Überschuß von Salzsäure haben. Daher gibt
man in die auf der Flamme kochende Lösung die Salzsäure tropfenweise zu. Auch durch Kaliumoxalat kann der Braunstein in Lösung
gebracht werden, hier darf ebenfalls kein Überschuß vorhanden sein, weil
auch die Oxalsäure beim Fällen stört.

(3) Möglichst weitgehende Einengung der Flüssigkeit ist für die
schnelle Ausfällung nötig.

(4) Der Zusatz von Ammoniumnitrat bewirkt schnelles und quantitatives Ausfällen. Bei Gegenwart von freier Salzsäure ist der Zusatz
von Ammoniumnitrat nötig. *Überschüssiges Ammoniumnitrat begünstigt
Mitfallen von Molybdänsäure.*

(5) Ammoniummolybdat und Phosphorsäure bilden Ammoniumphosphormolybdat:

$$12\,(NH_4)_2MoO_4 + H_3PO_4 + 21\,HNO_3 = [(NH_4)_3PO_4 \cdot 12\,MoO_3]$$
$$+ 21\,(NH_4)NO_3 + 12\,H_2O$$

Ammoniumphosphormolybdat und Natronlauge gibt Natrium-Ammo-
niumphosphormolybdat:

$$2\,[(NH_4)_3PO_4 \cdot 12\,MoO_3] + 46\,NaOH = 23\,Na_2MoO_4$$
$$+ (NH_4)_2MoO_4 + 2\,(NH_4)_2HPO_4 + 22\,H_2O$$

Nach obiger Gleichung entsprechen $2\,P = 46\,NaOH = 23\,H_2SO_4$.

(6) Beim Erhitzen über 60° scheidet sich freie Molybdänsäure aus.

(7) Da destilliertes Wasser nie neutral ist, muß dasselbe nach Zusatz einiger Tropfen Phenolphthalein mit der für die Phosphorbestimmung benutzten Natronlauge bis zum Umschlag nach Rot versetzt werden.

b) Phosphor im Stahl mit mehr als 0,5% Silicium. 4 g der Probe
werden im 500 ml-ERLENMEYER-Kolben mit 60 ml Salpetersäure 1,2 gelöst. Nach dem Entweichen der nitrosen Gase werden 20 ml Salzsäure
1,19 und etwa 10 Tropfen Flußsäure zugesetzt. Man dampft auf ein
Volumen von etwa 20 ml ein (bis sich eben noch keine Eisensalze ausscheiden), gibt 80 ml Salpetersäure 1,4 hinzu und dampft nochmals auf
ein kleines Volumen herunter. Jetzt werden 50 ml Salpetersäure 1,2

hinzugegeben, mit 5 ml Permanganat oxydiert und wie üblich weiter behandelt.

c) Phosphor im Roheisen bei Anwesenheit von Graphit. 2 g in einem 250-ml-Becherglas mit 50 ml Salpetersäure 1,2 lösen. Nach dem Entweichen der nitrosen Gase werden 10 Tropfen Flußsäure zugegeben. Hierauf spült man in einen Meßkolben mit 100 ml Inhalt, füllt bis zur Marke auf, filtriert durch ein trockenes Filter und nimmt 50 ml = 1 g in einen 500-ml-ERLENMEYER-Kolben ab. Von Roheisen mit einem Phosphorgehalt über 1%, z. B. Luxemburger, nimmt man nur 25 ml = 0,5 g ab. Nach Zugabe von 10 ml Salpetersäure 1,4 kocht man auf, oxydiert mit 10 ml Permanganatlösung und zerstört nach mindestens 10 Minuten langem Kochen den ausgeschiedenen Braunstein durch tropfenweisen Zusatz von Salzsäure und arbeitet weiter wie bei Stahl beschrieben.

d) Phosphor im legierten Stahl. I. Nickel-Chrom-Stähle lösen sich nur dann in Salpetersäure, wenn der Nickelgehalt etwa dreimal so groß ist wie der Chromgehalt. Bestimmung wie üblich.

II. Chromlegierte Stähle (0,5···2,0%) lösen sich nicht vollständig in Salpetersäure 1,2, aber in Salpetersäure geringerer Konzentration, vorausgesetzt, daß keine blau angelaufenen Späne verwendet werden.

Höher chromlegierte Stähle werden in Salzsäure und Salpetersäure gelöst, tief abgedampft, neutralisiert, Salpetersäure zugesetzt und wie üblich behandelt.

III. Vanadium (1) allein: Lösen und behandeln wie üblich. Nach Zugabe von Ammoniumnitrat auf Zimmertemperatur abkühlen, 15 ml Hydroxylaminhydrochlorid zusetzen. Auf 30···35° erwärmen und weitere 5 ml Hydroxylaminhydrochlorid zufügen. Mit 50 ml Molybdänlösung fällen wie üblich, jedoch 2 Stunden unter öfterem Schütteln absitzen lassen.

IV. Wolfram und Vanadium: Bei Anwesenheit von Wolfram (2) muß dasselbe zunächst als Wolframsäure abgeschieden werden. Man verfährt wie folgt: Man löst 2 g im 400-ml-Becherglas in 60 ml Salpetersäure 1,2, dampft zur Trockne bis zum Auftreten der rotbraunen nitrosen Gase ein und nimmt nach dem Erkalten mit Salzsäure 1,19 auf, wobei zunächst die Wolframsäure in Lösung geht. Bei weiterem Erhitzen scheidet sich die Wolframsäure arsen-, phosphor- und vanadiumfrei ab. Man dampft bis auf etwa 20 ml Flüssigkeit ab, verdünnt mit 50 ml Wasser, kocht auf und filtriert durch ein 11-cm-Weißbandfilter mit Filterschleim. Nachdem man mit wenig salzsaurem Wasser gewaschen hat, neutralisiert man, gibt 20 ml Salpetersäure 1,4 hinzu und dampft zur Sirupdicke ein. Nach Zugabe von Ammoniumnitrat erfolgt die Fällung im vanadiumfreien Stahl wie üblich und in vanadiumhaltigen Werkstoffen wie bei Vanadiumstahl.

V. Phosphor in mit Vanadium und Titan legierten Stählen:
Nach dem Lösen wird zur Trockne eingedampft und die Nitrate durch
schwaches Rösten zerstört. Man läßt erkalten, nimmt mit 30 ml Salzsäure 1,19 auf und kocht. Mit 50 ml Wasser wird verdünnt und die titanhaltige Kieselsäure, die noch Phosphor enthält, abfiltriert. Das mit salzsäurehaltigem Wasser eisenfrei gewaschene Filter wird verascht und
mit Schwefelsäure und Flußsäure abgeraucht. Der Rückstand wird mit
Natriumcarbonat (nicht mit Natrium-Kaliumcarbonat) aufgeschlossen
und mit heißem Wasser ausgelaugt, Eisenoxyd und Titansäure abfiltriert
und mit natriumcarbonathaltigem Wasser gewaschen. Das Filtrat mit
dem ersten, noch titanhaltigen, das inzwischen eingedampft ist, ver-
einigen und schwach ammoniakalisch machen. Das ausgeschiedene
Eisenhydroxyd mit Salpetersäure in Lösung bringen und 5 ml Salpetersäure 1,4 im Überschuß hinzugeben.

Bei Anwesenheit von Vanadium wird in die auf Zimmertemperatur
abgekühlte Lösung 15 ml Hydroxylaminhydrochlorid gegeben, auf
30···35° erwärmt und weitere 5 ml Hydroxylaminhydrochlorid zugesetzt und die Phosphorsäure mit 50 ml Molybdänlösung gefällt. Der
noch titanhaltige Niederschlag, der 2 Stunden abgesessen hat, wird filtriert, einige Male mit Wasser, das 2% Salpetersäure 1,4 enthält, gewaschen und der Niederschlag in warmem, verdünntem Ammoniak
gelöst, neutralisiert und nach Zugabe von 5 ml Salpetersäure 1,4 im
Überschuß erneut gefällt.

Bei Abwesenheit von Vanadium fällt man die Phosphorsäure bei
50···60° mit 50 ml Molybdänlösung und läßt 1 Stunde absitzen. Den
noch titanhaltigen Niederschlag wie oben mit 2%iger Salpetersäure
waschen, in Ammoniak lösen und wieder fällen.

VI. Bei Stählen, die Wolfram, Titan und Vanadium enthalten, werden
2 g im 500-ml-ERLENMEYER-Kolben in Salpetersäure 1,2 gelöst, zur Trockne
eingedampft und die Nitrate durch schwaches Rösten zerstört. Der Rückstand wird mit 30 ml Salzsäure aufgenommen und gekocht. Nachdem
mit 50 ml Wasser verdünnt ist, wird die titanhaltige Wolfram- und
Kieselsäure, die noch Phosphor enthält, durch ein 11-cm-Weißbandfilter
mit Filterschleim abfiltriert und mit heißem, salzsäurehaltigem Wasser
eisenfrei gewaschen. Der veraschte Rückstand wird nach dem Abrauchen
mit Schwefelsäure und Flußsäure mit Natriumcarbonat aufgeschlossen
und in heißem Wasser gelöst. Eisenoxyd und Titansäure werden abfiltriert und mit natriumcarbonathaltigem Wasser gewaschen, das Filtrat
schwach salzsauer gemacht, auf ein kleines Volumen eingeengt, ammoniakalisch gemacht und ein Drittel des Volumens Ammoniak zugefügt. Man
erhitzt zum Kochen und gibt tropfenweise so lange neutrale Magnesia-
lösung hinzu, als sich noch ein Niederschlag ausscheidet. Die Fällung muß
unter häufigem Umrühren abkühlen und kann frühestens nach vier-

stündigem Stehen durch ein qualitatives 11-cm-Filter mit Filterschleim filtriert werden. Nachdem mit verdünntem Ammoniak chlorfrei gewaschen ist, wird der Niederschlag in Salpetersäure gelöst, die Lösung mit dem Filtrat der Wolframsäure, das Titan und Vanadium enthalten kann, vereinigt und schwach ammoniakalisch gemacht. Die Phosphorsäure wird dann weiter wie bei Titan-Vanadium beschrieben gefällt.

VII. Arsen wird durch das Molybdat mit ausgefällt.

$$H_3AsO_4 + 12 (NH_4)_2MoO_4 + 21 HNO_3$$
$$= 12 H_2O + 21 NH_4NO_3 + (NH_4)_3AsO_4 \cdot 12 MoO_3$$

Man muß daher das Arsen vor der Phosphorfällung durch Eindampfen der Lösung mit Bromwasserstoff als Arsen(III)bromid verflüchtigen.

$$H_3AsO_4 + 5 HBr = AsBr_3 + Br_2 + 4 H_2O$$

Bemerkungen: (1) Vanadium ist an der Orangefärbung des Molybdatniederschlages zu erkennen.

(2) Reine Wolframstähle bis zu 5% lösen sich bei 4 g Einwaage in der Regel in Salpetersäure vollständig ohne Abscheidung der Wolframsäure, vorausgesetzt, daß keine blau angelaufenen Späne verwendet werden. Dasselbe geschieht auch öfter bei Stählen mit 3,5% Chrom und 10···12% Wolfram. In solchen Fällen kann Phosphor wie üblich gefällt werden; man muß jedoch darauf achten, daß sich die Wolframsäure nicht noch im Laufe des Eindampfens ausscheidet, die Lösung also nach dem Oxydieren mit Kaliumpermanganat und Lösen des Braunsteins mit Salzsäure vollkommen klar ist.

e) Phosphor-Schnellbestimmung mit der Phosphor-Zentrifuge (1). 1,2 g Späne werden im 300-ml-ERLENMEYER-Kolben mit 25 ml Salpetersäure 1,2 übergossen. Nachdem die erste heftige Reaktion der Säure vorüber ist, wird 5 Minuten lang gekocht. Ohne das Kochen zu unterbrechen, setzt man 5 ml Kaliumpermanganatlösung hinzu und kocht, bis die Flüssigkeit schokoladenbraun geworden ist. Nun werden vorsichtig etwa 3 ml Salzsäure 1,12 *tropfenweise* zugegeben (*ein Überschuß von Salzsäure ist zu vermeiden*), bis aller Braunstein gelöst ist. Dann wird bis zur Sirupkonsistenz eingedampft. Zu der dickflüssigen klaren Lösung werden 25 ml Ammoniumnitrat zugegeben und auf 50° abgekühlt.

In das Schleudergefäß gießt man 20 ml Molybdänlösung, die vorher auf 50° angewärmt wurde, dann die 50° warme Eisenlösung und spült den Kolben zweimal mit je 10 ml der erwärmten Molybdänlösung aus. Nach kräftigem Durchschütteln werden jeweils zwei Schleudergefäße in die Schleudermaschine eingesetzt und dieselbe eingeschaltet. Nach Ablauf von 2 Minuten schaltet sich der Motor selbsttätig aus (2).

Bei einer Einwaage von 1,2 g entspricht jeder Teilstrich am Schleudergefäß 0,01% Phosphor.

Bemerkungen: (1) Da bei dem Schleuderverfahren die Menge des Phosphors an der Menge des Phosphorammoniummolybdatniederschlages abgelesen wird, kann die Bestimmung nur in unsiliciertem Material durchgeführt werden. Ferner muß darauf geachtet werden, daß der Niederschlag frei von anderen Verunreinigungen ist.

(2) Benutzt man die Schleuder mit Handantrieb, ist darauf zu achten, daß pro Minute etwa 35 Umdrehungen gemacht werden, da die Höhe des Niederschlages und damit der abgelesene Wert auch von der Umdrehungsgeschwindigkeit abhängig ist.

Schwefel

Prüfung: Um Automatenstahl mit höherem Schwefelgehalt von gewöhnlichem Werkstoff zu unterscheiden, wird auf eine metallisch blanke Stelle in Salzsäure aufgelöste arsenige Säure aufgetragen. Das sich bei Schwefelgehalten über 0,08% bildende gelbe Arsensulfid zeigt deutlich an, ob Automatenstahl vorliegt oder nicht. Das Verfahren ist durch DRP. 529908 geschützt.

a) Bestimmung in unlegiertem Stahl, Roh- und Gußeisen. Man wägt 5 g Stahl bzw. Roheisen (von schwefelarmem Stahl 10 g) in einen 750-ml-ERLENMEYER-Kolben ein. Derselbe wird mit einem einen Scheidetrichter enthaltenden Gummistopfen verschlossen und durch Glasrohre mit einem 500-ml-ERLENMEYER-Kolben verbunden (1). Dieser dient als Waschflasche und ist mit 160 ml Wasser gefüllt. Als Absorptionsgefäß verwendet man ein dickwandiges Becherglas und gibt in dasselbe bei Stahl und Roheisen 40 ml, bei Gußeisen 60 ml Cadmiumacetatlösung und 200 ml Wasser. Durch den Scheidetrichter läßt man 100 ml Salzsäure 1,19 (2) in das Auflösungsgefäß fließen. Sobald die Gasentwicklung nachläßt, beginnt man mit dem Erhitzen des Lösungskolbens (3) und steigert die Größe der Flamme bis der Inhalt der Waschflasche kocht (4) und das Einleitungsrohr des Absorptionsgefäßes heiß wird. Hierauf entfernt man das Absorptionsgefäß, öffnet den Hahn des Scheidetrichters und stellt die Gasflamme ab (5).

Den Schwefelgehalt kann man nun nach zwei Methoden bestimmen:

1. *Titrimetrisch:* Zu diesem Zweck gibt man in das Absorptionsgefäß je nach der Menge des ausgeschiedenen Cadmiumsulfides mindestens 5···20 ml einer gegen Thiosulfat eingestellten Jodlösung. Mit dem Einleitungsrohr wird gut durchgerührt, 10 ml Salzsäure 1,12 hinzugesetzt und hierauf nach Zugabe von 3···5 ml Stärkelösung (6) der Jodüberschuß mit Thiosulfat zurücktitriert. Die verbrauchten Milliliter Jodlösung mit dem Titer, der zweckmäßigerweise immer auf 5 g Einwaage berechnet ist, multipliziert, ergibt den Prozentgehalt Schwefel.

2. *Gewichtsanalytisch:* Hierbei gibt man in das Absorptionsgefäß 5···20 ml Kupfersulfatlösung, wodurch Cadmiumsulfat und Kupfer-

sulfid entsteht (7). Dieses wird möglichst bald abfiltriert (8) und mit heißem destilliertem Wasser (9) ausgewaschen (10), sofort eingetiegelt (11) und im gewogenen Porzellantiegel vorsichtig verascht, zuerst schwach und zuletzt 5 Minuten bei Rotglut geglüht, um evtl. entstandenes Kupfersulfat in Kupferoxyd zu überführen.

Da ein Gewichtsteil Kupferoxyd 0,4031 Gewichtsteilen Schwefel entspricht, ergibt sich:

$$\frac{\text{Auswaage} \cdot 40{,}31}{\text{Einwaage}} = \% \text{ S}$$

Chemischer Vorgang: Durch die Salzsäure wird aus den Sulfiden Schwefelwasserstoff frei gemacht, z. B.

$$MnS + 2\,HCl = MnCl_2 + H_2S$$

Der Schwefelwasserstoff wird vom Cadmiumacetat aufgefangen und in Cadmiumsulfid verwandelt.

$$(CH_3COO)_2Cd + H_2S = CdS + 2\,CH_3COOH$$

Durch den Zusatz von Jod und Salzsäure setzt sich Cadmiumsulfid in Jodwasserstoff und Schwefel um.

$$CdS + 2\,HCl = CdCl_2 + H_2S$$
$$H_2S + J_2 = 2\,HJ + S$$

Mit Thiosulfat wird dann das überschüssige Jod unter Zusatz von Stärke als Indikator zurücktitriert, indem sich Natriumjodid und Natriumtetrathionat bildet.

$$J_2 + 2\,Na_2S_2O_3 = 2\,NaJ + Na_2S_4O_6$$

Hat man die Thiosulfat- und Jodlösung nach der Vorschrift hergestellt, dann entspricht 1 ml Jod = 0,001 g Schwefel oder bei 5 g Einwaage = 0,020% Schwefel; denn aus der Gleichung:

$$CdS + J_2 = CdJ_2 + S$$

ergibt sich, daß 2 Jod 1 Schwefel entsprechen oder 253,82 Gewichtsteile Jod = 32,066 Gewichtsteile Schwefel. Oder es verhalten sich: 2 J : S = 253,82 : 32,066. Da ein Milliliter unserer Jodlösung 7,9155 mg Jod enthält, so gibt

$$253{,}84 : 32{,}06 = 7{,}9155 : x$$
$$x = 1 \text{ mg S}$$

oder bei 5 g Einwaage 0,001 : 5 = 0,0002 g Schwefel oder 1 ml Jodlösung entspricht 0,02% Schwefel (12).

Bemerkungen: (1) Zur Verbindung der Glasrohre muß man schwarzen oder farblosen Gummi verwenden, unter keinen Umständen roten Schlauch, da derselbe Antimonsulfid enthält, das mit Salzsäure Schwefelwasserstoff frei macht.

(2) Bei Anwendung von Salzsäure 1,12 entweicht ein Teil des Schwefels als Dimethylsulfid $(CH_3)_2S$. Je konzentrierter die Salzsäure ist und je rascher die Lösung erfolgt, desto geringer ist die Menge der entstandenen organischen Schwefelverbindungen.

(3) Ein zu frühes Erhitzen ist zu vermeiden, damit nicht vorzeitig Salzsäuredämpfe entweichen und dadurch die Konzentration der Säure verringert wird, wodurch dann wieder organische Schwefelverbindungen entstehen können.

(4) Die Waschflasche hat den Zweck, die aus dem Entwicklungsgefäß entweichenden Dämpfe aufzunehmen. Um den evtl. absorbierten Schwefelwasserstoff auszutreiben, muß der Inhalt zum Kochen gebracht werden.

(5) Bei Vorhandensein von Kupfer und Schwefel in den Grenzen, in denen diese normalerweise in Roh- und Gußeisen sowie in Stahlproben auftreten, ergibt das Salzsäureentwicklungsverfahren die gleichen Werte wie das genaue, für Schiedsanalysen benutzte Salpetersäure-Ausätherungsverfahren.

(6) Man darf nie die Stärke in überschüssige Jodlösung geben, weil sonst die Stärke vom Jod unter Bildung andersgefärbter Verbindungen zersetzt wird, wobei gleichzeitig Jod verbraucht wird.

(7) Direktes Einleiten des Schwefelwasserstoffes in die Kupfersulfatlösung ergibt falsche Werte, weil hierbei durch Phosphorwasserstoff Kupferphosphid gefällt werden könnte.

(8) Bei längerem Stehen an der Luft, namentlich bei Sonnenlicht, erhält man durch Oxydation des Kupfersulfides zu Sulfat leicht zu niedrige Werte.

(9) Vielfach wird verlangt, das Kupfersulfid mit salzsäurehaltigem Wasser auszuwaschen. Dabei erhält man stets zu niedrige Resultate. (Grüner Flammensaum beim Veraschen salzsäurehaltiger Kupfersulfidniederschläge.)

(10) Durch die mit dem Kupfersulfat eingeführte Schwefelsäure werden die Acetate in Sulfate verwandelt, wodurch das Auswaschen des Filters erleichtert wird.

(11) Bei längerem Verbleiben des feuchten Kupfersulfidniederschlages auf dem Trichter kann sich infolge teilweiser Oxydation Kupfersulfat bilden, das, falls es in das Rohr des Trichters kommt, Minderbefund an Kupfer und damit an Schwefel verursacht.

(12) Zur Erzielung genauer Ergebnisse ist es jedoch unbedingt erforderlich, den Titer der Jodlösung mit einer Kaliumpermanganatlösung zu stellen. (Siehe unter Titerstellung.)

b) Schwefelbestimmung in unlegierten und legierten Stählen sowie in Ferrolegierungen. Hierzu verwendet man die Apparatur nach HOLTHAUS.

Dieselbe besteht aus einem elektrischen Ofen, der mit drei Silitstäben (1) geheizt wird. Das Verbrennungsrohr ist bedeutend weiter als das bei der Kohlenstoffbestimmung verwendete, da man in der Regel 2 g verbrennen muß und zu diesem Zweck größere Schiffchen benötigt. Der zur Verwendung kommende Sauerstoff wird in der üblichen Trockenvorrichtung gereinigt. Nach Passieren des Rohres (2) gelangt er zur Zurückhaltung des mitgerissenen Eisenoxydstaubes in ein mit Glaswolle gefülltes Röhrchen. Von hier aus erfolgt der Eintritt in den Absorptionsapparat, der aus dem Absorptionsgefäß und der Umschlagselektrode besteht. Diese wird hergestellt, indem man auf den Boden so viel Quecksilber bringt, bis der eingeschmolzene Platindraht gerade bedeckt ist (3). Hierauf bringt man eine etwa $\frac{1}{2}$ cm hohe Schicht einer Paste, die man sich durch Zusammenreiben von festem Quecksilber(I)acetat mit 2n Natriumacetatlösung hergestellt hat. Das Gefäß wird mit 2n Natriumacetat aufgefüllt und mit einem doppelt durchbohrten Gummistopfen verschlossen. Der Stromschlüssel enthält gesättigte Kaliumsulfatlösung. Als Meßgerät benutzt man ein Millivoltmeter, dessen einen Pol man mit der Platinelektrode des Absorptionsgefäßes und den anderen Pol mit dem Platindraht der Umschlagselektrode verbindet.

Zur Bestimmung des Schwefels werden 2 g der Probe in das Verbrennungsschiffchen eingewogen und in den heißen Ofen gebracht. Bevor man die Sauerstoffzufuhr anstellt, läßt man das Schiffchen ungefähr eine Minute die Temperatur des Ofens (4) annehmen. Nach dem Öffnen der Sauerstoffzuführung (5) wird das Absorptionsgefäß mit 5 ml Wasserstoffperoxydlösung 0,3% gefüllt (6). Nach etwa 5$\cdots$7 Minuten ist die Verbrennung beendet (7). Man beginnt nun ohne Unterbrechung der Sauerstoffzufuhr mit der Titration der durch Verbrennung und Oxydation entstandenen Schwefelsäure und verwendet hierzu $n/_{20}$ Natronlauge. Die Titration ist beendet, sobald der Zeiger des Millivoltmeters durch den Nullpunkt geht (8).

Den Titer der Natronlauge erhält man durch Verbrennung eines Normalstahles unter denselben Bedingungen. Der Schwefelgehalt des Normalstahles wird durch die verbrauchten Milliliter Natronlauge dividiert, und man erhält so den Faktor bei 2 g Einwaage in Prozenten.

Bemerkungen: (1) Um die bei Ferrolegierungen nötige Temperatur von 1350$\cdots$1400° rasch erreichen zu können, besitzt der Ofen drei parallel geschaltete Silitstäbe.

(2) Beim Aufbau der Apparatur sind Gummischläuche möglichst zu vermeiden und Glasrohre zu benutzen. Die Gummistopfen werden durch Asbestscheiben vor der Verbrennung durch anspritzendes Eisen geschützt.

(3) Der Platindraht muß von Zeit zu Zeit gereinigt werden; da man den Platindraht nicht ausbauen kann, muß man versuchen, denselben

mechanisch zu reinigen. Gleichzeitig ist die Glasfritte von der Elektrodenseite her zu säubern.

(4) Die Temperatur des Ofens soll in keinem Fall unter 1200° liegen. Die Verwendung von Metallen oder Metalloxyden als Zuschlag, um niedrigere Verbrennungstemperaturen und restlose Verbrennung zu erzielen, ist zwecklos.

(5) Die Sauerstoffzuführung erfolgt, bevor das Absorptionsgefäß gefüllt wird, weil sonst SO_2 an der nassen Wand zurückgehalten wird.

(6) Das technisch reine Wasserstoffperoxyd enthält von Hause aus etwas Säure und besitzt dadurch genügend Leitfähigkeit.

(7) Die Geschwindigkeit der Sauerstoffzufuhr muß bedeutend stärker sein als bei der Verbrennung des Kohlenstoffs. Außerdem muß nach der Verbrennung noch einige Zeit Sauerstoff durchgeleitet werden, um die Kohlensäure restlos auszutreiben, weil sonst zuviel Schwefel gefunden wird.

(8) Sollte aus irgendwelchem Grund das Millivoltmeter versagen, so kann die Titration mit annähernder Genauigkeit mit Methylrot als Indikator ausgeführt werden. Der Titer der $n/_{20}$ Lauge muß in diesem Falle unter denselben Bedingungen gestellt werden.

c) Schwefelbestimmung im Roh- und Gußeisen nach Gotta (1)[1]. Zur Verbrennung des Eisens kann dieselbe Verbrennungsapparatur benutzt werden, wie zur Schwefelbestimmung im Stahl nach Holthaus. In das Verbrennungsrohr schiebt man auf der Austrittsseite einen 9 cm langen, 16 mm dicken und in der Längsachse 7 mm weit aufgebohrten Aluminiumzylinder, der mit etwas Aluminiumfolie festgeklemmt wird. Als Absorptionsgefäß dient an Stelle der sonst benutzten Titrationsapparatur ein rechtwinklig gebogenes Quarzrohr von 1 mm Wandstärke. Der Außendurchmesser des dünneren Schenkels ist 6 mm, die Länge 13 cm; die entsprechenden Maße des dickeren Schenkels sind 17 mm und 21 cm. Das Rohr ist mit 2,5 mm dicken Glas- oder Quarzperlen gefüllt, die durch entsprechendes Zusammenziehen des Rohres an der Austrittsseite am Herausfallen gehindert werden. Die beiden Enden des Rohres läßt man in der Sauerstoffgebläseflamme bis auf 1 mm zusammenfallen. Der das Verbrennungsrohr schließende Gummistopfen verbleibt immer auf dem dünneren Schenkel des Absorptionsrohres.

Die Bestimmung geschieht folgendermaßen: 0,8 g Eisen werden in ein breites Porzellanschiffchen eingewogen, dann wird das Absorptionsrohr mit Hilfe des darauf befindlichen Gummistopfens in die Austrittsseite des Verbrennungsrohres eingesetzt und ein 100-ml-Becherglas mit Wasser als Sperrflüssigkeit untergesetzt. Jetzt wird das Schiffchen in das Rohr geschoben, die Sauerstoffzuführung angeschlossen und die Verbrennung

---

[1] Z. anal. Chem. Bd. 112 Heft 1 u. 2

bei kräftigem Sauerstoffstrom eingeleitet. Wenn aus dem Absorptionsrohr kein Oxydrauch mehr austritt, ist die Verbrennung beendet. Nun wird die Sauerstoffzufuhr unterbrochen und das Absorptionsrohr abgenommen. Aus einer hochstehenden 5 l fassenden Vorratsflasche läßt man hierauf über einen herabhängenden, leicht beweglichen Gummischlauch von der Austrittsseite in den senkrecht gehaltenen dickeren Schenkel des Absorptionsrohres langsam Wasserstoffperoxyd (1) bis zur Biegung hochsteigen, dreht das Rohr um, setzt den engeren Schenkel auf den Boden eines 100-ml-Becherglases, spült das Absorptionsrohr in kräftigem Strom durch, bis das Volumen im Becherglas etwa 50···60 ml beträgt, nimmt den Schlauch ab und läßt das Absorptionsrohr bei senkrecht stehendem weiten Schenkel wie eine Pipette auslaufen. Das Absorptionsrohr wird nach Abwischen des engen Schenkels mit Filtrierpapier für die nächste Bestimmung beiseite gelegt. Die erhaltene Lösung wird entweder potentiometrisch nach HOLTHAUS oder nach Zusatz von Methylrot unter Verwendung einer Mikrobürette mit genau eingestellter $n/_{100}$ Natronlauge (2) bis zum Umschlagspunkt titriert.

Bemerkungen: (1) Es empfiehlt sich eine 1%ige Wasserstoffperoxydlösung zu verwenden, die unter Verwendung von „Perhydrol zur Analyse" MERCK bereitet wurde. Die Lösung muß genau neutral reagieren.

(2) Die Natronlauge ist genau $n/_{100}$ anzusetzen. Der Verbrauch an Natronlauge in ml, multipliziert mit 0,02, ergibt den Gehalt an Schwefel, sofern die Einwaage 0,800 g betragen hat.

d) Schwefelbestimmungsverfahren der Poldihütte. Verwendet wird der gleiche Ofen wie beim Verfahren b). Auch die Verbrennung wird unter den gleichen Bedingungen vorgenommen, jedoch werden die Verbrennungsgase nach dem Durchgang durch das mit Glaswolle gefüllte Röhrchen, in welchem das mitgerissene Eisenoxyd zurückgehalten wird, in ein möglichst hohes Absorptionsgefäß geleitet. Dieses kann z. B. ein 250-ml-Meßzylinder sein, der zur Hälfte mit Wasser gefüllt wird, das mit Stärke und Jodlösung schwach gebläut ist. In diesem wird die bei der Verbrennung entstehende schweflige Säure absorbiert und mit $n/_{100}$ Jodlösung sofort titriert. Entsprechend der Entfärbung gibt man langsamer oder rascher bis zur bleibenden Blaufärbung des Anfangszustandes die Jodlösung laufend zu. Berechnung: Bei 2 g Einwaage entspricht 1 ml $n/_{100}$ Jodlösung 0,008% S.

Bemerkungen: Kurzzeitiges Fehlen von Jodlösung während der Titration beeinträchtigt nicht das Ergebnis. Die Absorptionsflüssigkeit braucht nicht nach jeder Verbrennung ausgewechselt, sondern kann zur nächsten Bestimmung verwendet werden. Wichtig ist, daß bei hoher Temperatur und flotter Sauerstoffzufuhr verbrannt wird, damit nicht SO_3 entsteht, das beim jodometrischen Verfahren nicht erfaßt wird.

Aluminium
(In legierten und unlegierten Stählen)

5 g werden im 400-ml-Becherglas in 60 ml Salzsäure 1,19 gelöst, durch tropfenweise Zugabe von Salpetersäure 1,4 oxydiert und bis zur Sirupdicke eingeengt, wobei sich jedoch noch keine Kristalle ausscheiden dürfen (1). Hierauf spült man in einen ROTHESchen Schüttelapparat unter Verwendung von möglichst wenig Salzsäure 1,12 (2). Nachdem man gut umgeschüttelt hat, gibt man zur kalten Lösung 60 ml äthergesättigte Salzsäure 1,19 (3). Nach dem Vermischen der Lösungen füllt man die Kugel fast restlos mit Äther an, schüttelt gut durch und kühlt dabei, wenn nötig, unter der Leitung ab (4). Man läßt einige Zeit ruhig stehen, wobei sich die Flüssigkeit in zwei Schichten trennt, und zwar in eine obere grüne, aus Äther bestehende, die das Eisenchlorid, und eine untere salzsaure, die die sonst noch vorhandenen Metalle enthält und je nach deren Art und Menge verschieden gefärbt ist (5). Diese Lösung läßt man in die untere Kugel ab, wobei man darauf achtet, daß nichts von der oberen Schicht mitkommt. Nach einiger Zeit läßt man den in der oberen Kugel sich noch angesammelten Rest gleichfalls in die untere Kugel ab. Zum Nachspülen und Entfernen der in der Ätherschicht evtl. noch vorhandenen salzsäurelöslichen Chloride gibt man 10 ml Äthersalzsäure in die obere Kugel und zur Beseitigung der geringen Mengen von Eisen aus der salzsauren Lösung füllt man in die untere Kugel 20 ml Äther, schließt die Hähne und schüttelt gut durch. In beiden Kugeln trennt sich nach kurzer Zeit die salzsaure von der ätherischen Lösung. Aus der unteren Kugel läßt man nun die Flüssigkeit in ein Becherglas ab, wobei man mit Äthersalzsäure 1,12 nachspült, und bringt die salzsaure Lösung aus der oberen Kugel in die untere. Man schüttelt nun, nachdem man in die obere Äthersalzsäure 1,12 gegeben hat, nochmals durch und läßt, nachdem die Trennung in zwei Schichten stattgefunden hat, aus der unteren Kugel die salzsaure Schicht in das Becherglas zur Hauptlösung ab. Dieses Nachschütteln wiederholt man zwei- bis dreimal.

Aus der salzsauren Lösung wird zunächst der Äther durch möglichst tiefes Eindampfen verjagt, dann werden 20 ml Schwefelsäure 1,4 zugesetzt und abgedampft, bis die Schwefelsäure abzurauchen beginnt. Nach dem Erkalten nimmt man mit Wasser auf, kocht bis die Sulfate in Lösung gegangen sind und filtriert die Kieselsäure ab. Diese wird nach dem Veraschen mit Flußsäure abgeraucht; ein im Platintiegel verbleibender Rückstand wird mit Kaliumhydrogensulfat aufgeschlossen und mit dem schwefelsauren Filtrat vereinigt.

In den vereinigten Lösungen wird jetzt mit Natronlauge (p. a.) der Eisenrest sowie das gesamte Chrom, Nickel, Mangan und Titan gefällt, gut durchgekocht und in einen 500-ml-Meßkolben übergespült. Nach dem

Abkühlen wird bis zur Marke aufgefüllt, gut durchgemischt und durch ein Faltenfilter filtriert. Von dem alkalischen Filtrat entnimmt man bei aluminiumreichen Stählen 100 ml = 1 g, bei aluminiumärmeren entsprechend mehr, verdünnt, neutralisiert mit Salzsäure 1,12 und setzt 15 ml Essigsäure hinzu. Hierauf fällt man in der siedenden Lösung das Aluminium mit 20 ml Diammoniumhydrogenphosphatlösung durch 15 Minuten langes Kochen. Der Niederschlag wird durch ein 11-cm-Weißbandfilter filtriert, und, nachdem er mit heißem Wasser gut ausgewaschen ist, mit heißer Salzsäure in das Fällungsgefäß zurückgelöst. Zur Lösung werden 20 ml Salzsäure 1,19 hinzugegeben und die Fällung nach dem Neutralisieren wiederholt. Der durch ein 11-cm-Weißbandfilter mit Filterschleim filtrierte Niederschlag wird gut ausgewaschen, getrocknet und langsam verascht (6). Man glüht den Niederschlag möglichst bei einer Temperatur von 1200° etwa 2 Stunden lang.

$$\frac{\text{Auswaage} \cdot 22,12}{\text{Einwaage}} = \% \text{ Al}$$

Bemerkungen: (1) Bei hochlegierten Siliciumstählen wird die Kieselsäure vor dem Ausäthern filtriert, verascht und mit Schwefelsäure-Flußsäure abgeraucht. Der hierbei verbleibende Rückstand muß mit Kaliumhydrogensulfat aufgeschlossen, mit Wasser gelöst und mit der ausgeätherten Lösung vereinigt werden.

(2) Man kann bei geschicktem Arbeiten mit 10···15 ml Salzsäure auskommen. Zu große Salzsäuremengen stören bei der Ausätherung.

(3) Da beim Mischen von Äther und Salzsäure die Mischung sehr warm wird, darf man den Äther nicht direkt in die Lösung geben, weil sonst die Erwärmung der Flüssigkeit so hoch werden kann, daß eine Reduktion des Eisenchlorids durch den Äther eintritt.

(4) Man muß langsam schütteln und häufig die Hähne öffnen, damit der verdampfende Äther entweichen kann.

(5) Nickel färbt hellgrün, Chrom dunkelgrün, Kobalt blau (beim Verdünnen rosa werdend), Vanadium blaugrün. Bei Verwendung von Äther mit Wasserstoffperoxyd erscheint Vanadium bräunlichrot. Kleine Mengen Titan färben braungelb, größere Titanmengen scheiden oft flockiges Titan(IV)oxyd ab. Fehlen Legierungselemente, zeigt die ausgeätherte Lösung hellgelbe bis hellgrüne Farbe.

(6) Möglichst langsames Veraschen ist notwendig, weil das Aluminiumphosphat leicht unverbrannte Filterkohle einschließt, die dann nur schwer zu verbrennen ist.

Arsen

5···10 g werden im 400-ml-Becherglas mit 10 g Kaliumchlorat versetzt und hierauf mit 100 ml Salzsäure 1,19 unter zeitweisem Kühlen gelöst (1). Die Lösung wird zur Vertreibung des Chlors eingeengt. Nach dem Erkalten nimmt man mit wenig Wasser auf. Der Graphit und die Kieselsäure werden abfiltriert und das Filtrat in einen Destillationskolben übergespült. Zu der Lösung im Kolben gibt man dann noch 1 g Kaliumbromid und 3 g Hydrazinsulfat (2), die man in möglichst wenig Wasser gelöst hat. Man erhitzt zum Sieden, destilliert unter guter Kühlung so weit, daß nur noch etwa 25···30 ml im Kolben verbleiben, bzw. bis der Kolbeninhalt dickflüssig wird, gibt nach dem Abkühlen nochmals 50 ml Salzsäure 1,19 zu und destilliert zu Ende. Im Destillat kann nun das Arsen bestimmt werden:

1. Durch Titration mit $^n/_{10}$ *Kaliumbromat:* Das Destillat wird mit einem Tropfen Methylorange versetzt, auf 60···70° erwärmt (3) und bis zum Verschwinden der Rotfärbung titriert (4). Die Umsetzung geschieht nach folgender Gleichung:

$$3\ As_2O_3 + 2\ KBrO_3 + 2\ HCl = 3\ As_2O_5 + 2\ KCl + 2\ HBr$$

Berechnung: $$\frac{\text{Verbrauchte ml } K_2BrO_3\text{-Lösg.}\cdot 0{,}3746}{\text{Einwaage}} = \%\ As$$

2. Durch Titration mit $^n/_{10}$ *Jodlösung:* Zu diesem Zweck neutralisiert man das Destillat am besten mit festem Ammoniumcarbonat (5), macht wieder schwach salzsauer und gibt so viel Natriumhydrogencarbonat hinzu, bis die Lösung deutlich alkalisch ist. Hierauf titriert man nach Zusatz von Stärkelösung bis zur Blaufärbung. Hierbei gilt folgende Gleichung:

$$As_2O_3 + 2\ J_2 + 2\ H_2O = As_2O_5 + 4\ HJ$$

$$\frac{\text{Verbrauchte ml Lösung}\cdot 0{,}3746}{\text{Einwaage}} = \%\ As$$

3. Gewichtsanalytisch: Das Destillat wird mit 30 ml Salpetersäure 1,4 versetzt, eingedampft und der Rückstand in Wasser gelöst. Jetzt macht man die Lösung alkalisch und fällt das Arsen mit 25 ml Magnesiamixtur. Nachdem man 12 Stunden stehengelassen hat, wird filtriert, verascht und als Magnesiumpyroarsenat gewogen.

$$\frac{\text{Auswaage}\cdot 48{,}26}{\text{Einwaage}} = \%\ As$$

Bemerkungen: (1) Salpetersäure stört bei der Destillation. Beim Lösen in Salzsäure ohne Oxydation verflüchtigt sich das Arsen als Arsen(III)chlorid.

(2) Ohne Zugaben von Kaliumbromid und Hydrazinsulfat ist die Destillation nach zweimaligem Destillieren nicht quantitativ. Das Arsen liegt nämlich nach dem oxydierenden Lösen in 5wertiger Form vor. Um

es zu destillieren, muß es jedoch in die 3wertige Form übergeführt werden. Dies geschieht durch das Hydrazinsulfat.

(3) In der Kälte ist der Umschlag schlecht zu sehen, beim Erhitzen auf 60···70° verflüchtigt sich das Arsen(III)chlorid noch nicht.

(4) Das Methylorange wird durch das überschüssige Kaliumbromat oxydiert, daher entfärbt.

(5) Man nimmt Ammoniumcarbonat, um die mit Ammoniak auftretende Reaktionswärme zu vermeiden.

Chrom

Prüfung: Höhere Chromgehalte können bereits beim Lösen des Stahles in Salzsäure durch die smaragdgrüne Färbung erkannt werden. Ist nur wenig Chrom vorhanden, löst man einige Späne in Salpetersäure 1,2, oxydiert mit Ammoniumperoxydisulfat bei Gegenwart von Silbernitrat, kühlt ab und reduziert mit Natriumarsenit. Ist Chrom vorhanden, tritt Gelbfärbung ein.

Nichtrostende Chrom- und Chrom-Nickelstähle kann man von gewöhnlichen Werkstoffen unterscheiden, wenn man ein blankes Stück in Kupfersulfatlösung oder Kupferammoniumchloridlösung eintaucht. Nichtrostender Stahl bleibt blank; bei gewöhnlichem Werkstoff überzieht sich das Stück mit einer Kupferschicht.

Bestimmung: **a) Titrimetrisch.** Je nach dem Chromgehalt löst man 1 oder 2 g der Probe (von Wolframstählen gewöhnlich 1 g und von Chrom-Nickelstahl 2 g) in einem 1000-ml-Becherglas mit 300 ml Wasser und 30 ml Schwefelsäure 1,84 (1). Sobald die Wasserstoffentwicklung aufhört, gibt man in die kochende Lösung so lange tropfenweise Kaliumpermanganatlösung (2), bis alles Eisen und Chrom oxydiert und die Flüssigkeit dunkelbraun gefärbt ist. Das überschüssig zugesetzte Kaliumpermanganat wird nun durch ein halbstündiges Kochen zerstört, wobei jedoch die dunkelbraune Färbung bestehen bleiben muß. Hierauf filtriert man durch ein 12,5 cm qualitatives Filter mit etwas Filterschleim den entstandenen Niederschlag von Braunstein und evtl. vorhandener Wolframsäure in einen 1000-ml-ERLENMEYER-Kolben ab und wäscht mit heißem Wasser gut aus. In das auf Zimmertemperatur abgekühlte Filtrat gibt man etwa 40 ml Mangansulfatlösung (3) und je nach dem Chromgehalt 10 bzw. 20 ml Eisen(II)sulfatlösung (4) mittels einer Pipette und titriert sofort (5) mit etwa $n/_{10}$ Permanganatlösung, deren Titer bekannt ist, bis zur Rotfärbung.

In einem zweiten ERLENMEYER-Kolben von 1000 ml Inhalt bestimmt man den Wirkungswert der Eisen(II)sulfatlösung, indem man zu 300 ml Wasser 40 ml Mangansulfatlösung und 10 bzw. 20 ml Eisen(II)-sulfatlösung gibt und ebenfalls mit Kaliumpermanganat titriert. Hat man bei dieser Titration 36 ml Permanganat verbraucht, bei der zu untersuchenden Probe nur 23 ml, so ergibt sich der Chromgehalt zu:

$$\frac{\begin{array}{r}36\\-23\\\hline 13\end{array}}{} \times \text{Titer der Permanganatlösung für Chrom} \cdot \frac{100}{\text{Einwaage}}$$

Chemischer Vorgang: Durch das Auflösen des Stahles in Schwefelsäure wird das Eisen als Eisen(II)sulfat und das Chrom als Chromsulfat in Lösung gebracht. Dabei scheidet sich auch bei graphitfreien Eisenproben, also auch bei solchen, die nur Carbidkohlenstoff enthalten, Kohlenstoff in elementarer Form aus, und zwar um so mehr, je größer die Anreicherung der Säure an Eisen(II)salzen ist. Beim Auflösen in Schwefelsäure entweicht also nicht alle Carbidkohle als Kohlenwasserstoff.

Durch den Zusatz von Kaliumpermanganat wird der ausgeschiedene Kohlenstoff zerstört und das Eisen(II)sulfat und Chrom(III)sulfat zu Eisen(III)sulfat und Chromat umgesetzt nach folgender Gleichung:

$$2\,KMnO_4 + 4\,FeSO_4 + Cr_2(SO_4)_3 + 2\,H_2SO_4$$
$$= 2\,Fe_2(SO_4)_3 + 2\,H_2CrO_4 + K_2SO_4 + 2\,MnSO_4$$

Durch die Zugabe von Eisen(II)sulfat wird dann das Chromat zu Chrom(III)sulfat reduziert unter Oxydation des Eisen(II)sulfates zu Eisen(III)-sulfat

$$2\,H_2CrO_4 + 6\,FeSO_4 + 6\,H_2SO_4 = Cr_2(SO_4)_3 + 3\,Fe_2(SO_4)_3 + 8\,H_2O$$

Die gelbe Farbe des Chromates verschwindet also bei genügender Zugabe von Eisen(II)sulfat und macht der grünen des Chrom(III)salzes Platz. Beim nun folgenden Titrieren mit Permanganat wird lediglich das nicht durch das Chromat oxydierte Eisen(II)sulfat in Eisen(III)-sulfat verwandelt. Je mehr also an Chromat in der Lösung vorhanden war, desto mehr Eisen(II)sulfat ist zu Eisen(III)sulfat umgesetzt und um so weniger Permanganat wird zur Rücktitration verbraucht.

Bemerkungen: (1) Es gibt Stähle, bei welchen sich die Chromcarbide nicht in Schwefelsäure lösen. Bei diesen werden 1 g in 30 ml Salpetersäure 1,2 unter Zusatz von 10 ml Salzsäure 1,19 gelöst. Nach dem vollständigen Lösen, was etwa 10 Minuten dauert, gibt man 50 ml 15%ige Schwefelsäure zu und raucht ab. Dann wird mit wenig Wasser aufgenommen und die übliche Menge Kaliumpermanganat zugegeben.

Da sich diese Stähle aber leicht mit Natriumperoxyd aufschließen lassen, ist es einfacher, das Chrom wie im Ferrochrom zu bestimmen.

(2) Die Lösung darf beim Zugeben von Permanganat nicht aus dem Kochen kommen, weil sonst die Flüssigkeit leicht stößt.

(3) Der Zusatz der phosphorsäurehaltigen Mangansulfatlösung dient dazu, das gelblich gefärbte Eisen(III)sulfat in farbloses Eisenphosphat überzuführen.

(4) Bei Schnelldrehstählen, die Vanadium enthalten, tritt bei Zusatz von Eisen(II)sulfat eine schwarze bis rotbraune Färbung auf, die beim Titrieren mit Permanganat in eine gelbe übergeht und so den Endpunkt der Titration schwierig erkennen läßt. Die Braunfärbung wird durch die Bildung einer komplexen Vanadiumphosphorwolframsäure hervorgerufen. Die Chrombestimmung wird jedoch bei gleichzeitiger Anwesenheit von Wolfram und Vanadium nicht beeinflußt, wenn beim Zurücktitrieren mit Permanganat so lange Permanganat zugesetzt wird, bis die Rotfärbung nicht mehr verschwindet. Die einzige Schwierigkeit bei der Titration ist die Erkennung des Endpunktes, da dieser nicht wie bei anderen Bestimmungen in Rosarot, sondern in Hellbraun übergeht. Zur besseren Erkennung des Umschlages nimmt man statt einer weißen besser eine grauschwarze Unterlage.

(5) Die Titration muß möglichst rasch vorgenommen werden, damit nicht schon durch den Luftsauerstoff das Eisen(II)sulfat oxydiert wird.

b) Potentiometrische Chrombestimmung. Zur Bestimmung werden 1 g Späne in einem 600-ml-Becherglas in 50 ml 15%iger Schwefelsäure gelöst. Nachdem man mit einigen Millilitern Salpetersäure 1,4 oxydiert hat, werden die Stickoxyde verkocht. Hierauf wird mit Wasser auf etwa 200 ml verdünnt, 50 ml $n/_{50}$ Silbernitratlösung und 35 ml Ammoniumperoxydisulfat hinzugegeben. Nachdem das überschüssige Ammoniumperoxydisulfat verkocht ist, wird die gebildete Übermangansäure durch langsames Zugeben (1) einer $n/_{10}$ Oxalsäure in der Hitze zerstört. Sobald die Lösung rein gelb ist, gibt man noch einen Überschuß von etwa 1 ml der Oxalsäurelösung hinzu. Nach dem Abkühlen bringt man das Elektrodenpaar Platin-Kalomel (2) in die Lösung, wobei man darauf achtet, daß die Kalomelelektrode an den besonders kenntlich gemachten Minuspol und die Platinelektrode an den Pluspol geschaltet ist. Man stellt den Zeiger des Instrumentes auf etwa 180 und titriert unter ständigem Umschütteln mit einer $n/_{10}$ Eisen(II)sulfatlösung, deren Titer mit Normalstahl gestellt ist. Der Endpunkt der Titration ist an einem deutlichen Sprung (3) des Zeigers erkenntlich.

$$\frac{\text{Verbrauchte ml } FeSO_4\text{-Lösung} \cdot \text{Titer}}{\text{Einwaage}} = \% \; Cr.$$

Bemerkungen: (1) Da die Oxalsäure mit Permanganat nur langsam reagiert, muß dieselbe zum Schluß vorsichtig zugegeben werden.

(2) Nach öfterem Gebrauch schwankt der Zeiger des Gerätes beim Titrieren unruhig hin und her. Dies ist ein Zeichen, daß die Kalomelelektrode mit einer kalt gesättigten Kaliumsulfatlösung neu gefüllt werden muß. Auch die Platinelektrode muß öfter ausgeglüht werden.

(3) Wenn der Sprung nur verwischt oder gar nicht auftritt, hat entweder der Akkumulator nicht die nötige Spannung von 4 Volt oder die Anodenbatterie hat weniger als 60 Volt.

c) Chrom und Vanadium in hoch-vanadiumhaltigem Stahl. Bei viel Vanadium ist der Umschlag bei der Titration des Chroms schwer zu erkennen. Man arbeitet dann sicherer, wenn man das Filtrat der Wolframbestimmung tief abdampft und mit Äther im ROTHEschen Scheidetrichter extrahiert (siehe Aluminiumbestimmung). Die eisenfreie Lösung wird mit Schwefelsäure eingedampft und abgeraucht. Nach dem Erkalten nimmt man mit Wasser auf und gießt die neutralisierte Lösung in 100 ml siedende 10%ige Natriumhydroxydlösung. Man kocht kurze Zeit, läßt den Niederschlag absitzen und filtriert durch ein $12\frac{1}{2}$-cm-Weißbandfilter. Der Niederschlag wird mit natriumcarbonathaltigem Wasser gut ausgewaschen. Der Rückstand, der das gesamte Chrom und die Reste Eisen enthält, wird mit dem Filter in einem 1000-ml-Becherglas in 50 ml Schwefelsäure 1,84 gelöst und durch Zusatz von einigen Millilitern Salpetersäure 1,4 das Filter verkohlt. Die nun klare Lösung wird mit Wasser aufgenommen und das Chrom nach dem üblichen Verfahren bestimmt.

In das Filtrat des Chromniederschlages werden 20 ml Schwefelsäure 1,84, 10 ml Phosphorsäure 1,7 und 15 ml Salpetersäure 1,2 zugegeben und mit starker Flamme unter Zusatz einiger Glasperlen bis zum Auftreten weißer Dämpfe abgeraucht. Nach dem Abkühlen wird zweimal nach vorsichtigem Zusatz von je 25 ml Salzsäure 1,19 eingedampft, wobei alles Vanadium in Vanadium(IV)oxyd (V_2O_4) übergeht. Nach dem letzten Eindampfen, wobei reichlich Schwefelsäuredämpfe entweichen müssen, wird der Kolben mit einem Uhrglas bedeckt (um eine Oxydation durch die Luft zu vermeiden) und abgekühlt. Nach dem Abkühlen wird mit ausgekochtem Wasser verdünnt und mit Kaliumpermanganat bei $60 \cdots 70°$ titriert.

Die potentiometrische Bestimmung von Chrom und Vanadium nebeneinander (1) mit Umschlagselektrode

1 g Stahlspäne werden im 600-ml-Becherglas in 30 ml 15%iger Schwefelsäure gelöst und mit einigen Millilitern Salpetersäure 1,4 oxydiert. Nach dem Verkochen der Stickoxyde wird mit Wasser auf etwa 200 ml verdünnt. Bei Vorhandensein eines schwarzen Rückstandes von Chromcarbiden muß die Lösung bis zum Auftreten der ersten Schwefelsäuredämpfe eingeengt werden. Nach dem Abkühlen wird ebenfalls auf etwa 200 ml verdünnt. Nach Zugabe von 50 ml Silbernitratlösung (bei größeren Einwaagen setzt man 80 ml Silbernitratlösung hinzu) und 35 bis 40 ml Ammoniumperoxydisulfat wird das überschüssige Ammonium-

peroxydisulfat verkocht. Das entstandene Permanganat wird mit Natriumchloridlösung vorsichtig reduziert, und man kocht, bis sich das ausfallende Silberchlorid zusammenballt. Nach dem Abkühlen wird die Lösung in die gleiche Apparatur gebracht wie bei der Chrombestimmung.

Man titriert unter Umrühren mit Eisen(II)sulfat, dessen Verbrauch *a* Milliliter der Summe Chrom und Vanadium entspricht. Nun gibt man, wie bei der Vanadiumbestimmung, Kaliumpermanganatlösung bis zur schwachen Rosafärbung und 5 ml im Überschuß hinzu. Unter ständigem Umrühren läßt man das Kaliumpermanganat 3 Minuten einwirken und verfährt genau, wie bei der Vanadiumbestimmung beschrieben. Die hierbei verbrauchten *b* Milliliter Eisen(II)sulfatlösung entsprechen dem Vanadiumgehalt und sind zur Ermittlung des Chromgehaltes von den bei der ersten Titration ermittelten *a* Millilitern abzuziehen.

Zur Ermittlung des Chrom- und Vanadiumtiters ist die Eisen(II)sulfatlösung potentiometrisch gegen einen Normalstahl einzustellen.

Bemerkungen: (1) Die Methode beruht darauf, daß das nach der Oxydation mit Ammoniumperoxydisulfat vorliegende Chromat und Vanadat durch Eisen(II)sulfat reduziert wird. Hierauf wird in der Kälte durch Permanganat nur das Vanadium oxydiert, welches dann durch Eisen(II)sulfat wieder reduziert werden kann.

Kobalt

Prüfung: Etwa 1 g Späne werden in 25%iger Salzsäure gelöst. Eine blaugrüne Färbung der Lösung zeigt die Gegenwart von Kobalt an.

Bestimmung: **a) Gewichtsanalytisch.** 2 g Späne (bei einem Kobaltgehalt über 5% genügt 1 g) werden in einem Becherglas in Salzsäure 1,12 gelöst (1), zur Trockne eingedampft, kurze Zeit geröstet und mit Salzsäure aufgenommen. Hierauf oxydiert man mit Kaliumchlorat oder wenig Salpetersäure und vertreibt die Salpetersäure (2) durch zweimaliges Eindampfen mit Salzsäure. Nun wird in einen 500-ml-Meßkolben übergespült und in Wasser gut aufgeschlämmtes Zinkoxyd (3) in kleinen Anteilen (4) nach und nach der heißen Lösung so lange zugesetzt, bis sich das Eisen zusammenballt, wobei nach jedesmaligem Zusatz tüchtig geschüttelt werden muß. Ist dieses erreicht, so wird nach dem Erkalten bis zur Marke aufgefüllt, gut geschüttelt und durch ein trockenes Faltenfilter in einen trockenen Kolben filtriert. Vom Filtrat werden 250 ml = 1 g (bzw. 0,5 g) in einem 600-ml-Becherglas nach Ansäuern mit 5···10 ml Salzsäure 1,19 in der Siedehitze mit 30 ml einer 2%igen frisch bereiteten heißen Lösung von α-Nitroso-β-naphthol $C_{10}H_6(NO)OH$ (5) gefällt. Nachdem man 5···10 Sekunden hat kochen lassen, läßt man 1···2 Stunden an einem warmen Ort stehen, bis die überstehende Flüssigkeit vollständig klar geworden ist. Der Niederschlag von Kobalt(III)-nitroso-β-naphthol $(C_{10}H_6ONO)_3Co \cdot 2H_2O$ wird dann durch ein 11-cm-Weißbandfilter filtriert und zuerst mit stark salzsaurem, dann mit reinem heißem Wasser ausgewaschen (6). Das Filter mit dem Niederschlag wird in einem gewogenen Porzellantiegel getrocknet, bei starker Rotglut verascht (7), dann stark geglüht und nach dem Erkalten als Kobalt(II, III)oxyd Co_3O_4 (8) gewogen.

$$\frac{\text{Auswaage} \cdot 73,43}{\text{Einwaage}} = \% \text{ Co}$$

Bei Anwesenheit von Nickel ist der Rückstand auf einen etwaigen Nickelgehalt zu prüfen. Enthält der Stahl sehr viel Nickel, so ist unter Umständen eine doppelte Fällung nötig. In diesem Fall wird der geglühte Kobaltniederschlag in etwas Salzsäure 1,19 gelöst, auf 50 ml verdünnt und nochmals gefällt. Man kann aber auch die salzsaure, mit etwas Weinsäure versetzte Lösung schwach ammoniakalisch machen und das etwa mitgerissene Nickel mit Diacetyldioxim fällen. Der Niederschlag wird filtriert, gewogen und als Nickel(II)oxyd von der Co_3O_4-Auswaage in Abzug gebracht.

Bemerkungen: (1) Stähle, die in Salzsäure 1,12 schwer löslich sind, werden in Salpetersäure gelöst.

(2) Wegen der Angreifbarkeit des Naphtholniederschlages durch Salpetersäure muß die zur Oxydation des Eisens usw. zugegebene Salpetersäure vollständig vertrieben werden.

(3) SLAVIK hat die Beobachtung gemacht, daß Nickel und Kobalt bei der Manganbestimmung nach VOLHARD, wenn kein Überschuß von Zinkoxyd angewendet wurde, quantitativ in Lösung bleiben. Dieses Verhalten ist für die Kobaltbestimmung geeignet, da das Filtrat außer Nickel und Kobalt nur noch Mangan und etwas Zink gelöst enthält, während sämtliche übrigen Metalle: Eisen, Wolfram, Chrom, Vanadium, Molybdän, Titan, Aluminium, Silicium und Kupfer vollständig im Rückstande bleiben. Bei Wolframstählen erübrigt sich sogar das vollständige Abscheiden und Abfiltrieren der Wolframsäure, da diese mit Zinkoxyd ebenfalls quantitativ gefällt wird. Die Bestimmung des Kobalts kann dann im Filtrat durch Fällen mit α-Nitroso-β-naphthol ausgeführt werden. Zink und Mangan beeinflussen die Bestimmung nicht, während Nickel, selbst in größeren Mengen, durch Zugabe eines Überschusses an freier Salzsäure in Lösung gehalten wird.

(4) Zu wenig Kobalt findet man, wenn Kobalt vom Zinkoxyd mitgerissen wird oder bei Zugabe des Zinkoxyds in die kalte Lösung. Auch bei langem Stehenlassen der mit Zinkoxyd versetzten Lösung und bei Verwendung von zu viel Zinkoxyd, besonders bei alkalisch reagierendem, wird zu wenig Kobalt gefunden.

(5) Man muß zur Fällung des Kobalts das 20fache Gewicht an α-Nitroso-β-naphthol anwenden.

(6) Hat man mehrere Male mit salzsaurem Wasser gewaschen, so kann ein gelbes Durchlaufen des Waschwassers vernachlässigt werden, da die Trübung von α-Nitroso-β-naphthol herrührt, welches in Wasser etwas löslich ist, beim Verbrennen aber keinen Rückstand hinterläßt.

(7) Damit der Niederschlag besser verbrennt, bestreut man ihn mit einer Messerspitze Oxalsäure; hierdurch werden auch Verpuffungen verhindert.

(8) Bei größeren Mengen Kobalt muß man, da das Kobalt(II, III)oxyd oft etwas Kobalt(III)oxyd einschließt, den Tiegelinhalt in Kobaltsulfat überführen und das Kobalt elektrolytisch bestimmen.

b) Potentiometrisch nach DICKENS und MASSEN. Hierzu verwendet man die Dickensapparatur mit Kalomelelektrode. Die Bestimmung beruht darauf, daß Kobalt und Mangan in ammoniakalischer Lösung in Gegenwart von Weinsäure durch eine im Überschuß zugegebene Menge von Kaliumcyanoferrat(III)lösung zu dreiwertigen Komplexverbindungen oxydiert werden. Die nicht verbrauchte Kaliumcyanoferrat(III)-lösung wird mit Kobaltnitratlösung, welche gegen die Kaliumcyanoferrat(III)lösung eingestellt ist, potentiometrisch zurücktitriert. Eine Trennung von Kobalt und Mangan ist jedoch nach diesem Verfahren nicht möglich, denn es wird stets die Summe von Kobalt und Mangan bestimmt (1).

Zur Ausführung werden 1 g Stahlspäne im 400-ml-Becherglas in 30 ml Salzsäure 1,19 gelöst. Nach dem Lösen oxydiert man mit Salpetersäure 1,4 und gibt 80 ml 15%ige Überchlorsäure hinzu. Dann wird die Lösung bis zum starken Rauchen eingedampft. Nach dem Erkalten wird mit etwas Wasser verdünnt. Unter Rühren gießt man diese Flüssigkeit in ein 600-ml-Becherglas, welches 100 ml Ammoniumtartratlösung, 80 ml Ammoniak 0,91 und 40 ml Kaliumcyanoferrat(III)lösung enthält, wobei zu beachten ist, daß stets ein Überschuß an Kaliumcyanoferrat(III) vorliegt. Diesen Überschuß titriert man mit Kobaltnitratlösung, deren Titer mit Normalstahl gestellt ist, unter Umrühren bis zum Sprung zurück.

Bemerkungen: (1) Da Schnellstähle im Durchschnitt 0,3% Mangan enthalten, muß für Mangan 0,5 ml von der verbrauchten Kaliumcyanoferrat(III)lösung in Abzug gebracht werden.

c) Photometrisch mit dem PULFRICH-Photometer nach PINSL. Man wägt 0,5 g in einen 300-ml-ERLENMEYER-Kolben ein und löst in 15 ml Salzsäure 1,12 bei aufgesetztem Trichter. Nach dem Lösen wird mit Salpetersäure 1,2 oxydiert und eingeengt. Es wird nochmals mit 10 ml Salzsäure 1,19 15 Minuten gekocht und etwas eingeengt. Nitrose Gase dürfen nicht mehr zu bemerken sein. Die Lösung wird in einen 500-ml-Meßkolben übergespült und auf etwa 300 ml verdünnt (1). Man fällt mit aufgeschlämmtem Zinkoxyd, wobei ein Überschuß zu vermeiden ist und die Zugabe unter kräftigem Schütteln portionsweise erfolgen muß. Der ausfallende Niederschlag darf nur eben gerinnen, und die überstehende Flüssigkeit muß klar sein. Es wird bis zur Marke aufgefüllt, gut durchgeschüttelt und nach dem Absetzen in ein trockenes Becherglas filtriert, wobei die ersten Anteile verworfen werden.

Von dem Filtrat werden 25 ml in einen 100-ml-Meßkolben abgenommen und 5 ml Zinn(II)chloridlösung zugegeben. Dann gibt man bis nahe zur Marke Salzsäure 1,19 zu (2), kühlt ab und füllt bis zur Marke mit Salzsäure auf. Nach gutem Durchschütteln füllt man die blaue Lösung in ein 15-cm-Absorptionsrohr und mißt die Extinktion der Lösung mit Filter S 66 und Glühlampe. In den Vergleichsstrahlengang setzt man ein Absorptionsrohr mit destilliertem Wasser.

Berechnung:

$$\text{Für Extinktionen bis } 0{,}8 \qquad E \cdot 3{,}95 = \%\ Co$$
$$\text{für Extinktionen von } 0{,}8 \cdots 1{,}2 \qquad E \cdot 4{,}65 - 0{,}56 = \%\ Co.$$

Bei Kobaltgehalten von $5 \cdots 9\%$ entnimmt man dem Zinkoxydfiltrat nur 15 ml, ergänzt diese Menge mit Wasser auf 25 ml und verfährt wie oben beschrieben weiter.

$$\textit{Berechnung: } E \cdot 7{,}75 - 0{,}93 = \%\ Co.$$

Bei Kobaltgehalten von $9 \cdots 20\%$ werden dem Zinkoxydfiltrat nur 5 ml entnommen, mit Wasser auf 25 ml ergänzt und wie oben beschrieben weiter behandelt.

$$\textit{Berechnung: } E \cdot 21{,}1 - 0{,}82 = \%\ Co.$$

Bemerkungen: (1) Beim Verdünnen ausfallende Wolframsäure muß rein gelb aussehen.

(2) Die vorgeschriebene Konzentration der Salzsäure muß genau eingehalten werden.

Kupfer

Prüfung: Stähle mit mehr als 0,25% Kupfer können von kupferfreien Werkstoffen durch Eintauchen eines größeren Stückes in etwa 10 bis 20%ige Schwefelsäure unterschieden werden. Kupferhaltiger Stahl überzieht sich dabei je nach Höhe des Kupfergehaltes mit einer mehr oder minder deutlichen roten Kupferschicht. Ein weiterer Unterschied besteht in der wesentlich geringeren Säurelöslichkeit des gekupferten Siemens-Martin-Stahls.

Bestimmung: **a) Gewichtsanalytisch.** 10 g Stahl bzw. Eisen werden im 800-ml-Becherglas in 100 ml Salzsäure 1,12 gelöst (1). Man verdünnt dann mit heißem Wasser und leitet ½ Stunde Schwefelwasserstoff ein, wodurch alles Kupfer, Molybdän sowie Arsen und Antimon gefällt werden.

Den Niederschlag filtriert man durch ein qualitatives 12,5-cm-Filter mit etwas Filterschleim und wäscht mit schwefelwasserstoffhaltigem Wasser salzsäurefrei (2). Das Filter mit dem Sulfidniederschlag wird in einem 250-ml-Becherglas in 10 ml rauchender Salpetersäure unter Kochen gelöst (3). Nach dem Verdünnen auf etwa 150 ml wird mit Ammoniak neutralisiert und nach Zugabe von 5 ml Salpetersäure 1,2 das Kupfer bei 2,2···2,4 Volt und 0,2···1,2 Amp. elektrolytisch abgeschieden (s. Rotguß). Nach beendeter Elektrolyse wird die Elektrode abgenommen und gewogen.

Bemerkungen: (1) Man kann zur Kupferbestimmung auch die bei der Schwefelbestimmung im Kolben zurückgebliebene Eisenlösung benutzen, darf dieselbe jedoch nicht filtrieren, weil der Rückstand der Salzsäurelösung namentlich bei Roh- und Gußeisen Kupfer enthält. Man gibt einige Tropfen Flußsäure zur Zerstörung der Kieselsäure hinzu, kocht kurz auf und leitet Schwefelwasserstoff ein.

(2) Beim längeren Verbleiben des feuchten Kupfersulfidniederschlages auf dem Filter kann sich infolge teilweiser Oxydation Kupfersulfat bilden, das, falls es in das Rohr des Trichters gelangt, sich der Bestimmung entzieht.

(3) Man darf beim Lösen nur so lange kochen, bis die nitrosen Gase gerade entwichen sind, weil sich sonst leicht ein schwarzer Rückstand bildet.

b) Photometrisch. 10 g Stahl werden in einem 800-ml-Becherglas mit 25 ml Schwefelsäure 1,4 und 100 ml Wasser unter Erwärmen gelöst. Zur Reduktion gibt man 15···20 g Natriumhydrogensulfit zu und kocht so lange, bis die Lösung nicht mehr nach schwefliger Säure riecht. Hierauf wird die Lösung mit Wasser auf etwa 500 ml verdünnt. Zu dieser etwa 90° heißen Lösung werden 40 ml Natriumthiosulfatlösung gegeben. Man kocht gut durch, damit sich der Niederschlag zusammenballt und filtriert durch ein qualitatives Filter (1). Der Niederschlag wird mehrmals mit heißem, Schwefelsäure enthaltendem Wasser ausgewaschen, verascht und geglüht. Der Glührückstand wird im Tiegel mit wenigen Tropfen Salzsäure 1,19 unter Zugabe einiger Tropfen Salpetersäure 1,4 in Lösung gebracht. Dann wird der Tiegelinhalt in einen 100 ml fassenden Meßkolben übergespült, mit Ammoniak neutralisiert und 35 ml im Überschuß zugegeben. Der Kolben wird abgekühlt, bis zur Marke mit Wasser aufgefüllt und gut durchgeschüttelt. In den meisten Fällen zeigt die Lösung eine leichte Trübung bzw. eine Ausfällung von Eisen(III)-

hydroxyd. Deshalb wird die Lösung durch ein trockenes Filter in einen trockenen ERLENMEYER-Kolben filtriert (2). Sie ist nun fertig zum Kolorimetrieren. Als Vergleichslösung dient Wasser, als Lichtfilter werden Gelbfilter benutzt. Die Werte werden einer Eichkurve entnommen, die mit Normalstählen oder Kupfersalzlösungen bekannten Gehaltes aufgestellt ist. Als Photometer kann sowohl das PULFRICH als auch das Lichtelektrische von Dr. B. LANGE (3) verwendet werden. Verwendet man das LANGE-Kolorimeter, so muß die Lampe desselben etwa 10 Minuten vor der Benutzung eingeschaltet werden, damit sich die Photozelle auf einen konstanten Wert einstellt. Ist dies der Fall, füllt man die beiden Küvetten mit destilliertem Wasser und setzt die Lichtschutzkappen auf. Die beiden Widerstände (vor den Küvetten) werden auf 1 gestellt. Darauf bringt man den Zeiger des Galvanometers durch Drehen an der links am Apparat befindlichen Meßtrommel in die Nullstellung. Ist dies geschehen, so dreht man den an der rechten Seite des Gerätes befindlichen Knopf bis zum Anschlag, wodurch die rechte Photozelle verdunkelt wird. Während man den Knopf in dieser Stellung festhält, bringt man durch Drehen der beiden Widerstände den Zeiger in die Hundertstellung. Durch Loslassen des rechten Knopfes schnellt die Blende in die Ausgangsstellung zurück und gibt die rechte Photozelle frei, wobei der Zeiger wieder auf 0 zurückgehen muß. Ist dies nicht der Fall, muß die Meßtrommel nachgeregelt werden. Nun gibt man in die rechte Küvette, welche als Durchlaufküvette ausgebildet sein kann, die zu messende Lösung und liest den Zeigerausschlag an der unteren Skala (0···100) ab. Den Kupfergehalt entnimmt man dem Kurvenblatt.

Bemerkungen: (1) Das Filtrat kann leicht trübe sein. Diese Trübung kann aber unberücksichtigt bleiben, da sie vom Schwefel herrührt.

(2) Vom Filtrat ist der erste Anteil zu verwerfen.

(3) Das LANGE-Photometer ist ein lichtelektrisches Instrument, welches unter Verwendung von Selenzellen aufgebaut ist. Diese liefern einen Strom, welcher der Beleuchtungsstärke und somit der Konzentration der Lösung entspricht. An einem eingebauten Galvanometer ist die Größe des Stromes unmittelbar abzulesen.

Beim Arbeiten mit dem LANGE-Photometer ist genau so wie beim PULFRICH-Photometer darauf zu achten, daß die Küvetten sauber sind. Die Anschlüsse an die Batterie müssen einwandfrei und die Lösungen vollständig klar sein.

Molybdänbestimmung

Prüfung: 1. Molybdän läßt sich im Stahl sehr schnell dadurch nachweisen, daß man in eine salpetersaure oder schwefelsaure Lösung des Untersuchungsmaterials *tropfenweise* Kaliumxanthogenat gibt. Bei An-

wesenheit von Molybdän entsteht an der Oberfläche der Flüssigkeit ein
roter Ring oder eine intensive Rotfärbung, die nach $1 \cdots 2$ Stunden in
Blau übergeht. Ist die Lösung trübe, so daß man die rote Farbe nicht
gut erkennen kann, schüttelt man mit Äther und führt die rote Farbe
in denselben über. Die Gegenwart von Eisen, Chrom, Titan und Vanadium stört nicht. Das Kaliumxanthogenat kann man sich herstellen
durch Schütteln einer alkoholischen Kaliumhydroxydlösung mit Schwefelkohlenstoff bis zur Sättigung und Entfernen des überschüssigen Schwefel-
kohlenstoffs. Das Xanthogenat kann eventuell noch mit Essigsäure angesäuert werden.

$$C{\Large<}{\overset{S}{\underset{S}{}}} \; + \; C_2H_5OK \; = \; C{\Large<}{\overset{O-C_2H_5}{\underset{S-K}{S}}}$$

Die Färbung entsteht durch Bildung einer komplexen Verbindung von
Molybdän(VI)oxyd und Xanthogensäure

$$MoO_3[SC(SH)(OC_2H_5)]_2$$

Prüfung: 2. Etwa 5 g Späne werden in wenig Königswasser (1 Teil Salpetersäure 1,4 und 3 Teile Salzsäure 1,19) gelöst. Nach dem Abkühlen
wird die Lösung mit Natriumhydroxyd versetzt und filtriert. Dem mit
Schwefelsäure angesäuerten Filtrat werden Zinn(II)chloridlösung und
einige Körnchen Kaliumthiocyanat zugegeben. Ist Molybdän vorhanden,
wird die Lösung rot durch Bildung von $K_3[Mo(CNS)_6]$.

Quantitativ: **a) Gewichtsanalytisch.** Es werden 5 g Späne im 500-ml-
ERLENMEYER-Kolben in 200 ml Wasser und 30 ml Schwefelsäure gelöst (1).
Nach dem Lösen wird mit etwa 10 g festem Ammoniumperoxydisulfat
oxydiert. Man verkocht den Sauerstoff, verdünnt mit Wasser und leitet
etwa $15 \cdots 20$ Minuten Schwefelwasserstoff ein (2). Nun läßt man ungefähr 1 Stunde bei etwa 80° absetzen (ERLENMEYER-Kolben mit Uhrglas
zudecken), filtriert das ausgefallene Molybdän- und Kupfersulfid durch
ein qualitatives Filter und wäscht mit schwefelwasserstoffhaltigem
Wasser. Im Porzellantiegel wird langsam getrocknet und vorsichtig geglüht (doppelter Tiegel) (3), der Tiegelinhalt in Königswasser gelöst, in
ein Becherglas übergespült, mit Ammoniak versetzt und gekocht. Nun
wird in einen 250-ml-Meßkolben übergespült, nach dem Abkühlen zur
Marke aufgefüllt, geschüttelt, filtriert und ein aliquoter Teil, $1 \cdots 4$ g, abgenommen (4). Man macht mit Essigsäure schwach sauer, fällt kochend
mit 5 g in heißem Wasser gelöstem Bleiacetat, läßt 10 Minuten kochen
und warm absetzen. Das abgeschiedene Bleimolybdat ($PbMoO_4$) wird
durch ein 11-cm-Weißbandfilter mit Filterschleim filtriert, mit warmem
Wasser gewaschen, im Porzellantiegel langsam getrocknet und vorsichtig

geglüht (doppelter Tiegel), oder durch einen bei 110° getrockneten Gooch-Tiegel abgesaugt und 2 Stunden bei 110° getrocknet und gewogen.

$$\frac{\text{Auswaage} \cdot 26,13}{\text{Einwaage}} = \% \text{ Mo}$$

Bemerkungen: (1) Bei mit Wolfram legierten Stählen erfolgt die Lösung der Späne unter Zusatz von 15 ml Phosphorsäure 1,3. Das Wolfram bleibt dann als Komplexverbindung in Lösung. Bei hohem Wolframgehalt wird nach dem Lösen in Salzsäure mit Salpetersäure oxydiert, die Wolframsäure abfiltriert und das Filtrat mit Schwefelsäure abgeraucht. In die mit Wasser aufgenommene Lösung wird Schwefelwasserstoff eingeleitet und wie üblich weiterbehandelt.

(2) Die direkte Fällung als Bleimolybdat gibt nur bei Abwesenheit von Vanadium richtige Werte, weil Vanadium ebenfalls mit Blei ausfällt. Man muß daher zunächst mit Schwefelwasserstoff das Molybdän vom Vanadium trennen.

(3) Die Temperatur darf dabei 500° nicht überschreiten, weil Molybdänsäure über 500° flüchtig ist. Eventuell gibt man zur leichteren Veraschung des Filters einige Körnchen Ammoniumnitrat hinzu.

(4) Bei Molybdängehalt bis 0,5% werden die gesamten 5 g verwendet, der unlösliche Rückstand abfiltriert, gewaschen, das Filtrat mit Essigsäure schwach sauer gemacht und kochend mit Bleiacetatlösung gefällt.

b) Photometrische Molybdänbestimmung nach EDER mit dem PULFRICH-Photometer. 1. *In Molybdänstählen:* Die kolorimetrische Molybdänbestimmung beruht auf der rotbraunen Färbung, welche Molybdate in saurer Lösung mit Kaliumthiocyanat und Zinn(II)chlorid geben. Die Farbtiefe ist dabei direkt proportional dem Molybdängehalt des Stahles(1).

Ausführung: 0,5 g Stahl werden im 300-ml-ERLENMEYER-Kolben in 30 ml Schwefel-Phosphorsäure gelöst. Die Lösung wird mit Salpetersäure 1,4 oxydiert und bis zum deutlichen Abrauchen der Schwefelsäure eingeengt (2). Hierauf wird in einen 250-ml-Meßkolben gespült und mit Wasser aufgefüllt. Nach gutem Umschütteln werden zweimal je 10 ml in 250-ml-Bechergläser pipettiert. In dieselben werden der Reihe nach folgende Reagenzien zugegeben, wobei zu beachten ist, daß nach jedem Zusatz gut gemischt werden muß und die Zimmertemperatur nicht überschritten werden darf.

	Versuchsprobe ml	Vergleichsprobe ml
Stahllösung	10	10
Wasser	20	25
Schwefelsäure 1,4	10	10
Kaliumthiocyanatlösung ...	5	0
Zinn(II)chloridlösung (3) ..	5	5

10 Minuten nach Zugabe der Zinn(II)chloridlösung (4) füllt man mit
der Versuchs- und Vergleichslösung je eine 50-mm-Küvette (5) und mißt
die Extinktion mit dem Filter S 47 (6) unter Benutzung der Photometerlampe.

Berechnung: % Molybdän = (Extinktion — 0,03) · 0,4372 (7)

Bei höheren Molybdängehalten (über 0,8%) werden nicht 10, sondern
25 ml abgenommen und wie folgt verdünnt:

Bei einem Molybdängehalt von	Aufgefüllt auf ml	Der Umrechnungsfaktor ist
0,80··· 1,60..........	50	2
1,60··· 3,20..........	100	4
3,20··· 8,00..........	250	10
8,00···16,00..........	500	20

Von den so erhaltenen Lösungen werden zweimal 10 ml in der oben
beschriebenen Weise behandelt, mit den in der Tabelle angegebenen
Faktoren sind dann die nach der Formel berechneten Werte zu multiplizieren.

Bei Benutzung eines EPPENDORF-Photometers (8) mißt man die Extinktion in 40-mm-Küvetten mit Filter Hg 436 und Quecksilberlampe.
Die Prozentgehalte werden einer Eichkurve entnommen, die mit Normalstählen bekannten Molybdängehaltes aufgestellt ist.

Bemerkungen: (1) Bei der kolorimetrischen Molybdänbestimmung
stört ein Kupfergehalt über 0,5% durch die Ausfällung von Kupfer-
thiocyanat.

Kobalt über 5% stört wegen Bildung von blauen Kobalt-Thiocyanat-
Verbindungen. Vanadium stört wegen der Bildung farbiger Vanadium-
Thiocyanat-Verbindungen, wenn seine Menge das fünffache der Molyb-
dänmenge übersteigt. Wolfram wird durch die vorhandene Phosphorsäure als Komplexverbindung in Lösung gehalten. Sollte Wolframsäure
ausfallen, so ist zu berücksichtigen, daß sie Molybdän einschließen kann.

Für Molybdänstahl mit höheren Gehalten von Vanadium, Kobalt und
Kupfer verfährt man nach der Methode 2.

(2) Beim Eindampfen der Lösungen dürfen sich keine Salze ausscheiden.

(3) Die Zinn(II)chloridlösung ist unter Kohlensäureatmosphäre aufzu-
bewahren.

(4) Man muß 10 Minuten warten, bis die rote Eisen(III)thiocyanat-
farbe völlig verschwunden ist.

(5) Die Küvetten müssen vor jeder Messung sorgfältig gereinigt werden,
und zwar nicht nur die Fenster, sondern auch die Seitenteile. Besonders
ist darauf zu achten, daß sich nach dem Füllen der Küvetten an den

Innenwandungen keine Gasblasen angesetzt haben und die Außenseiten sauber sind.

(6) Das Filter muß des öfteren geputzt werden, ebenso die Mattglasscheiben. Die Scharfeinstellung der Trennungslinie zwischen beiden Gesichtsfeldhälften muß vor jeder Messung geschehen. Nach jedem Filterwechsel ist stets eine neue Leereinstellung vorzunehmen. Jede Messung muß unter Vertauschen der Küvetten durch Drehen der Küvettenwechselvorrichtung vorgenommen werden.

(7) In den Fällen, in denen das BEERsche Gesetz gilt, d. h. die Konzentration des in der Lösung gesuchten Stoffes dem Extinktionskoeffizienten der Lösung direkt proportional ist, kann der Extinktionskoeffizient mit einem sog. Eichfaktor multipliziert werden. Das Produkt ist dann der gesuchte Gehalt.

(8) Das EPPENDORF-Photometer ist ein Gerät mit direkter Anzeige des Meßwertes durch einen Lichtzeiger auf einer Skala. Die Extinktion kann stufenweise kompensiert werden, so daß auch hohe Extinktionen mit großer Meßgenauigkeit abgelesen werden können. Die Metalldampflampe wird direkt aus dem Netz gespeist, wobei ein Stabilisator alle auftretenden Spannungsschwankungen ausgleicht.

2. *In Molybdänstählen mit Gehalt an Vanadium, Kobalt und Kupfer:* 0,5 g Stahlspäne werden in 30 ml Schwefel-Phosphorsäure gelöst. Die Lösung wird mit Salpetersäure oxydiert und abgeraucht. Nach dem Erkalten wird der Rückstand mit etwa 50 ml Wasser verdünnt und mit so viel Natronlauge versetzt, bis gerade ein bleibender Niederschlag in der Lösung auftritt. Dieser wird durch einen Tropfen Schwefelsäure wieder zum Verschwinden gebracht. Nun setzt man 10 ml Eisen(II)sulfatlösung hinzu (bei Abwesenheit von Vanadium kann der Eisen(II)sulfatzusatz unterbleiben) und gießt die Lösung in einen mit 60 ml kochender Natronlauge gefüllten 250-ml-Meßkolben. Nach dem Abkühlen wird der Kolben bis zur Marke mit Wasser gefüllt und sein Inhalt filtriert. Bei höheren Molybdängehalten stellt man sich eine verdünnte Lösung des Filtrates her (s. Schema unter 1). Zweimal 10 ml der betreffenden Lösung werden mit folgenden Reagenzien versetzt:

	Versuchsprobe ml	Vergleichsprobe ml
Stahllösung	10,0	10,0
Wasser	19,8	24,8
Schwefelsäure	10,0	10,0
Eisen(III)sulfatlösung	0,2	0,2
Kaliumthiocyanatlösung ...	5,0	0
Zinn(II)chloridlösung	5,0	5,0

Dann bestimmt man die Extinktion der Lösung für das Filter S 47 (Photometerlampe) bei der Schichtdicke 50 mm.

Der Gehalt an Molybdän ergibt sich aus $(E - 0,05) \cdot 0,4372 = \%$ Molybdän.

c) Kolorimetrische Molybdänbestimmung mit dem Lange-Kolorimeter für Molybdängehalte bis 0,50%.

Bis zum Kolorimetrieren wird wie bei b) gearbeitet. Das Einschalten der Lampe (Standard 4 V/5 W) erfolgt bei Zugabe der Zinn(II)chloridlösung, da sie etwa 10 Minuten Einbrennzeit benötigt.

Als Filter dient ein Farbglasfilter grün VG 9. Nach 10 Minuten werden beide 50-ml-Küvetten mit der Blindprobe gefüllt und die Grundempfindlichkeit (0- und 100-Stellung des Zeigers) eingestellt. Durch Zuziehen der Irisblende wird der Zeiger nun auf 50 gestellt und danach mit Hilfe der Drehwiderstände auf 100 gebracht. Anschließend wird der Zeiger durch Öffnen der Irisblende wieder auf 0 gestellt. Das Gerät ist jetzt meßbereit. Die Blindprobe der rechten Küvette wird durch die Analysenprobe ersetzt und der Zeigerausschlag notiert. Der Prozentgehalt wird an einer mit Normalstählen aufgestellten Kurve abgelesen.

d) Potentiometrische Molybdänbestimmung nach Klinger mit der Apparatur von Dickens und Thanheiser, Modell Krupp. Die Bestimmung beruht darauf, daß die Oxydation des dreiwertigen Molybdäns in den fünfwertigen Zustand nach vorheriger Reduktion mit Zink und Chrom(II)chloridlösung in salzsaurer Lösung potentiometrisch gut ausführbar ist (1). Der Beginn und der Endpunkt der Oxydation werden durch einen gut ausgeprägten Sprung im Potentialverlauf gekennzeichnet.

Es werden 2 g Stahl im 600-ml-Becherglas mit 100 ml Salzsäure 1,19 gelöst. Sollten die Späne nicht vollständig gelöst sein, so ist mit 10 ml Salpetersäure 1,4 zu oxydieren und nach Zugabe von 30 ml Phosphorsäure 1,3 bis zum starken Rauchen einzudampfen. Zur Vorreduktion gibt man granuliertes Zink bis zur Grünfärbung hinzu. Hierauf wird die Lösung mit 100 ml Salzsäure 1,19 versetzt, mit wenig Wasser verdünnt und unter die Apparatur gestellt. Nachdem die über der Lösung stehende Luft durch Stickstoff vertrieben und die Lösung auf $90 \cdots 95°$ C erwärmt ist, wird so lange tropfenweise mit Chrom(II)chlorid versetzt, bis kein starker Potentialabfall mehr erfolgt. Die so vorbereitete Lösung wird nunmehr mit Kaliumchromatlösung unter ständigem Umrühren in der Hitze titriert.

Es tritt ein erster Sprung nach erfolgter Oxydation des überschüssigen Chrom(II)chlorids auf, und ein zweiter Sprung, wenn das vorhandene dreiwertige Molybdän in den fünfwertigen Zustand übergeführt ist. Der Verbrauch an Kaliumchromatlösung zwischen dem ersten und zweiten Sprung gibt die zur Oxydation des Molybdäns verbrauchten Milliliter an. Die Einstellung der Kaliumchromatlösung erfolgt mit einem Normalstahl.

$$\frac{\text{Verbrauchte ml } K_2CrO_4\text{-Lösung} \cdot \text{Titer}}{\text{Einwaage}} = \% \text{ Mo}$$

Bemerkungen: (1) Bei Anwesenheit von Titan wird dasselbe mittitriert und muß nach einem anderen Verfahren bestimmt und der gefundene Titanwert von der Summe Molybdän-Titan abgezogen werden. Da das Atomgewicht des Titans gleich dem halben Atomgewicht des Molybdäns ist, aus den folgenden Gleichungen jedoch hervorgeht, daß 3 Mo mit 2 Chromat reagieren, bei Titan jedoch 3 Ti mit 1 Chromat, ergibt sich, daß der Faktor für Molybdän und Titan der gleiche ist.

$$3 \, MoCl_3 + 2 K_2CrO_4 + 16 \, HCl = 3 \, MoCl_5 + 2 \, CrCl_3 + 4 \, KCl + 8 \, H_2O$$

$$3 \, TiCl_3 + K_2CrO_4 + 8 \, HCl = 3 \, TiCl_4 + CrCl_3 + 2 \, KCl + 4 \, H_2O$$

Nickel

Prüfung: Bei der Diacetyldioximprobe zur Erkennung eines Nickelgehaltes über 0,10% wird an einer durch Feilen o. dgl. blank gemachten Stelle ein Tropfen etwa 20%iger Salpetersäure aufgebracht. Nach kurzer Einwirkung auf den Stahl wird der Tropfen von einem Filtrierpapierstreifen aufgenommen, der vorher in alkoholische, essigsaure (oder ammoniakalische) Diacetyldioximlösung getaucht und getrocknet wurde. Hoher Nickelgehalt zeigt sich dann durch rote Färbung an, niedrige Nickelgehalte zeigen diese Färbung nur am Rande des Tropfens. Die Reaktion spricht auch bei Gegenwart von Chrom an.

Bestimmung: **a) Gewichtsanalytisch.** Von Nickelstahl mit etwa 3···5% nimmt man 1 g, von solchem mit weniger als 3% Nickel 2 g. Über 5% nimmt man entsprechend geringere Mengen, so daß nie mehr als 50 mg Nickel in Lösung sind. Die abgewogene Menge löst man im 150-ml-Becherglas in 15 ml Salzsäure 1,19, dampft ein und röstet bei 135°, um die Kieselsäure abzuscheiden (1). Nach dem Erkalten nimmt man mit einigen Millilitern Salzsäure auf und oxydiert durch tropfenweise Zugabe von Salpetersäure 1,4 (2). Die auf 100 ml verdünnte Lösung filtriert man in einen 500-ml-ERLENMEYER-Kolben und wäscht mit salzsäurehaltigem Wasser gut aus. Hierauf gibt man in die nicht zu heiße Lösung (3), deren Volumen mindestens 250-ml betragen soll, auf jedes Gramm Einwaage 15 ml Weinsäurelösung (4), 20 ml Diacetyldioximlösung (5) und Ammoniak bis zur schwach alkalischen Reaktion (6). Den Niederschlag läßt man etwa 1 Stunde warm absetzen, filtriert ihn dann durch ein 11-cm-Schwarzbandfilter mit etwas Filterschleim und wäscht mit nicht zu heißem Wasser (7) gut aus. Im Filtrat prüft man auf Vollständigkeit der Fällung (8). Durch vorsichtiges Glühen (9) des Niederschlages im Platin- oder Porzellantiegel führt man denselben in Nickel(II)oxyd über (10).

$$\frac{\text{Auswaage} \cdot 78{,}58}{\text{Einwaage}} = \% \, Ni$$

Chemischer Vorgang

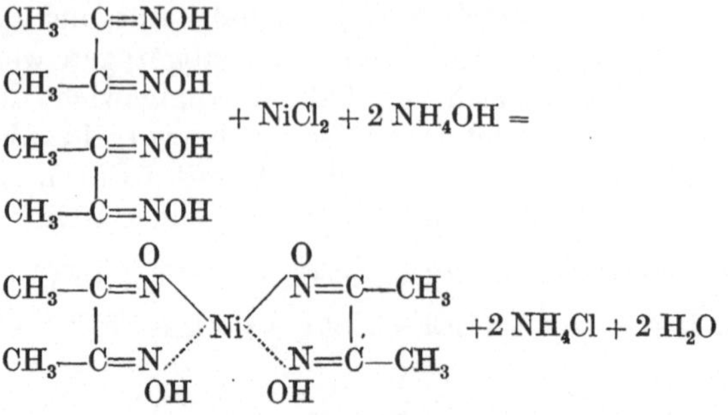

$$
\begin{matrix}
CH_3\!-\!C\!=\!NOH \\
\quad | \\
CH_3\!-\!C\!=\!NOH \\
\qquad\qquad\qquad + NiCl_2 + 2\,NH_4OH = \\
CH_3\!-\!C\!=\!NOH \\
\quad | \\
CH_3\!-\!C\!=\!NOH
\end{matrix}
$$

$$
\begin{matrix}
& O & & O & \\
CH_3\!-\!C\!=\!N\diagdown & & \diagup N\!=\!C\!-\!CH_3 & \\
\quad | & Ni & & | & \quad +2\,NH_4Cl + 2\,H_2O \\
CH_3\!-\!C\!=\!N\diagup & & \diagdown N\!=\!C\!-\!CH_3 & \\
& OH & & OH &
\end{matrix}
$$

Bemerkungen: (1) Scheidet man das Siliciumdioxyd nicht ab, so können besonders bei siliciumreichen Stahlsorten fehlerhafte Werte entstehen.

(2) Hat man nicht genügend oxydiert, so daß noch Eisen(II)salze in Lösung sind, zeigt das Filtrat des Nickels eine dunkle bordeauxrote Färbung, während, wenn nur Eisen(III)salze vorliegen, die Lösung braun bis gelbrot gefärbt ist. Aus der Eisen(II)salz enthaltenden Lösung scheidet sich Nickel schwer quantitativ ab. Zuviel Salpetersäure hindert die Fällung.

(3) Die Lösung soll nicht wärmer als 50° sein. In der Kälte entsteht ein sehr voluminöser Niederschlag, der sich schwer filtrieren läßt, während bei der Fällung in sehr heißer Lösung sehr oft Dunkelrotfärbung auftritt, weil offenbar in heißer Lösung die Weinsäure das dreiwertige Eisen reduziert. In diesem Fall ist die Fällung häufig nicht quantitativ.

(4) Der Zusatz von Weinsäure hat den Zweck, das Eisen in das Komplexsalz überzuführen, wodurch es mit Ammoniak nicht fällbar ist.

(5) Will man Nickel im Kobaltstahl fällen, so muß man berücksichtigen, daß das Kobalt mit Diacetyldioxim eine lösliche Verbindung eingeht, also auch Diacetyldioxim verbraucht und das Nickel erst dann vollständig fällt, wenn alles Kobalt an Diacetyldioxim gebunden ist.

(6) Beim Neutralisieren mit Ammoniak scheidet sich, noch ehe die Lösung ammoniakalisch ist, ein gelber Niederschlag von Eisen(III)-tartrat aus (je nach der vorhandenen Weinsäuremenge mehr oder weniger), der im Überschuß von Ammoniak wieder gelöst wird. Wenn die Lösung deutlich ammoniakalisch ist, darf kein Niederschlag in der braunen Lösung vorhanden sein, sonst ist zu wenig Weinsäure vorhanden. Man setzt Diacetyldioxim zu der sauren Lösung hinzu, weil sonst ein voluminöser Niederschlag entsteht, der sich schwer filtrieren läßt.

(7) Man darf Nickeldiacetyldioxim nicht heiß filtrieren und heiß auswaschen, da die Löslichkeit in 90···100° heißem Wasser, besonders in heißen spiritushaltigen Lösungen, so bedeutend ist, daß dabei merkliche Fehler auftreten können.

(8) Bei hohem Chromgehalt der Probe muß man den Niederschlag nochmal mit Salzsäure 1,12 vom Filter lösen. Durch Ammoniakalischmachen der mit Weinsäure versetzten Probe und erneute Zugabe von Diacetyldioxim wird das Nickel gefällt.

(9) Man muß vorsichtig veraschen, damit nicht Verluste durch Sublimation des Oxims entstehen, denn Nickeldiacetyldioxim destilliert bei 250°.

(10) Bei viel Nickel ist es ratsamer, den Niederschlag nicht zu verbrennen, sondern durch einen gewogenen GOOCH-Tiegel abzusaugen. Dieser wird dann im Trockenschrank bei 110···115° bis zur Gewichtskonstanz getrocknet. Statt GOOCH-Tiegel mit eingelegter Filtrierpapierscheibe kann man auch die Glasfiltertiegel von SCHOTT und Gen., Form I G 3/5···7, verwenden. Der Niederschlag wird als Nickeldiacetyldioxim ausgewogen.

$$\frac{\text{Auswaage} \cdot 20{,}32}{\text{Einwaage}} = \% \text{ Ni.}$$

b) Potentiometrisch. 1 g Späne werden in einem 500-ml-PHILLIPS Becher in 30 ml Salpetersäure 1,2 gelöst. Nach dem Verkochen der Stickoxyde verdünnt man mit Wasser auf 150 ml, gibt 15 ml Weinsäure und 50 ml Ammoniak 0,91 hinzu und läßt erkalten. Nach dem Abkühlen wird das Silberjodid-Platin-Elektrodenpaar (1) in die Lösung getaucht. Die Silberjodidelektrode wird an den gekennzeichneten Minuspol des Röhrenvoltmeters angeschlossen und dementsprechend die Platinelektrode an den Pluspol. Mittels der Grob- und Feineinstellung wird der Zeiger des Instrumentes auf etwa 20 gestellt. Nun titriert man unter ständigem Umschütteln mit einer $n/_{10}$ Kaliumcyanidlösung, deren Titer mit Normalstahl gestellt ist. Der Zeiger des Instrumentes, der im Anfang nur einige Teilstriche ausschlägt, bewegt sich bei weiterer Zugabe sehr langsam vorwärts. Das Ende der Titration wird durch ein schnelleres, sprunghaftes Wandern des Zeigers (2) über mehrere Teilstriche hinweg angezeigt (3). Der Verbrauch an Kaliumcyanidlösung mit dem Titer multipliziert ergibt den Nickelgehalt in Prozenten.

Bei Roh- und Gußeisen löst man 2 g in 50 ml Schwefelsäure 15%ig, oxydiert mit etwa 5 ml Salpetersäure 1,4 und filtriert nach dem Verdünnen mit Wasser auf etwa 100 ml den Graphit ab. Nachdem man das Filter einige Male ausgewaschen hat, gibt man zum Filtrat 50 ml Weinsäure und 60 ml konz. Ammoniak hinzu und verfährt weiter wie oben (4).

Nach jeder Titration muß der Apparat abgeschaltet werden.

Bemerkungen: (1) Es ist darauf zu achten, daß der Silberjodidbelag der Elektrode unbeschädigt ist, andernfalls muß er frisch aufgeschmolzen werden. Hierzu benutzt man Silberjodid reinst, welches man in einem kleinen Nickellöffel vorsichtig zum Schmelzen bringt. In diese Schmelze taucht man die Elektrode ein und sorgt für einen gleichmäßigen Überzug des Silberjodids.

(2) Die Platinelektrode kann nach längerem Gebrauch „vergiftet" sein. Das erkennt man durch ein langsames, dauerndes Ansteigen des Zeigers während der Titration, so daß der Sprung verwischt wird. Um die Elektrode wieder gebrauchsfähig zu machen, taucht man sie in Salzsäure 1,19 und glüht sie hierauf aus. Diese Operation wiederholt man mehrere Male.

(3) Wenn der Sprung nur verwischt oder gar nicht auftritt, hat entweder der Akkumulator nicht die nötige Spannung von 4 Volt oder die Anodenbatterie hat weniger als 80 Volt. Diese Anodenbatterie kann aber noch gut zur Chromtitration benutzt werden bis zu einer Spannung von etwa 60 Volt.

(4) Bei einiger Übung ist es möglich, Nickel im Roh- und Gußeisen genau so wie im Stahl zu bestimmen, d. h. in Salpetersäure lösen und den Graphit nicht abfiltrieren.

c). Photometrisch mit Hilfe des Pulfrich-Photometers. 0,5 g Späne werden in einem 250-ml-Meßkolben in 14 ml Salzsäure 1,12 und 14 ml Salpetersäure 1,2 unter Erwärmen gelöst. Nach dem Abkühlen füllt man mit Wasser auf und filtriert wenn nötig durch ein trockenes Filter in einen trockenen Kolben.

2×25 ml der klaren Lösung pipettiert man in 100 ml Meßkolben und gibt in der angegebenen Reihenfolge folgende Lösungen zu:

20 ml Citronensäure

10 ml Schwefelsäure 1:4

 5 ml Kaliumbromid -bromat.

Nach 2 Minuten werden noch 25 ml Ammoniak 1:1 zugesetzt und die Lösung nach gutem Durchmischen auf Zimmertemperatur abgekühlt. Der eine Meßkolben wird mit Wasser aufgefüllt und dient als Vergleichslösung. Nach Zusatz von 2 ml Diacetyldioxim füllt man den 2. Kolben mit Wasser auf und läßt einige Minuten stehen, bis die Gasbläschen verschwunden sind.

Man mißt die Extinktion mit Filter S 53 und Glühlampe gegen die Vergleichslösung.

Berechnung:

$$\text{Für } 0{,}1 \cdots 0{,}4\% \text{ Ni } 5 \text{ cm Küvette } (E - 0{,}012) \cdot 0{,}368 = \% \text{ Ni}$$
$$\text{für } 0{,}4 \cdots 1{,}0\% \text{ Ni } 2 \text{ cm Küvette } (E - 0{,}012) \cdot 0{,}920 = \% \text{ Ni}$$

Für Nickelgehalte über 1% werden 50 ml der Stahllösung auf 250 ml aufgefüllt und wie oben beschrieben weiterbehandelt.

Berechnung:

$$1{,}0 \cdots 2{,}0\% \text{ Ni } \quad 5 \text{ cm Küvette } \quad E \cdot 1{,}88 = \% \text{ Ni}$$
$$2{,}0 \cdots 5{,}0\% \text{ Ni } \quad 2 \text{ cm Küvette } \quad E \cdot 4{,}71 = \% \text{ Ni}$$

Stickstoff

a) Nach Kjeldahl. 10 g Späne werden in einem 250-ml-Becher-glas in 60 ml Salzsäure 1,19 gelöst (1). Die Säure wird möglichst weit abgedampft und die Flüssigkeit mit 150 ml Wasser in einen 1000-ml-Stehkolben übergespült (2). Man gibt 3···4 Zinkgranalien (3) zu und setzt einen doppelt durchbohrten Gummistopfen (4) auf, der in der einen Bohrung einen Scheidetrichter und in der anderen einen Kjeldahl-Aufsatz trägt. Letzterer ist mit einem Liebig-Kühler verbunden, der am unteren Ende einen Kugelvorstoß besitzt (5). Dieser taucht in einen schräg gestellten 300-ml-Erlenmeyer-Kolben, in welchem sich 50 ml $n/_{100}$ Schwefelsäure nebst 5 Tropfen Methylrot (6) befinden. Durch den Scheidetrichter gibt man 200 ml 20%ige Kalilauge zu (7). Man spült den Scheidetrichter mit etwas Wasser nach, schüttelt den Inhalt vorsichtig um und erhitzt den Kolben langsam zum Sieden. Nachdem 150 ml über-destilliert sind, dreht man den Hahn des Scheidetrichters auf, stellt den Gasbrenner ab und entfernt das Kugelrohr. Dieses wird mit destilliertem Wasser in den vorgelegten Erlenmeyer-Kolben ausgespült und die über-schüssige Schwefelsäure zurücktitriert. Die Titration ist beendet, wenn der rötliche Farbton des Methylrotes in grünlich-gelb umschlägt (8). Nach Beendigung der Destillation muß der Blindwert festgestellt werden. Dies geschieht dadurch, daß man zur ausdestillierten Lösung die gleiche Menge Kalilauge gibt wie beim Hauptversuch und nochmals überdestilliert. Der jetzt festgestellte Verbrauch an vorgelegter Schwefelsäure ist vom Gesamtverbrauch abzuziehen, z. B.

beim Versuch verbraucht: 10 ml Schwefelsäure
beim Blindwert wird verbraucht: 0,5 ml
dann ist   10,0
    – 0,5
    9,5 ml Schwefelsäure bei 10 g Einwaage
    $9,5 \cdot 0,0014 = 0,013\%$ Stickstoff.

Berechnung: Vorgelegte $n/_{100}$ Schwefelsäure weniger zurücktitrierte $n/_{100}$ Natronlauge ist die für die Bindung des Ammoniaks verbrauchte Schwefelsäure, die um den beim Blindversuch ermittelten Wert zu ver-ringern ist. Die so erhaltene Zahl bei 10 g Einwaage mit 0,0014 multi-pliziert ergibt die Prozente an Stickstoff.

Bemerkungen: (1) Stickstoff liegt im Stahl nur in Form von Nitrid vor. Beim Lösen in Säure wird dieses in Ammoniumsalz übergeführt, aus dem dann nach Laugezusatz Ammoniak abdestilliert werden kann.

(2) Unlegierter Stahl ist in Säure vollständig löslich. Bei legiertem Werkstoff können unlösliche Nitride vorliegen. Diese werden abfiltriert

und im Kjeldahl-Kolben mit 20 ml Schwefelsäure 1,84, 10 g Kaliumsulfat und 1 g Kupfersulfat bzw. 5···10 g Selenreaktionsgemisch nach Wieninger aufgeschlossen. Nach dem Abkühlen wird der Aufschluß mit Wasser aufgenommen und mit dem Säurelöslichen vereinigt.

(3) Die Zinkgranalien wirken durch Wasserstoffentwicklung als Siedesteinchen und vermeiden so das Stoßen der Flüssigkeit.

(4) Der Gummistopfen muß vor der erstmaligen Benutzung 20 Minuten mit der 20%igen Kalilauge und anschließend mit Wasser ausgekocht werden.

(5) Praktischer ist die Verwendung des Kruppschen Stickstoffbestimmungsapparates.

(6) Methylorange ist wegen seines schlecht erkennbaren Farbumschlags nicht gut verwendbar.

(7) Dieselbe hat man mit Zinkgranalien ½ Stunde lang unter Ersatz des verdampften Wassers kochen lassen.

(8) Zur besseren Erkennung des Endpunktes kann man die Titration auch potentiometrisch mit dem Titriergefäß der Schwefelapparatur von Holthaus durchführen.

b) Schnellmethode in der Apparatur nach Parnas, verbesserte Ausführung von Kempf und Abresch. Die Methode hat den Vorteil, daß die Entleerung des Destillationskolbens automatisch geschieht, die Destillationen deshalb hintereinander erfolgen können, ohne daß die Apparatur auseinander genommen wird.

Die Apparatur besteht aus einem elektrisch beheizten Dampfentwickler (meist ein sogenannter Sulfierkolben), dem Destillationskolben mit angeschlossenem Schlangenkühler und einem Zwischenrohr mit Kugel. Letzteres dient nach Beendigung der Destillation als Auffanggefäß bei der selbsttätigen Entleerung des Destillationskolbens. Sämtliche Teile sind zusammenhängend an einem Stativ befestigt.

Zur Analyse werden 3,5 g Späne in einem 600-ml-Becherglas in 50 ml Schwefelsäure 20% unter mäßigem Erwärmen gelöst. Die Lösung bringt man mit Hilfe von destilliertem Wasser quantitativ in den Destillationskolben, fügt 20 ml Weinsäure und 100 ml Natronlauge 30% hinzu (1) und schaltet den Tauchsieder zur Dampfentwicklung ein, nachdem man den Schlauch des Einfülltrichters und die Mündung des Zwischenrohres abgeklemmt hat.

Zum Auffangen des Destillates verwendet man 50 ml $^n/_{200}$ Schwefelsäure, die mit 1 ml Tashiro-Indikator angefärbt ist. Nach etwa 8 Minuten ist die Destillation beendet (2), und die überschüssige Schwefelsäure wird mit $^n/_{40}$ Natronlauge zurücktitriert. Der Indikator schlägt dabei von violett nach grün um (3). Auf dieselbe Art wird ein Blindversuch mit den verwendeten Lösungen durchgeführt. Die Differenz zwischen Blindversuch und Probenwert entspricht der für die Bindung des vorhandenen Stickstoffs verbrauchten Säuremenge. 1 ml NaOH entspricht 0,010% N.

Bemerkungen: (1) Man gießt die Lösungen möglichst unmittelbar in den Trichterhals und spült mit wenig Wasser nach.

(2) Der bei dem Abschalten des Dampfentwicklers entstehende Unterdruck bewirkt das selbsttätige Entleeren des Destillationskolbens. Ohne Nachspülen mit Wasser kann die nächste Destillation vorgenommen werden.

(3) Der TASHIRO-Indikator hat den Umschlag des Methylrotes, dieser ist aber durch die Beimischung des Methylenblaus besser zu erkennen.

Titan

a) Gewichtsanalytische Bestimmung. 0,5···10 g Späne werden im 400-ml-Becherglas mit 60 ml Salzsäure 1,19 unter Zugabe von einigen Millilitern Salpetersäure 1,4 gelöst. Hierauf wird bis zur Sirupdicke eingedampft, wobei sich jedoch keine Kristalle ausscheiden dürfen. Diese konzentrierte Lösung gibt man nun in einen ROTHEschen Schüttelapparat.

Das Ausäthern des Eisens geschieht dann wie es bei der Aluminiumbestimmung im Stahl beschrieben ist (s. dort).

Aus der salzsauren Lösung wird zunächst der Äther durch möglichst tiefes Eindampfen verjagt, dann werden 10 ml Schwefelsäure 1,4 zugegeben und bis zum Abrauchen derselben eingedampft. Nach dem Erkalten füllt man mit Wasser auf, bis die Sulfate in Lösung gegangen sind, und filtriert die Kieselsäure ab. Diese wird wie üblich verascht und mit Flußsäure unter Zusatz von einigen Tropfen Schwefelsäure abgeraucht. Ein etwa im Platintiegel verbliebener Rückstand wird mit Kaliumhydrogensulfat aufgeschlossen und mit dem Kieselsäurefiltrat vereinigt. Diese Lösung wird mit Natriumcarbonat neutralisiert, mit 2 ml Schwefelsäure 1,4 und 6 g Natriumthiosulfat versetzt. Hierauf gießt man sie in 400 ml siedendes Wasser und hält unter ständigem Bewegen des Glases 1···2 Stunden im Kochen, wobei das verdampfende Wasser ersetzt werden muß. Das nach der Gleichung

$$Ti(SO_4)_2 + 4\,H_2O \rightleftharpoons Ti(OH)_4 + 2\,H_2SO_4$$
$$2\,H_2SO_4 + 2\,Na_2S_2O_3 = 2\,Na_2SO_4 + 2\,SO_2 + 2\,S + 2\,H_2O$$

gebildete Titan(IV)oxydhydrat-Schwefelgemisch wird durch ein 11-cm-Weißbandfilter mit Filterschleim filtriert, mit ammoniumnitrathaltigem Wasser gewaschen, vorsichtig verascht, geglüht und als Titan(IV)oxyd gewogen.

$$\frac{\text{Auswaage} \cdot 59,95}{\text{Einwaage}} = \%\,Ti$$

b) Kolorimetrische Bestimmung. Von dem titanhaltigen und einem titanfreien Stahl werden je 1 g in 250-ml-Bechergläser eingewogen und mit 10 ml Schwefelsäure 1,4 gelöst. Nachdem die Lösung mit 1···2 ml Salpetersäure oxydiert ist, wird bis zum Abrauchen der Schwefelsäure eingedampft. Hierauf werden 10 ml Schwefelsäure 1,4 zugegeben und die Sulfate mit Wasser in Lösung gebracht. Nachdem die Kieselsäure abfiltriert ist, gibt man 5 ml Phosphorsäure 1,7 und 5 ml 3%ige Wasserstoffperoxydlösung hinzu und füllt im Meßkolben auf 500 ml auf. Von beiden Lösungen werden je 50 ml in ein 100-ml-NESSLER-Rohr abgenommen. In die Probe des titanfreien Stahles gibt man aus einer Bürette so lange Titanvergleichslösung (1) hinzu, bis Farbübereinstimmung mit dem zu untersuchenden Stahl erreicht ist.

1 ml der Vergleichslösung entspricht 0,01% Titan. Durch Multiplikation der verbrauchten Milliliter mit dieser Zahl erhält man den Titangehalt.

Bemerkungen: (1) Die Vergleichslösung wird wie folgt hergestellt. Etwa 1 g Titankaliumfluorid wird in einer Platinschale vorsichtig erwärmt und durch schwaches Durchglühen entwässert. Nach dem Erkalten wägt man 0,5012 g ab, übergießt sie in einer Platinschale mit 10 ml Schwefelsäure 1,4 und erwärmt bis zum Auftreten starker Schwefelsäuredämpfe. Nach dem Erkalten gibt man 10 ml Schwefelsäure 1,84 hinzu und engt auf etwa 5 ml ein. Hierauf spült man in einen 1000-ml-Meßkolben, gibt nochmals 5 ml Schwefelsäure 1,84 hinzu und füllt zur Marke auf.

c) Photometrische Bestimmung. Siehe Vanadiumbestimmung S. 50.

d) Potentiometrische Bestimmung nach P. KLINGER mit DICKENS- und THANHEISER-Potentiometer Modell KRUPP. Die Oxydation des dreiwertigen Titans, nach vorheriger Reduktion mit Zink und Chrom(II)chlorid, zum vierwertigen Titan zeigt einen ebenso guten Potentialverlauf wie die Oxydation des Molybdäns. Der Analysengang für die Titanbestimmung im Stahl ist der gleiche, wie er in der Analysenvorschrift für die Molybdänbestimmung beschrieben ist. Es ist nur zu beachten, daß wegen der Beständigkeit des Titancarbids gegenüber Salzsäure die Lösung stets mit Salpetersäure oxydiert werden muß. Auch dann, wenn in der Stahllösung kein Rückstand mehr erblickt werden kann.

Vanadium

Prüfung: Etwa 3 g Späne werden in 20%iger Schwefelsäure gelöst. Nach Oxydation mit Salpetersäure wird die Lösung auf etwa 100 ml mit Wasser verdünnt und mit Kalilauge das Eisen ausgefällt. Nachdem das Eisen abfiltriert ist, wird die klare Lösung bis zur sauren Reaktion mit Schwefelsäure und darauf mit Wasserstoffperoxyd versetzt.

Durch die Bildung von Peroxovanadansalz $(VO_2)_2(SO_4)_3$ wird die Lösung rotbraun bis blutrot, in größerer Konzentration bräunlich-rosenrot gefärbt. Bei Gegenwart von überschüssigem Wasserstoffperoxyd kann Entfärbung eintreten durch Bildung gelber Orthoperoxovanadiumsäure.

$$(VO_2)_2(SO_4)_3 + 6\,H_2O \underset{H_2SO_4}{\overset{H_2O_2}{\longleftrightarrow}} 2\,(VO_2)(OH)_3 + 3\,H_2SO_4$$

Man muß daher beim Nachweis von Vanadium einen Überschuß von Wasserstoffperoxyd und Schwefelsäure vermeiden.

Bestimmung: **a) Potentiometrisch.** Durch potentiometrische Titration mit Umschlagselektrode nach THANHEISER und DICKENS.

Die potentiometrische Titration beruht darauf, daß eine austitrierte und eine nichttitrierte Lösung verschieden hohe Potentiale besitzen. Verbindet man diese beiden Lösungen leitend miteinander, so fließt ein Strom, dessen Größe durch den Potentialunterschied bedingt ist. Durch Zugabe der Titrationslösung wird der Potentialunterschied kleiner und ist im Endpunkt der Titration gleich Null. Praktisch arbeitet man folgendermaßen: Man verbindet die zu titrierende Flüssigkeit mit einer austitrierten Lösung mittels eines sog. Stromschlüssels. Derselbe ist mit kalt gesättigter Kaliumsulfatlösung gefüllt. In jede Lösung kommt ein Platindraht. Unter Zwischenschaltung eines einfachen Galvanometers (Millivoltmeters) werden dieselben miteinander verbunden. An Stelle einer austitrierten Lösung benutzt man praktischer eine Vergleichslösung, und zwar nimmt man hiervon 10 ml, die man mit etwa 150 ml Wasser verdünnt. Da während der Titration zur Beschleunigung der Reaktion tüchtig gerührt werden muß, bedient man sich am besten einer entsprechenden Apparatur mit Rührvorrichtung. Zur Bestimmung werden 1 g Stahl im 600-ml-Becherglas mit 30 ml 15%iger Schwefelsäure und 50 ml Phosphorsäure 1,3 (1) unter Erwärmen gelöst. Nach dem Lösen wird kochend bis zur starken Rotfärbung mit Kaliumpermanganat das Eisen, Chrom und Vanadium oxydiert. Nach kurzer Zeit wird festes Eisen(II)sulfat (2) zugesetzt, bis die Lösung eine klare grüne Färbung zeigt.

Alsdann verdünnt man mit 100 ml 15%iger Schwefelsäure und bringt nach Abkühlen auf 30° die Lösung in die oben beschriebene Apparatur. Unter Umrühren versetzt man mit Kaliumpermanganatlösung (3) bis zur schwachen Rosafärbung und gibt 5 ml im Überschuß hinzu (4). Das Kaliumpermanganat läßt man unter ständigem Rühren 1···2 Minuten einwirken und zerstört den Überschuß mit 25···30 ml Oxalsäurelösung (5).

Nach konstanter Potentialeinstellung, d. h. wenn der Zeiger nicht mehr wandert, titriert man mit Eisen(II)sulfatlösung (für Vanadium), bis der Zeiger durch den Nullpunkt geht (6). Der Titer derselben ist potentiometrisch gegen einen Normalstahl eingestellt. Der Verbrauch an Eisen(II)sulfatlösung mit dem Titer multipliziert gibt den Vanadiumgehalt in Prozenten.

Bemerkungen: (1) Bei Anwesenheit von Wolfram erzeugt Phosphorsäure einen weißen Niederschlag von Phosphorwolframsäure, der sich in überschüssiger Phosphorsäure löst. Ein Ersatz der Phosphorsäure durch Schwefelsäure bei wolframfreien Stählen bietet keinen Vorteil.

(2) Durch die Zugabe von Eisen(II)sulfat wird das hier sechswertige Chrom (CrO_3) zum dreiwertigen Cr_2O_3 reduziert und das fünfwertige Vanadium (V_2O_5) zum vierwertigen V_2O_4.

$$V_2O_5 + 2\,FeSO_4 + H_2SO_4 = V_2O_4 + Fe_2(SO_4)_3 + H_2O$$

(3) Bei 30° wird V_2O_4 mit Kaliumpermanganat zu V_2O_5 oxydiert, wobei Chrom nicht mit oxydiert wird.

$$5\,V_2O_4 + 2\,KMnO_4 + 3\,H_2SO_4$$
$$= 5\,V_2O_5 + K_2SO_4 + 2\,MnSO_4 + 3\,H_2O$$

(4) Um eine quantitative Oxydation des Vanadiums in der Kälte schnell und sicher zu erreichen, muß mit einem Überschuß an Kaliumpermanganat gearbeitet werden, wobei eine Oxydation von Chrom in der Kälte bei einer Einwirkung bis zu 5 Minuten nicht stattfindet.

(5) Kaliumpermanganat wird in saurer Lösung durch Oxalsäure nach der Gleichung:

$$2\,KMnO_4 + 5\,(COOH)_2 + 3\,H_2SO_4$$
$$= 2\,MnSO_4 + K_2SO_4 + 10\,CO_2 + 8\,H_2O$$

zerstört; während V_2O_5 in der Kälte durch Oxalsäure nicht reduziert wird.

(6) Die Platinelektroden müssen öfters in Salzsäure getaucht und geglüht werden, weil sonst die Zeigerausschläge zu klein werden. Auch die Kaliumsulfatlösung des Stromschlüssels und die Umschlagselektrodenlösung müssen täglich erneuert werden.

b) Photometrisch im Stahl und Eisen mit dem Pulfrich-Photometer nach Pinsl. 2×1 g der Probe werden in 300-ml-Erlenmeyer-Kolben in 40 ml Phosphorschwefelsäure unter Erwärmen gelöst, mit Salpetersäure 1,4 oxydiert und bis zum beginnenden Rauchen der Schwefelsäure eingedampft. Nach dem Abkühlen spült man in 100-ml-Meßkolben über und füllt den ersten Kolben mit Wasser auf. Dieser dient als Vergleichslösung. In den zweiten Kolben gibt man 5 ml Wasserstoffperoxyd 3% und füllt ebenfalls mit Wasser auf. Nach einigen Minuten mißt man die

Extinktion mit Filter S 47 und Glühlampe. Bei Verwendung eines EPPENDORF-Photometers mißt man die Extinktion mit Filter Hg 436 und Quecksilberlampe. In beiden Fällen werden die Prozentgehalte an Eichkurven abgelesen, die mit Normalstählen unter gleichen Arbeitsbedingungen aufgestellt wurden.

Bemerkungen: Chrom, Titan, Molybdän, Wolfram geben mit Wasserstoffperoxyd störende Farbreaktionen. Chromat läßt sich durch Zugabe von einigen Tropfen Wasserstoffperoxydlösung und nochmaligem Kochen reduzieren. Die durch kleine Mengen Molybdän verursachte Extinktion ist sehr gering. Bei hohen Gehalten müßten Molybdän und Wolfram vorher beseitigt werden. Titan kann gleichzeitig neben Vanadium bestimmt werden.

c) Photometrische Bestimmung von Titan und Vanadium nebeneinander.
3 mal 1g Stahlspäne werden wie bei der Vanadiumbestimmung beschrieben gelöst und in 100-ml-Meßkolben übergespült. Von Gußeisen löst man 5 g Späne in 150 ml Phosphorschwefelsäure und oxydiert durch tropfenweisen Zusatz von Salpetersäure 1,4. Die Lösung wird bis zum Abrauchen der Schwefelsäure eingedampft (1). Nach dem Abkühlen wird mit etwa 150 ml Wasser aufgenommen und aufgekocht. Hierauf wird die Lösung im Meßkolben mit Wasser auf 250 ml aufgefüllt. Von der so erhaltenen Lösung werden 3 mal 50 ml = 1g in 300-ml-ERLENMEYER Kolben abgenommen. Es wird nochmals abgeraucht (1), mit 20 ml Wasser verdünnt und 10 ml Ammoniumperoxydisulfatlösung zugegeben. Durch Kochen wird das überschüssige Ammoniumperoxydisulfat zerstört. Die Lösungen werden mit wenig Wasser in 100-ml-Meßkolben übergespült.

Lösung I wird mit 5 ml Wasserstoffperoxydlösung 3% versetzt, Lösung II mit 5 ml Wasserstoffperoxydlösung und 10 ml Ammoniumfluoridlösung (2), Lösung III bleibt ohne Zusatz. Dann wird mit Wasser auf 100 ml aufgefüllt. Photometriert wird mit Filter S 47 und Glühlampe.

Zur Bestimmung des Vanadiums wird Lösung II gegen Lösung III gemessen.

Zur Bestimmung des Titans wird Lösung I gegen Lösung II gemessen.

Die Prozentgehalte entnimmt man Eichkurven, die unter gleichen Bedingungen mit Normalstählen aufgestellt werden. Im EPPENDORF-Photometer mißt man die Extinktionen mit Filter Hg 436 und liest die Prozentgehalte ebenfalls an aufgestellten Eichkurven ab.

Bemerkungen: (1) Es darf nur bis zum Auftreten der ersten Schwefelsäuredämpfe eingeengt werden. Dabei dürfen sich noch keine Salze ausscheiden.

(2) Mit Wasserstoffperoxyd geben Titan und Vanadium eine gelb bis braune Färbung. Durch Zusatz von Ammoniumfluorid wird die Färbung

des Titan zerstört, und die Lösung enthält nur noch die durch das Vanadium hervorgerufene Färbung. Langes Stehen ist nach dem Zusatz der Ammoniumfluoridlösung zu vermeiden, da sich die Lösung leicht trübt und damit eine falsche Extinktion ergibt.

d) Maßanalytisch. 3,75 g Späne werden in einem 300-ml-ERLENMEYER-Kolben mit 40 ml Schwefelsäure 1 : 5 in der Wärme unter Luftabschluß gelöst (1). Der größte Teil des Vanadiums und andere carbidbildende Elemente, wie Wolfram, Molybdän und Titan, bleiben ungelöst. Zur Ausfällung der kleinen in Lösung gegangenen Vanadiummengen wird mit 100 ml Wasser verdünnt und aufgeschlämmtes Zinkoxyd zugegeben. Der Zusatz erfolgt in kleinen Anteilen, wobei jedesmal kräftig durchgeschüttelt wird. Zeigt nach kurzem Absetzen die überstehende Flüssigkeit eine milchige Trübung, ist genügend Zinkoxyd vorhanden. Der Niederschlag, der das gesamte Vanadium und eventuell vorhandenes Wolfram, Molybdän, Titan und geringe Mengen Eisen enthält, wird abfiltriert und 2 bis 3mal mit kaltem Wasser gewaschen. Hierauf bringt man den Niederschlag in ein Becherglas, versetzt mit 100 ml Salzsäure 1,12, läßt bei 90° etwa 10 Minuten stehen, kocht auf, oxydiert mit 10 ml Salpetersäure 1,4 und läßt eine Viertelstunde heiß abstehen. Eventuell vorhandenes Wolfram hat sich jetzt als Wolframsäure ausgeschieden und muß abfiltriert und mehrmals mit heißem, salzsäurehaltigem Wasser ausgewaschen werden. Die wolframfreie Flüssigkeit gibt man in einen 500-ml-Meßkolben und macht mit Natronlauge fast neutral. Durch Zugabe von 10 ml Wasserstoffperoxyd (3%) wird das Vanadium oxydiert. Den Überschuß des Wasserstoffperoxydes zerstört man durch Kochen und gibt Natronlauge im Überschuß hinzu, wodurch Chrom (2) und Eisen ausgefällt werden. Den abgekühlten Kolben füllt man zur Marke auf und filtriert durch ein Faltenfilter. Vom Filtrat werden 400 ml = 3 g Einwaage nach Zugabe von Salzsäure ammoniakalisch gemacht, mit 15 ml Ammoniak im Überschuß versetzt, zum Kochen gebracht und 50 ml Mangan(II)chlorid zugegeben. Nachdem man noch ½ Minute hat kochen lassen, wird das Manganvanadat abfiltriert. Der Niederschlag wird mit Schwefelsäure 1 : 5 gelöst und in der Lösung wird das Vanadium mit schwefliger Säure reduziert. Zur Zerstörung eventuell vorhandener organischer Substanzen versetzt man mit Kaliumpermanganatlösung bis zur schwachen Rotfärbung, die auch nach kurzem Kochen noch vorhanden sein muß. Dann wird bis zur Entfärbung schweflige Säure zugegeben und noch mit einem Überschuß von 30 ml versetzt. Zur Vertreibung der schwefligen Säure wird unter gleichzeitigem Durchleiten von Kohlensäure 1 Stunde gekocht. Man verdünnt mit 250 ml ausgekochtem und mit Permanganat schwach gerötetem Wasser und titriert mit eingestellter Kaliumpermanganatlösung bei 70°.

Berechnung:

$$\frac{\text{Verbrauchte ml } KMnO_4 \cdot V \text{ Titer}}{\text{Einwaage}} = \% \ V$$

Bemerkungen: (1) Man muß unter Luftabschluß lösen, damit das Eisen in zweiwertiger Form vorliegt, weil dieses durch Zinkoxyd nicht ausgefällt wird. Die Lösung erfolgt am besten mit einer Natriumhydrogencarbonatvorlage, wie dies bei der Bestimmung des Eisen(II)oxydes in Schlacken beschrieben ist (siehe Teil III).

(2) Bei niedrig legierten Stählen enthält die Zinkoxydfällung so wenig Eisen, daß es notwendig ist, zur vollständigen Abscheidung des Chroms der Lösung vor dem Zusatz der Natronlauge 1 g Eisen(III)chlorid zuzugeben.

Wolfram

1 g Stahl wird im 400-ml-Becherglas mit 40 ml Salzsäure 1,19 gelöst, zur Trockne eingedampft und bei 130° geröstet. Man nimmt dann mit etwa 10···20 ml Salzsäure 1,12 auf, kocht bis die Eisensalze in Lösung gegangen sind, oxydiert vorsichtig durch tropfenweises Zugeben von Salpetersäure (1), kocht längere Zeit, verdünnt mit 100 ml Wasser, kocht auf, läßt den Niederschlag etwas absetzen (2) und filtriert durch ein 9-cm-Weißbandfilter, in das man etwas Filterschleim getan hat (3). Das Filter wäscht man mit heißem salzsäurehaltigem Wasser 1:10 (4) eisenfrei (5). Den an der Glaswand haftenden gelben Niederschlag entfernt man durch Ausreiben mit einem Stückchen ammoniakbefeuchtetem Filterpapier, das man dann mit dem Filter im gewogenen Platintiegel verascht und glüht (6). Der Rückstand besteht aus Wolfram(VI)oxyd und Kieselsäure. Um die Kieselsäure zu entfernen, befeuchtet man den Tiegelinhalt mit 3···4 Tropfen Schwefelsäure 1,84 und 1···2 ml Flußsäure, dampft bis zur Trockne ein und erhitzt allmählich bis zur Dunkelrotglut (7).

$$\frac{Tiegel + WO_3 + SiO_2 - (Tiegel + WO_3)}{SiO_2 \cdot 46,72 = \% \ Si} \qquad \frac{Tiegel + WO_3 - Tiegel \ leer}{WO_3 \cdot 79,30 = \% \ W}$$

Bemerkungen: (1) Da Wolframsäure in überschüssiger Salpetersäure teilweise löslich ist, muß durch tropfenweisen Zusatz oxydiert werden. Bei niedrig legierten Stählen verwendet man zweckmäßig verdünnte Salpetersäure. Ein jähes Aufsteigen und das Ausfallen gelber Wolframsäure zeigen den Oxydationsendpunkt an.

(2) Zu langes Stehenlassen, besonders bei größeren Einwaagen, führt leicht zu Eisenabscheidungen. Diese aber sind von der Oxydation ab, auch an der Glaswandung oberhalb der Flüssigkeit, unbedingt zu ver-

meiden, da man sie bei der schwachen Säurekonzentration nicht mehr in Lösung bekommt.

(3) Filterschleim wird zugegeben, um zu verhindern, daß die Poren des Filters gleich zu Anfang der Filtration verstopft werden.

(4) Das Auswaschen der Wolframsäure muß stets mit salzsäurehaltigem Wasser geschehen, weil die Wolframsäure mit reinem Wasser Pseudolösungen bildet, wodurch das Filtrat trübe wird.

(5) Es empfiehlt sich, mit Ammoniumthiocyanat zu prüfen, ob tatsächlich beim Auswaschen Eisenfreiheit erreicht ist.

(6) Durch zu starkes Glühen kann sich Wolfram(VI)oxyd teilweise verflüchtigen, man darf daher nicht über 900° erhitzen.

(7) Sollte das Wolfram(VI)oxyd durch Eisen noch verunreinigt sein, so muß man es nach dem Abrauchen mit Flußsäure und dem Wägen mit Natriumcarbonat aufschließen. Hierbei geht das Wolfram als Natriumwolframat in Lösung, während das Eisen zurückbleibt. Um dieses von den Alkalien zu befreien, löst man dasselbe nach dem Abfiltrieren in Salzsäure und wiederholt die Fällung mit Ammoniak. Nach dem erneuten Abfiltrieren verascht man und wägt. Durch Abziehen dieser Auswaage von der Wolfram(VI)oxydauswaage erhält man das reine Wolfram(VI)oxyd.

Zinn

Bestimmung in unlegierten Stählen und Roheisen (Schnellverfahren).
10 g Späne werden in einem 750-ml-ERLENMEYER-Kolben in 140 ml Salzsäure 1,12 bei gelinder Wärme gelöst. Nach dem Lösen gibt man 5 ml Wasserstoffperoxyd 15% zu und verkocht den Sauerstoffüberschuß. Bei Roheisenproben muß nun vom ausgeschiedenen Kohlenstoff und Graphit abfiltriert werden. Hierauf verdünnt man mit 100 ml Wasser und gibt 50 ml Salzsäure 1,12, 10 ml Antimon(III)chloridlösung und 4···5 g zinnfreie Aluminiumfolie zur Reduktion des Zinns zu. Anschließend wird der Kolben mit einem einfach durchbohrten Stopfen, durch den ein gebogenes Glasrohr führt, verschlossen und die Lösung 30 Minuten gekocht. Nun nimmt man von der Platte und taucht das äußere nach unten gebogene Ende des Glasrohres während des Abkühlens in ein Becherglas mit etwa 200 ml Natriumhydrogencarbonatlösung. Durch den im Kolben entstehenden Unterdruck werden kleine Anteile der Natriumhydrogencarbonatlösung angesaugt und erzeugen eine CO_2-Schutzatmosphäre. Die abgekühlte Lösung spült man schnell mit kohlensäurehaltigem Wasser in ein 600-ml-Becherglas, versetzt mit 20 ml Kaliumjodidlösung und 10 ml Stärkelösung und titriert unter CO_2-Schutzatmosphäre mit $^n/_{100}$ Kaliumjodatlösung bis zur schwach blauen Färbung.

1 ml $^n/_{100}$ K JO$_3$ entspricht 0,5935 mg Sn

Ferrochrom

a) Titrimetrisch. 1 g feinstgeriebene Probe werden mit 6 g Natriumperoxyd in einem Eisen-, Nickel- oder Alsinttiegel (1)[1] von 40 ml Inhalt mit Hilfe eines Glasstabes innig gemischt. Der Tiegel wird dann über kleiner Flamme erhitzt, bis die Masse in Fluß gekommen ist. Nun steigert man die Bunsenflamme bis zur vollen Größe und erhitzt den Tiegel unter ständigem Umschwenken bis der Aufschluß beendet ist, was nach ungefähr 2 Minuten der Fall ist (2). Nachdem der Tiegel etwas abgekühlt ist, gibt man ihn in ein bedecktes Becherglas und füllt mit destilliertem Wasser bis zur Höhe des Tiegels. Sobald die erste stürmische Reaktion, die durch das sich zersetzende Natriumperoxyd hervorgerufen wird, beendet ist, kocht man zur Zerstörung des Natriumperoxyds (3) noch etwa 10 Minuten unter vorsichtigem Schwenken des Glases und läßt erkalten. Tiegel und Deckel werden abgespült und die Lösung auf 1000 ml aufgefüllt. Die gut durchgeschüttelte Probe filtriert man durch ein trockenes Faltenfilter in ein trockenes Gefäß (4), nimmt 100 ml = 0,1 g ab (5), verdünnt im 1000-ml-ERLENMEYER-Kolben auf etwa 300 ml, setzt zwei Tabletten = 1 g Kaliumjodid und 40 ml Salzsäure 1,12 (6) hinzu, läßt einige Minuten stehen (7) und titriert mit Natriumthiosulfat unter Benutzung von Stärke als Indikator.

Die Einstellung der Natriumthiosulfatlösung erfolgt durch chemisch reines bei 100° getrocknetes Kaliumdichromat. 1,4143 g werden davon im 1000-ml-Meßkolben in Wasser gelöst, 100 ml abgenommen, zwei Tabletten = 1 g Kaliumjodid und 40 ml Salzsäure 1,12 hinzugegeben, einige Minuten stehengelassen und mit Natriumthiosulfat unter Verwendung von 5 ml Stärkelösung als Indikator bis zur Entfärbung titriert.

$$1{,}4143 \text{ g } K_2Cr_2O_7 \text{ entsprechen } 0{,}5 \text{ g Cr.}$$
$$0{,}14143 \text{ g } K_2Cr_2O_7 \text{ entsprechen } 0{,}05 \text{ g Cr.}$$

Wenn der Verbrauch an Thiosulfat 47,4 ml ist, so gibt

$$0{,}05 : 47{,}4 = 0{,}0010549$$
$$1 \text{ ml} = 0{,}00105 \text{ g Cr.}$$

Chemischer Vorgang

$$Cr + 3\,Na_2O_2 = CrO_3 + 3\,Na_2O$$
$$CrO_3 + Na_2O = Na_2CrO_4$$
$$2\,Na_2CrO_4 + 2\,HCl = Na_2Cr_2O_7 + 2\,NaCl + H_2O$$
$$Na_2Cr_2O_7 + 6\,KJ + 14\,HCl = 2\,CrCl_3 + 2\,NaCl + 6\,KCl + 7\,H_2O + 3\,J_2$$
$$J_2 + 2\,Na_2S_2O_3 = 2\,NaJ + Na_2S_4O_6$$

---

[1] Die *Alsinttiegel* halten 30 und mehr Aufschlüsse aus. Das beim Auslaugen der Schmelze an der Tiegelwandung haftenbleibende Eisenoxyd stört nicht bei der Weiterbenutzung. Keinesfalls darf der Tiegel mit Salzsäure gereinigt werden, da trotz nachfolgendem Auskochen mit Wasser immer Reste von Chloriden im Tiegel verbleiben und beim Erhitzen denselben zerstören. Man braucht die Tiegel lediglich bei 120—130° zu trocknen.

Bemerkungen: (1) Bei Verwendung eines Eisentiegels ist die gelöste Schmelze oft durch reduziertes Chromat grün gefärbt. Man gibt dann beim Kochen einige Körnchen Natriumperoxyd zu, wodurch wieder Chromat entsteht.

(2) Da sich Metallcarbide immer schwer aufschließen, muß man bei kohlenstoffreichem Ferrochrom länger erhitzen.

(3) Löst man die Schmelze in kaltem Wasser, ohne das Natriumperoxyd durch Kochen zerstört zu haben, so kann sich beim Zusatz von Salzsäure Überchromsäure bilden, die rasch unter Sauerstoffentwicklung zerfällt und Chrom(III)salze bildet, so daß ein Teil des vorhandenen Chromates für die Titration verlorengeht.

$$Na_2O_2 + 2\ HCl = 2\ NaCl + H_2O_2$$
$$2\ Na_2CrO_4 + 4\ HCl = H_2Cr_2O_7 + 4\ NaCl + H_2O$$
$$H_2Cr_2O_7 + 7\ H_2O_2 = 2\ H_3CrO_8 + 5\ H_2O$$
$$2\ H_3CrO_8 + 6\ HCl = 2\ CrCl_3 + 6\ H_2O + 5\ O_2$$

Man erhält dann statt der gelben eine im ersten Augenblick durch Überchromsäure blau gefärbte, dann grün werdende Lösung.

(4) Den ersten Teil des Filtrates verwirft man, weil das Filter unter eigener Oxydation das Chromat teilweise reduziert.

(5) Größere Chrommengen (als etwa 0,1 g Chrom entsprechen) für die Titration zu verwenden, ist nicht vorteilhaft, da sonst die Lösung gegen das Ende der Titration durch Chrom(III) stark grün gefärbt ist.

(6) Das Titrieren der mit Schwefelsäure sauer gemachten und mit Eisen(II)sulfat versetzten Probe liefert zu niedrige Resultate.

(7) Man darf nicht gleich nach Zusatz der Reagenzien titrieren, selbst wenn genügend freie Säure vorhanden ist. Die genauesten Resultate erhält man, wenn man etwa 10 ··· 15 Minuten bedeckt unter Eiskühlung stehenläßt. Bei sofortiger Titration hat man zu hohen Thiosulfatverbrauch.

b) Potentiometrisch. 1 g feinstgemörsertes Material wird in 60 ml Salzsäure 1,19 gelöst und mit 30 ml Schwefelsäure 1,4 abgeraucht. Nach dem Erkalten wird verdünnt und durch ein Weißbandfilter in einen 1000 ml Meßkolben filtriert und ausgewaschen. Ein eventueller Rückstand wird im Platintiegel verascht und die Kieselsäure abgeraucht. Ein im Tiegel verbleibender Rest wird mit Kaliumhydrogensulfat aufgeschlossen. Der Aufschluß wird mit dem ersten Filtrat vereinigt. Nach dem Abkühlen und Auffüllen werden 50 ml = 0,05 g in ein 600-ml-Becherglas abgenommen, auf 200 ml verdünnt und 15 ml Schwefelsäure 1,4 zugegeben. In der Siedehitze wird mit 80 ml $n/_{50}$ Silbernitrat und 50 ml Ammoniumperoxydisulfatlösung oxydiert. Der Überschuß des Oxydationsmittels wird durch Kochen zerstört. Entstehendes Permanganat wird mit Natriumchloridlösung vorsichtig reduziert. Man kocht, bis sich das ausfallende Silberchlorid zusammenballt. Nach dem Abkühlen geschieht die Titration mit Eisen(II)sulfatlösung unter Verwendung von Platin-Kalomel als Elektrodenpaar, wobei die Platinelektrode an den Pluspol, die Kalomelelektrode an den Minuspol des Potentiometers anzuschließen ist. Gut bewährt hat sich insbesondere das Triodometer (1). Bei demselben wird auf Zeigerausschlag titriert, d. h. der Zeiger des Meßinstruments wandert beim Umschlag über die ganze Skala.

Bemerkungen: (1) Der Vorteil des Triodometers gegenüber anderen Potentiometern besteht in der Hauptsache darin, daß dieses ein Vollnetzanschlußgerät ist, bei dem durch Verwendung von Röhren neuester Konstruktion die Gitterspannung auf praktisch Null herabgedrückt ist. Es kann nicht nur für potentiometrische Messungen verwendet werden, sondern auch für die Bestimmungen von Leitfähigkeit, der Dielektrizitäts-konstanten sowie zu p_H-Messungen, wobei zu beachten ist, daß die potentiometrische Maßanalyse besonders leicht durchführbar ist. Die Genauigkeit ist gegenüber anderen Geräten auf etwa das 10fache gesteigert, d. h. statt $n/_{10}$ können ebensogut $n/_{100}$ bzw. $n/_{1000}$-Lösungen genommen werden, wodurch die Einwaagen verkleinert werden können. Besonders zu erwähnen sind auch die zu dem Triodometer gehörenden Titrierbirnen, die es gestatten, sauerstoffempfindliche Lösungen unter Luftabschluß oder unter indifferenten Gasen zu titrieren. Ferner kann die Titration mit Hilfe eines Heizrührers in der Wärme vorgenommen werden.

Ferromangan

Die Bestimmung des Mangangehaltes erfolgt nach der VOLHARD-Methode. Das Nähere siehe dort.

Ferromolybdän

a) Gewichtsanalytisch. 1 g der feingepulverten Probe wird im Becherglas mit 60 ml Salzsäure 1,19, 15 ml Salpetersäure 1,2 und 25 ml Schwefelsäure 1,4 gelöst. Nach dem Abrauchen wird mit Wasser verdünnt, durch ein Weißbandfilter in ein 1000-ml-Becherglas filtriert und ausgewaschen. Ein eventuell auf dem Filter verbleibender Rückstand wird in einem geräumigen Platintiegel bei etwa 550° verascht und mit Kaliumhydrogensulfat aufgeschlossen. Der in Lösung gebrachte Aufschluß wird zum ersten Filtrat hinzufiltriert. Durch Zugabe von Natronlauge fällt man das Eisen aus und kocht bis der Niederschlag filtrierbar ist. Man spült in einen 1000 ml Meßkolben über, füllt auf und filtriert durch ein trockenes Faltenfilter in einen trockenen Kolben. Vom Filtrat werden 250 ml = 0,25 g abgenommen und im 800-ml-Becherglas mit Schwefelsäure angesäuert (1). Hierauf macht man stark ammoniakalisch und sättigt mit Schwefelwasserstoff, bis die Lösung dunkelrot gefärbt ist. Nach etwa 20 Minuten versetzt man mit Schwefelsäure 1:5 im geringen Überschuß, läßt 2 Stunden in der Wärme absetzen, filtriert durch ein $12\frac{1}{2}$-cm-Weißbandfilter mit Filterfasern, wäscht zuerst mit schwefelwasserstoffhaltigem Wasser, dem etwas Schwefelsäure zugesetzt ist, und dann mit warmem, alkoholhaltigem Wasser. Der Niederschlag wird vorsichtig (das Filter extra) im Porzellantiegel verascht und durch schwaches Glühen bei höchstens 550° in Molybdän(VI)oxyd übergeführt. Das gewogene Molybdän(VI)oxyd muß noch auf Verunreinigungen (Kupfer und Eisen) geprüft werden. Zu diesem Zweck löst man den Tiegelinhalt mit Ammoniak bei gelinder Wärme auf. Sollte das im Tiegel nicht restlos vor sich gehen, führt man den Tiegelinhalt in ein Becherglas über und setzt das Erwärmen mit Ammoniak fort. Vorhandenes Eisen liegt jetzt als Hydroxyd vor und wird durch Abfiltrieren entfernt, verascht und ausgewogen. Die Auswaage muß von der oben festgestellten Molybdänauswaage abgezogen werden. Man prüft weiter, ob das Molybdän(VI)oxyd durch Kupfer verunreinigt war, dadurch, daß man die ammoniakalische Lösung tropfenweise mit Natriumsulfidlösung versetzt. Vorhandenes Kupfer scheidet sich dann als schwarzes Sulfid ab, wird abfiltriert und mit schwach ammoniumsulfidhaltigem Wasser ausgewaschen, geglüht und gewogen (2). Die gefundenen Kupferoxydmengen werden ebenfalls vom Gewicht des ungereinigten Molybdän(VI)oxyds in Abzug gebracht.

$$\frac{\text{Auswaage} \cdot 66{,}65}{\text{Einwaage}} = \%\,\text{Mo}$$

Bemerkungen: (1) Bei Anwesenheit von Wolfram entsteht beim Ansäuern mit Schwefelsäure eine Fällung. Um Wolfram in Lösung zu halten, gibt man 20 ml Weinsäure hinzu.

(2) Wenn das Kupferoxyd beim Veraschen im Tiegel schmilzt bzw. zusammenbackt, ist es molybdänhaltig und muß noch einmal mit Natriumsulfid umgefällt werden.

b) Potentiometrisch. Der Aufschluß wird genau so vorgenommen wie bei Ferrochrom. Zur Titration werden ebenfalls 100 ml = 0,1 g verwendet. Diese werden in ein 400-ml-Becherglas abgenommen und mit Salzsäure 1,12 gegen Lackmus neutralisiert. Ist der Umschlagspunkt erreicht, gibt man noch 50 ml Salzsäure 1,19 im Überschuß zu und spült die Lösung in die Titrierbirne. Als Indikator werden der Lösung 5 ml Kaliumthiocyanat zugesetzt und das Rührwerk eingeschaltet. Es wird das Elektrodenpaar Platin-Kalomel benutzt, wobei die Platinelektrode an den Pluspol und die Kalomelelektrode an den Minuspol des Gerätes anzuschließen ist. Unter Rühren werden die ersten $3 \cdots 5$ ml Titan(III)chloridlösung

tropfenweise zugesetzt und dann läßt man die Lösung in einem Strahl
zufließen. Gegen Ende der Titration erfolgt dann wieder tropfenweiser
Zusatz. Der Sprung ist deutlich zu erkennen. Zur Auswertung gelangt
der erste große Sprung, bei welchem der Zeiger langsam und zögernd
zurückgeht. Bei den vorhergehenden kleineren Sprüngen geht der Zeiger
schnell und anhaltend zurück. Titriert man über diesen Punkt hinaus,
so werden die Sprünge kleiner und der Zeiger geht weiterhin langsam
zurück, ein Zeichen dafür, daß das Reduktionsmittel aus irgendwelchen
Gründen stets langsam verschwindet. Der Umschlagspunkt ist trotzdem
eindeutig.

Ferrosilicium

Es gibt 1. das im Hochofen hergestellte Ferrosilicium mit einem
Siliciumgehalt bis 15%. Hiervon wird 1 g in 20 ml Salzsäure 1,19 mit
2 ml Brom gelöst. Nach dem vollständigen Lösen dampft man zur
Trockne ein, röstet, nimmt mit Salzsäure 1,12 auf und verfährt wie bei
Silicium im Stahl.

2. Das im Elektroofen hergestellte Ferrosilicium mit einem Siliciumgehalt bis 90%. Hiervon wird bis zu einem Siliciumgehalt von 45% 1 g,
über 45% 0,5 g in der Achatschale fein gerieben und mit Natriumhydroxyd im geräumigen Reinnickel- oder Silbertiegel aufgeschlossen.
Ungefähr 10 g Natriumhydroxyd werden im Tiegel geschmolzen, wobei
die Schmelze durch vorsichtiges Schwenken des Tiegels so an der
Tiegelwandung verteilt wird, daß diese möglichst vollständig davon bedeckt ist. Die Unterseite des Tiegeldeckels wird durch Verschmelzen
eines Stückchens Natriumhydroxyd ebenfalls überzogen. Nach Erkalten
des Tiegels bringt man das feinst gepulverte Ferrosilicium möglichst gleichmäßig auf den Schmelzkuchen und bedeckt mit etwa 0,5 g gepulvertem
Natriumhydroxyd und 0,5 g Natriumhydrogencarbonat, um Verpuffung
durch den beim Aufschluß entstehenden Wasserstoff zu verhindern.
Außerdem fügt man noch 2 Tropfen etwa 30%ige Natronlauge zu, bedeckt den Tiegel mit dem in oben beschriebener Weise vorbereiteten
Deckel und erhitzt vorsichtig über kleiner Flamme oder auf schwach
eingestellter elektrischer Heizung bis zum Beginn der Reaktion, die sich
durch Gasentwicklung bzw. Gasentweichung zwischen oberem Tiegelrand und Deckel anzeigt. Ist die erste Reaktion vorbei, so wird der Tiegel
etwas stärker erhitzt, bis die Schmelze ruhig fließt, und etwa 10 Minuten
in Fluß gehalten. Gegen Schluß wird auch der Tiegeldeckel bei schräg
nach unten gerichtetem Brenner mit der Flamme überfächelt. Um Verluste an Silicium zu verhindern, empfiehlt es sich, den Deckel die ganze
Zeit über durch leichtes Niederhalten mit der Zange an den Tiegel an-
zudrücken.

Nach dem Erkalten des Aufschlusses wird der Schmelzkuchen in einer Porzellanschale in Wasser unter vorsichtiger Zugabe von Salzsäure 1,12 gelöst (Schale mit Uhrglas bedeckt halten!) (1), auf der Platte zur Trockne eingedampft und 2 Stunden auf etwa 150° erhitzt. Nach dem Abkühlen wird der Rückstand mit möglichst wenig Salzsäure 1,19 befeuchtet, mit heißem Wasser aufgenommen und filtriert. Das Auswaschen auf dem Filter erfolgt mit möglichst wenig säureversetztem Wasser bis zum Verschwinden der Eisenreaktion; das Filtrat wird nochmals zur Trockne eingedampft und der Rückstand in gleicher Weise wie bei der ersten Kieselsäureabscheidung behandelt. Beide Filter werden feucht in einem Platintiegel verascht (2) und der Glührückstand gewogen: Wägung 1.

Die im Tiegel verbleibende nicht ganz reine Kieselsäure wird mit reiner Flußsäure unter Zusatz einiger Tropfen Schwefelsäure 1,84 abgeraucht (3), der Rückstand bis zur Gewichtskonstanz scharf geglüht und wieder gewogen: Wägung 2 (4).

Der Unterschied zwischen Wägung 1 und 2 ergibt bei Berücksichtigung des Kieselsäuregehaltes der zum Aufschluß verwendeten Reagenzien (Blindprobe) durch Multiplikation mit 46,72 den Prozentgehalt des zu prüfenden Ferrosiliciums an Silicium bei einer Einwaage von 1 g.

Chemischer Vorgang

$$6\,FeSi + 21\,Na_2O_2 = 3\,Fe_2O_3 + 6\,SiO_2 + 21\,Na_2O$$
$$Na_2O + SiO_2 = Na_2SiO_3$$
$$Na_2SiO_3 + 2\,HCl = 2\,NaCl + H_2SiO_3$$
$$H_2SiO_3 = SiO_2 + H_2O$$

Bemerkungen: (1) Der Inhalt der Schale darf nicht alkalisch sein, weil sich sonst Kieselsäure aus der Glasur lösen kann.

(2) Größere Mengen Kieselsäure werden, wie untenstehende Tabelle zeigt, erst beim Glühen auf 1000° vollständig wasserfrei.

Erhitzungs-temperatur °C	Wassergehalt Gew.-%	Erhitzungs-temperatur °C	Wassergehalt Gew.-%
200	6,6	700	1,0
300	5,1	800	0,7
400	3,80	900	0,4
500	2,57	1000	0,0
600	2,20		

(3) Vergleiche Bemerkung 8 der Siliciumbestimmung im Stahl.

(4) Um den Tiegel zu reinigen, gibt man in denselben Salzsäure 1,12 und so lange kleine Mengen Zinn(II)chlorid hinzu, bis sich das Eisenoxyd vollständig gelöst hat.

Calciumsilicium

0,5 g der in einem Achatmörser fein geriebenen Probe werden im Eisen-oder Nickeltiegel mit 4 ··· 5 g Natriumkaliumcarbonat innig gemischt und mit 1 ··· 2 g des Aufschlußmittels bedeckt. Der Tiegel wird mit einem Deckel verschlossen und ganz langsam erhitzt, bis die Masse gesintert ist. Nun gibt man in kleinen Anteilen Natriumperoxyd hinzu und bringt den Tiegelinhalt völlig zum Schmelzen. Der Aufschluß ist beendet, wenn die Schmelze ruhig fließt. Nach dem Erkalten bringt man den Tiegel in eine Porzellanschale und löst die Schmelze bei aufgelegtem Uhrglas mit Salzsäure 1,12 heraus. Nach dem Lösen entfernt man den Tiegel nach gutem Spülen mit destilliertem Wasser, dampft die stark saure Lösung zur Trockne ein und röstet etwa 1 Stunde bei 135°. Der erkaltete Rückstand wird mit Salzsäure 1,12 und Wasser gelöst und das Unlösliche abfiltriert.

Das Filter wird gut mit salzsäurehaltigem Wasser gewaschen. Das Filtrat wird nochmals eingedampft und wie oben beschrieben behandelt. Beide Filter werden im Platintiegel verascht. Nach dem Wägen wird die Kieselsäure mit einigen Tropfen Wasser befeuchtet und mit Flußsäure unter Zusatz von etwas Schwefelsäure abgeraucht. Die Gewichtsdifferenz ergibt die reine Kieselsäure.

$$\frac{SiO_2 \cdot 46,72}{Einwaage} = \% \; Si$$

Das Filtrat der Kieselsäure macht man ammoniakalisch und fällt Eisen, Aluminium usw. aus, kocht gut durch und filtriert. Das Filtrat der Oxyde wird auf 500 ml aufgefüllt, 100 ml = 0,1 g abgenommen, schwach essigsauer gemacht und der Kalk mit Ammoniumoxalat in der Siedehitze ausgefällt. Den Niederschlag läßt man gut absitzen, filtriert durch ein Weißbandfilter und wäscht mit kaltem Wasser aus. Das Filter bringt man in das Fällungsgefäß zurück, übergießt es mit 400 ml heißem Wasser und 30 ml Schwefelsäure 1,4 und titriert heiß mit $^n/_{10}$ Kaliumpermanganatlösung.

$$\frac{ml \; ^n/_{10} \; KMnO_4 \cdot Ca\text{-}Titer}{Einwaage} = \% \; Ca$$

Ferrovanadium

a) Potentiometrische Bestimmung mit Umschlagselektrode. 0,5 g Ferrovanadium werden in 20 ml Salpetersäure 1,2, 1 ml Salzsäure 1,12 und 10 ml Schwefelsäure 1,84 im 400-ml-Becherglas gelöst und die Lösung bis zum starken Rauchen der Schwefelsäure erhitzt. Dann läßt man abkühlen, verdünnt mit 200 ml 10%iger Schwefelsäure und bringt die

Lösung in die Titriervorrichtung des Potentiometers. Nach Einschaltung des Rührers wird in der Kälte zunächst bis zur schwachen Rosafärbung Kaliumpermanganatlösung hinzugegeben und dann noch ein Überschuß von 5 ml. Nach 10⋯20 Minuten langem Einwirken zerstört man das überschüssige Kaliumpermanganat durch Zugabe von 6⋯7 ml Oxalsäurelösung und titriert kalt nach konstanter Potentialeinstellung mit einer eingestellten Eisen(II)sulfatlösung, die 50 g in 1000 ml 20%iger Schwefelsäure enthält, unter Verfolgung der Potentialkurve oder gegen die Umschlagselektrode.

Die Titerstellung der Eisen(II)sulfatlösung erfolgt mit Ferrovanadium von bekanntem Vanadiumgehalt oder mit reinem Vanadium(V)oxyd.

b) Potentiometrische Bestimmung mit dem Triodometer. 0,5 g der Probe werden im 800-ml-Becherglas in 20 ml Salpetersäure 1,2 und 10 ml HCl 1,19 unter Erwärmen gelöst. Hierauf werden 50 ml Schwefelsäure 1,4 zugegeben und bis zum starken Abrauchen erhitzt. Wenn die Lösung abgekühlt ist, wird mit Wasser verdünnt und kurz aufgekocht. Nach dem Erkalten spült man die Probe in den Titrierbecher und bringt das Elektrodenpaar Platin-Kalomel ein. Man oxydiert mit etwas Kaliumpermanganat bis zur bleibenden Rosafärbung, gibt Kaliumpermanganatlösung im Überschuß hinzu und läßt dies einige Minuten einwirken. Der Überschuß an Permanganat wird mit Oxalsäure zurückgenommen. Wenn die Rosafärbung verschwunden ist, wird das Gerät eingeschaltet, Zeigerkonstanz abgewartet und das Vanadium mit Eisen(II)sulfat titriert. Der Zeiger gibt beim Endpunkt der Titration einen über ungefähr 10 Skalenteilstriche gehenden Ausschlag.

Um den Titer des Eisen(II)sulfat zu stellen, benutzt man entweder eine Ferrovanadiumprobe bekannten Vanadiumgehaltes und behandelt sie wie die zu bestimmende Probe oder man benutzt Vanadium(V)oxyd.

Berechnung: Die Berechnung ist analog der der Chrombestimmung.

c) Maßanalytisches Verfahren nach Reduktion mit Salzsäure. 0,3 g Ferrovanadium werden in einem 1000-ml-ERLENMEYER-Kolben in 20 ml Salpetersäure 1,2, 1 ml Salzsäure 1,12 und 40 ml Schwefelsäure 1,4 in der Wärme gelöst. Hierauf wird, ohne daß die Lösung zum Kochen kommt, bis zum Rauchen der Schwefelsäure eingedampft. Nach dem Abkühlen versetzt man mit 50 ml Salzsäure 1,12 und erhitzt wieder bis zum Rauchen. Der Salzsäurezusatz und das Abrauchen wird noch zweimal wiederholt. Zuletzt raucht man, um die Salzsäure restlos auszutreiben, einige Zeit ab. Nach dem Abkühlen, wobei der Kolben, um das Eindringen oxydierender Gase zu verhindern, mit einem Uhrglas bedeckt ist, wird mit abgekochtem Wasser auf etwa 300 ml verdünnt und erwärmt, bis alles gelöst ist. Dann wird nach Zugabe von 5 ml Phosphorsäure 1,7 (1) auf 70° erhitzt und mit Kaliumpermanganatlösung bis zum Umschlag von gelb auf schwach bräunlich titriert (2).

$$\frac{\text{Verbrauchte ml KMnO}_4\text{-Lösung} \cdot \text{Faktor}}{\text{Einwaage}} = \% \text{ V}$$

Bemerkungen: (1) Die Phosphorsäurezugabe ist nötig, um farbloses Eisenphosphat zu bilden.

(2) Die Titerstellung der Kaliumpermanganatlösung siehe unter Kapitel Titerstellungen. Um aber den Endpunkt der Titration gut zu erfassen, ist es notwendig, eine Vergleichstitration unter Verwendung von reinstem Vanadium(V)oxyd durchzuführen. Beim Vergleich noch nicht titrierter Proben mit solchen, welche austitriert sind, gelingt es, den Umschlagspunkt genau zu erfassen.

Ferrocarbontitan

2,5 g der Probe werden in einem Gemisch von 50 ml Salzsäure 1,19 und 20 ml Salpetersäure 1,2 gelöst, 50 ml Schwefelsäure 1,4 zugesetzt und bis zum beginnnenden Rauchen der Schwefelsäure eingedampft. Nach dem Erkalten wird mit Wasser aufgenommen und gekocht, bis die Sulfate in Lösung sind. Ein etwa verbleibender unlöslicher Rückstand wird filtriert, im Platintiegel verascht und die Kieselsäure mit Flußsäure abgeraucht. Der im Tiegel verbleibende Rückstand wird mit Kaliumhydrogensulfat aufgeschlossen und mit dem Filtrat vereinigt. Man füllt in einem Meßkolben auf 1000 ml auf und entnimmt für die Bestimmung des Titan 100 ml = 0,25 g. Die Lösung wird mit Natriumcarbonat neutralisiert, mit 2 ml Schwefelsäure 1,4 versetzt und in etwa 400 ml kochendes Wasser gegossen. Unter ständigem Bewegen läßt man 1 bis 2 Stunden kochen, wobei das verdampfende Wasser ersetzt werden muß. Den Niederschlag läßt man absitzen, filtriert dann durch ein Weißbandfilter mit Filterfasern und wäscht gut mit ammoniumnitrathaltigem Wasser aus. Das Filter wird in einem vorgewogenen Porzellantiegel verascht, geglüht und der Rückstand, der aus verunreinigtem TiO_2 besteht, ausgewogen. Zur Bestimmung der Verunreinigungen schließt man den Tiegelinhalt mit Kaliumhydrogensulfat auf und löst die erkaltete Schmelze in Wasser und etwas Schwefelsäure. Zu dieser Lösung fügt man 20 ml Weinsäure hinzu und leitet etwa 15 Minuten Schwefelwasserstoff ein. Nun macht man ammoniakalisch und leitet noch 10 Minuten Schwefelwasserstoff nach. Den Niederschlag läßt man warm absitzen, filtriert dann durch ein Schwarzbandfilter mit Filterfasern ab und wäscht mit schwefelammoniumhaltigem Wasser aus. Das Filter wird verascht und geglüht und die Auswaage von der ersten abgezogen.

$$\frac{TiO_2 \cdot 59,95}{\text{Einwaage}} = \% \text{ Ti}$$

Ferrowolfram

Dem Wolframgehalt entsprechend werden 1⋯2 g der im Stahlmörser
zerkleinerten und in der Achatschale feingeriebenen Probe im Nickeltiegel mit etwa 8 g Natriumhydroxyd und 1 g Kaliumnitrat über einer
Bunsenflamme langsam aufgeschlossen (1). Wenn die Schmelze ruhig fließt,
läßt man den Tiegel erkalten, bringt ihn in ein 800-ml-Becherglas, das
man so weit mit Wasser füllt, daß der Tiegel gerade bedeckt ist. Nach
dem Herauslösen der Schmelze, welches man durch Kochen beschleunigt,
nimmt man den Tiegel heraus und spritzt ihn sorgfältig mit heißem
Wasser ab. Die Flüssigkeit wird nun unter Zusatz von 0,5 ml 30%igem
Wassertoffperoxyd aufgekocht und nach kurzem Absetzen filtriert. Das
Filter wird in dem Aufschlußtiegel verascht und nochmals mit etwas
Natriumhydroxyd und Kaliumnitrat geschmolzen. Das Filtrat dieses
Aufschlusses wird mit dem ersten Filtrat (2) vereinigt und auf 1000 ml
aufgefüllt. Hiervon werden 250 ml abgenommen, mit 2⋯3 Tropfen
Phenolphthalein versetzt und mit Salpetersäure 1,2 neutralisiert. Aus der
schwach salpetersauren heißen Lösung fällt man dann das Wolfram und
die Kieselsäure mit Quecksilber(I)nitrat (Merkuronitrat) und etwas
Quecksilber(II)oxyd, welches man in Wasser aufgeschlämmt hat (3).
Man kocht auf, läßt das Quecksilber(II)wolframat absitzen und prüft,
nachdem die über dem Niederschlag stehende Flüssigkeit klar geworden
ist, auf Vollständigkeit der Fällung. Jetzt wird filtriert und das Filter
mit heißem quecksilber(I)nitrathaltigem Wasser gründlich ausgewaschen.
Den am Glasstab bzw. der Becherglaswandung festhaftenden Niederschlag reibt man mit einem Stückchen Filterpapier, das eventuell mit
etwas Salpetersäure befeuchtet ist, ab. Im Porzellantiegel wird unter dem
Abzug (4) über dem Bunsenbrenner verascht und geglüht. Den Glührückstand, welcher außer Wolfram(VI)oxyd Kieselsäure enthält, pinselt
man in einen Platintiegel über, wägt und raucht die Kieselsäure nach
bekannter Weise mit Flußsäure ab. Der durch Zurückwägen ermittelte
Gewichtsverlust ergibt den Gehalt an Kieselsäure. Dieser muß von der
ersten Auswaage abgezogen werden, um das reine Wolfram(VI)oxyd zu
erhalten.

$$\frac{\text{Auswaage} \cdot 79{,}30}{\text{Einwaage}} = \%\ W$$

Chemischer Vorgang

$$2\,NaOH + 2\,KNO_3 + W = Na_2WO_4 + K_2O + N_2 + O_2 + H_2O$$
$$Na_2WO_4 + 2\,HgNO_3 = Hg_2WO_4 + 2\,NaNO_3$$
$$Hg_2WO_4 = 2\,Hg + O + WO_3$$
$$Hg_2O + 2\,HNO_3 = Hg(NO_3)_2 + H_2O$$

Bemerkungen: (1) Die Hälfte der Aufschlußmasse wird vorher im Nickeltiegel geschmolzen. Die Schmelze läßt man unter Umschwenken erkalten, wodurch die Tiegelwand vor der direkten Berührung mit Ferrowolfram geschützt ist.

(2) Das Filtrat enthält das gesamte Wolfram und Silicium, der Niederschlag das gesamte Eisen und Mangan.

(3) Durch den Zusatz größerer Mengen der stets etwas sauren Quecksilber(I)nitratlösung gelangt überschüssige Säure in die Lösung; dieselbe kann durch Ammoniumsalze unschädlich gemacht werden. Da aber ein Überschuß von Ammoniak zur Folge hat, daß die Lösung wolframhaltig bleibt, so gibt man vorteilhafter aufgeschlämmtes Quecksilberoxyd zur Bindung der Säure hinzu.

(4) Da sich beim Veraschen Quecksilber verflüchtigt, muß wegen der Giftigkeit desselben unter dem Abzug gearbeitet werden.

Zweiter Teil

Metalle

Aluminium-Aluminiumlegierungen

Verunreinigungen bzw. Legierungsbestandteile sind Silicium, Zinn, Eisen, Kupfer, Zink, Magnesium, Natrium, Kohlenstoff, Phosphor, Schwefel, Titan, Blei, Mangan, Antimon, Nickel, Stickstoff und Arsen.

5 g Legierung bzw. 10 g Reinaluminium werden mit 125 bzw. 250 ml Wasser übergossen und durch Zugabe von 20 bzw. 40 g festem Natriumhydroxyd (p. a.) in Lösung gebracht. Zur Lösung gibt man nun 20 ml Natriumsulfidlösung, kocht auf und läßt warm absetzen. Der Niederschlag, der Kupfer, Blei, Eisen, Titan, Mangan, Magnesium und Zink enthält, wird mit heißem Wasser, das etwas Natriumsulfid enthält, ausgewaschen. Das Filtrat enthält Aluminium, Antimon und Zinn.

Das *Zinn*, das als Sulfostannat (Na_2SnS_3) in Lösung ist, wird durch Zugabe von Schwefelsäure 1,4 als Zinnsulfid kochend ausgefällt. Es wird noch etwas Schwefelwasserstoff eingeleitet und abfiltriert. Der Niederschlag wird durch Auflösen in Salpetersäure in Zinnsäure übergeführt, wieder filtriert, mit heißem Wasser gut ausgewaschen, verascht, geglüht und gewogen.

$$\frac{\text{Auswaage} \cdot 78{,}77}{\text{Einwaage}} = \% \text{ Zinn}$$

Der Natriumsulfidniederschlag wird mit Salpetersäure 1,2 gelöst, die Filterfasern abfiltriert und im Filtrat *Kupfer* und *Blei*, wie im Rotguß, elektrolytisch bestimmt. Zu der von Kupfer und Blei befreiten Flüssigkeit gibt man einige Milliliter Salzsäure und fällt Eisen, Mangan und Reste von Aluminium nach Zusatz von 15 ml Ammoniumchloridlösung und Bromwasser mit wenig Ammoniak (1). Man kocht auf und filtriert durch ein 11 cm qualitatives Filter. Da das Mangan mit Bromwasser und Ammoniak sehr schwer quantitativ abgeschieden wird, muß das Filtrat der ersten Fällung nochmals eingedampft werden, bis kein Ammoniakgeruch mehr vorhanden ist. Hierauf versetzt man nochmals mit Bromwasser und Ammoniak. Ein hierbei entstehender Niederschlag wird ebenfalls abfiltriert. Mit wenig Salzsäure 1,12 löst man das Eisen und Mangan vom Filter in einen 300-ml-ERLENMEYER-Kolben, dampft ein, reduziert durch tropfenweise Zugabe von Zinn(II)chloridlösung und titriert das Eisen mit Cer(IV)sulfatlösung, wie bei Rotguß beschrieben.

Das *Mangan* wird bei einem Gehalt über 1,5% nach VOLHARD, unter 1,5% nach SMITH bestimmt. Zur Bestimmung nach VOLHARD löst man 5 g Späne in Salzsäure 1,12, oxydiert durch Zugabe einiger Milliliter Salpetersäure 1,4, gibt Zinkoxyd hinzu und verfährt weiter wie bei Stahl beschrieben.

Nach SMITH löst man 0,2 g Späne in 30 ml 5%iger Natronlauge. Nach dem Erkalten gibt man 20 ml Salpetersäure 1,4 hinzu und kocht einige Minuten (2). Hierauf setzt man 50 ml $n/_{50}$ Silbernitrat und 15 ml Ammoniumperoxydisulfat hinzu, erwärmt auf 60° und titriert nach dem Erkalten mit Natriumarsenit. Den Titer des Natriumarsenit stellt man mit einer Aluminiumlegierung, deren Mangangehalt nach VOLHARD bestimmt worden ist (siehe Titerstellung in Teil 4).

Magnesium. Das Filtrat des Eisens und Mangans wird geteilt. Im ersten Teil fällt man das Magnesium, wobei darauf zu achten ist, daß die Auswaage an Magnesiumpyrophosphat nicht über 0,2 g beträgt.

Die Lösung macht man zunächst schwach salzsauer, versetzt mit 30 ml Weinsäurelösung (3), 15 ml Ammoniumchloridlösung (4), 30 ml Diammoniumhydrogenphosphatlösung und kocht auf (5). Unter Benutzung von Phenolphthalein als Indikator wird unter ständigem Rühren mit einem Glasstab Ammoniak bis zur schwachen Rötung zugegeben (6).

In die abgekühlte Lösung gibt man $^{1}/_{5}$ des Volumens Ammoniak 0,91 und läßt den Niederschlag absitzen.

Nach einigen Stunden, bei Benutzung eines Rührers bereits nach einer halben Stunde, kann der Niederschlag, welcher alles Magnesium und einen Teil des Mangans als Ammoniumphosphatverbindungen enthält, durch ein 11-cm-Weißbandfilter mit Filterfasern abfiltriert werden. Man wäscht mit ammoniakalischem Wasser, trocknet, verascht und glüht bei möglichst hoher Temperatur (7), bis der Tiegelinhalt völlig weiß ist. Der im Exsikkator erkaltete Tiegel wird ausgewogen. Den Tiegelinhalt löst man mit 15 ml Salpetersäure 1,2, spült in einen 300-ml-ERLENMEYER-Kolben über und titriert das Mangan nach SMITH. Der hierbei gefundene Mangangehalt wird durch Multiplikation mit 2,584 auf Manganpyrophosphat $Mn_2P_2O_7$ umgerechnet. Dieses Gewicht, von obiger Tiegelauswaage abgezogen, ist das vorhandene Magnesiumpyrophosphat, das mit 21,85 multipliziert und durch die Einwaage dividiert den Prozentgehalt an Magnesium ergibt.

Im Magnesiumfiltrat prüft man mit Diacetyldioxim auf Nickel.

Zink. Im zweiten Teil des Filtrates wird das Zink in schwach essigsaurer Lösung mit Schwefelwasserstoff als Sulfid ausgefällt.

Nach dem Absitzen filtriert man durch ein Blaubandfilter, wäscht gut mit schwefelwasserstoffhaltigem Wasser und glüht im gewogenen Porzellantiegel bei 950° zu Zinkoxyd.

$$\frac{\text{Auswaage} \cdot 80,34}{\text{Einwaage}} = \% \text{ Zn}$$

Soll die Analysendauer abgekürzt werden, benutzt man für die Magnesium- und Zinkbestimmung eine besondere Einwaage. In der Regel nimmt man hierzu 1 g. Bei einem Magnesiumgehalt von über 4% jedoch nur 0,5 g. Diese werden in Natronlauge gelöst. Um die geringen Mengen von Eisen und Mangan, welche mit Natronlauge in Lösung gegangen sind, abzuscheiden, setzt man 5 ml 3%iges Wasserstoffperoxyd hinzu, kocht auf und filtriert den Niederschlag, der das gesamte Magnesium neben Eisen, Mangan und Kupfer enthält, durch ein 11-cm-Schwarzbandfilter. Im Filtrat befindet sich das Zink.

Zur Magnesiumbestimmung gibt man das Filter nach gutem Auswaschen in das Becherglas zurück und löst mit Salzsäure 1,12 unter Zugabe einiger Milliliter Salpetersäure. Die Filterfasern werden durch ein qualitatives Filter abfiltriert und in der Lösung nach Zugabe von Weinsäure und Ammoniumchlorid das Magnesium, wie oben beschrieben, gefällt.

Aus dem zinkhaltigen Filtrat wird das Zink elektrolytisch auf verkupferter (8) Platinelektrode niedergeschlagen. Man arbeitet mit einem Flüssigkeitsvolumen von etwa 150 ml und 0,5···1 Amp. Stromstärke bei Raumtemperatur. Nach Beendigung der Elektrolyse hebt man das Netz, ohne den Strom zu unterbrechen, aus dem Bad und spritzt gleichzeitig vom oberen Rand her mit destilliertem Wasser ab. Nachdem wiederholt mit Wasser abgewaschen ist, wird mit Alkohol abgespült und im Trockenschrank bei 100° getrocknet.

$$\frac{\text{Auswaage} \cdot 100}{\text{Einwaage}} = \% \text{ Zn}$$

Silicium (9), 1 bzw. 5 g Späne werden in einem 800-ml-Becherglas mit 20 bzw. 100 ml Säuremischung (10) gelöst. Man erwärmt zunächst gelinde bis zur vollständigen Zersetzung des Metalls, dampft ab und erhitzt bis zur Entwicklung von Schwefelsäuredämpfen (11). Der erkaltete Rückstand wird mit 200 ml (bei 5 g Einwaage mit 400 ml) Wasser, welches 5···10 ml Salzsäure 1,12 enthält, aufgenommen. Das Gemisch von Silicium und Siliciumdioxyd filtriert man durch ein 11-cm-Weißbandfilter mit Filterschleim (12), wäscht mit Wasser gut aus und verascht im Platintiegel. Der gewogene Rückstand wird, wenn kein metallisches Silicium vorhanden ist, mit Schwefelsäure und Flußsäure versetzt und das Siliciumdioxyd abgeraucht. Nach nochmaligem Glühen wird der Tiegel wieder gewogen.

$$\frac{(\text{Auswaage 1} - \text{Auswaage 2}) \cdot 46,72}{\text{Einwaage}} = \% \text{ Si}$$

Ist metallisches Silicium vorhanden, erkenntlich an der grauschwarzen Farbe des Glührückstandes, so muß dasselbe in Siliciumdioxyd übergeführt werden. Zu diesem Zweck schmilzt man mit dem fünffachen

Gewicht von Natrium-Kaliumcarbonat und löst nach beendigtem Aufschluß die Schmelze in heißem Wasser. Durch Zugabe von Salzsäure, Eindampfen und Rösten scheidet man die Kieselsäure ab. Dieselbe wird abfiltriert und mit heißem Wasser ausgewaschen. Nach dem Wägen wird die Kieselsäure mit einem Tropfen Schwefelsäure und einigen Tropfen Flußsäure abgedampft, abgeraucht, stark geglüht und der Tiegel zurückgewogen. Aus der Gewichtsdifferenz ergibt sich der Gehalt an *Gesamtsilicium* durch Multiplikation mit 46,72 und Division mit der Einwaage.

Zur Bestimmung des *freien Siliciums* werden 1 bzw. 10 g Späne im 400-ml-Becherglas mit 100 ml bleifreier Schwefelsäure 1:6 durch schwaches Kochen in Lösung gebracht (13). Wenn alles gelöst ist, läßt man etwas erkalten, verdünnt mit etwa 300 ml kaltem Wasser, filtriert dann den Rückstand durch einen mit Asbest gefüllten und bei 200° gut getrockneten und gewogenen GOOCH-Tiegel (14). Der Niederschlag wird mit heißem Wasser gut ausgewaschen, bei 200° getrocknet und gewogen.. Die Auswaage ist die Summe des im Aluminium enthaltenen freien Siliciums und des Siliciumdioxyds. Zur Berechnung, welche Mengen als freies Silicium vorhanden sind, verfährt man wie folgt: Angenommen bei der Ermittlung des Gesamtsiliciums hätten wir eine Auswaage von 0,0250 g. Bei der Bestimmung: freies Silicium + Siliciumdioxyd 0,0200 g ausgewogen, so entspricht die Differenz von 0,0250 − 0,0200 = 0,0050 g der Sauerstoffmenge, welche nötig ist, um das freie Silicium in Siliciumdioxyd überzuführen. Die so errechnete Sauerstoffmenge mit 0,8778 multipliziert und durch die Einwaage dividiert, ergibt den *Gehalt an freiem Silicium*. In unserem Fall 0,0043 g.

Bei weniger genauen Bestimmungen wird der nach dem Auflösen in Säuremischung erhaltene Rückstand von Silicium und Siliciumdioxyd filtriert und im Platintiegel verascht. Die Auswaage ergibt metallisches Silicium und Siliciumdioxyd. Durch Abrauchen mit Flußsäure erhält man aus der Gewichtsdifferenz den Gehalt an Kieselsäure bzw. durch Multiplikation mit 46,72, dividiert durch die Einwaage, den Gehalt an gebundenem Silicium. Die Gewichtsverminderung, welche durch Abrauchen mit Salpetersäure und Flußsäure auftritt, entspricht dem Gehalt an metallischem Silicium.

Antimon: Man fällt im Filtrat der Siliciumbestimmung mit Schwefelwasserstoff. Zu diesem Zweck wird dasselbe zum Sieden erwärmt und bis zum Erkalten Schwefelwasserstoff in starkem Strom eingeleitet. Das ausgefällte Antimonsulfid wird durch ein 11 cm qualitatives Filter mit Filterschleim abfiltriert und mit salzsaurem schwefelwasserstoffhaltigem Wasser gut ausgewaschen. Der Niederschlag samt Filter wird in einen 500-ml-ERLENMEYER-Kolben gebracht und mit 25 ml Schwefelsäure 1,84 unter Zusatz einiger Kristalle Kaliumhydrogensulfat so lange gekocht, bis das Filter vollständig zerstört und die Lösung wasserhell geworden ist. Nach dem Erkalten versetzt man mit 200 ml Wasser, gibt 30 ml Salzsäure 1,19 hinzu und kocht kurz auf. Die möglichst heiße Lösung wird nach Zugabe von einigen Tropfen Indigoblau oder Methylorange mit $n/_{10}$ Kaliumbromatlösung titriert, wie es bei der Antimonbestimmung im Weißmetall angegeben ist.

Stickstoff: Man versetzt 10 g Aluminium mit 300 ml reiner 10%iger Kalilauge im KJELDAHL-Kolben. Dann verschließt man mit dem KJELDAHL-Aufsatz, an dem ein LIEBIG-Kühler mit Kugelvorstoß angeschlossen ist, und destilliert das entstandene Ammoniak über. In der Vorlage befindet sich eine genau gemessene Menge $n/_{100}$ Schwefelsäure. Durch Zurücktitrieren mit $n/_{100}$ Natronlauge und Methylrot als Indikator wird die verbrauchte Schwefelsäure festgestellt. (Näheres siehe Stickstoffbestimmung im Stahl.)

Berechnung: Verbrauchte ml $n/_{100}$ $H_2SO_4 \cdot 0{,}0014 = \%$ N

Kohlenstoff: Handelsüblich ist ein Gehalt von 0,03%, in seltenen Fällen 0,2% Kohlenstoff.

Eine Bestimmung im CORLEIS-Kolben läßt sich nicht gut durchführen, weil, im Gegensatz zum Eisen, unterhalb 100° keine Lösung des Aluminiums stattfindet. Bei 100° tritt dann sehr starkes Lösen auf, wodurch die Reaktion so heftig wird, daß eine große Menge Wasserstoff frei wird, die selbst im vorgelegten Kupferoxydrohr nicht vollständig oxydiert wird und mit der zum Kühlen durchgesaugten Luft Anlaß zu Explosionen geben kann.

Die Verbrennung im Marsofen gibt zu niedrige Werte, da die Aluminiumspäne zu Tropfen zusammenschmelzen und sich infolge der hohen Reaktionstemperatur mit einer dichten Oxydhaut überziehen, wodurch das Metall vor vollständigem Durchglühen geschützt wird. Richtige Werte erhält man, wenn man die Verbrennung mit Hilfe von Kupferoxydpulver vornimmt (15). Das Verfahren, den Kohlenstoff des Aluminiums dadurch zu bestimmen, daß man den in Kalilauge unlöslichen Teil nach Abfiltrieren über Asbest im Marsofen verbrennt, gibt zu niedrige Werte. Es ist das offenbar darauf zurückzuführen, daß beim Lösen des Aluminiums in Kalilauge ein Teil des Kohlenstoffs in Form von Kohlenwasserstoffen (Methan) entweicht.

Phosphor, Schwefel und Arsen bestimmt man, indem man 2…5 g der Legierung in einem 300 ml fassenden Kolben mit luftfreiem Wasser bedeckt, die noch im Kolben enthaltene Luft durch Kohlensäure oder Wasserstoff vertreibt und die Flüssigkeit unter Zutropfenlassen von Salzsäure bis zur Reaktion erhitzt. Die entwickelten Gase werden in einer Bromlösung aufgefangen, worauf man das überschüssige Brom durch Eindampfen vertreibt.

In aliquoten Teilen bestimmt man den Schwefel durch Fällen in der siedend heißen Lösung mit 30 ml siedend heißer Bariumchloridlösung. Man läßt 4 Stunden absitzen und filtriert durch 11-cm-Weißbandfilter mit etwas Filterschleim, verascht und wägt als Bariumsulfat. Auswaage mit 13,74 multipliziert und durch die Einwaage dividiert ergibt *Prozente Schwefel.* Wenn nur Schwefel bestimmt werden soll, arbeitet man genau so wie bei Stahl.

Arsen wird im zweiten Teil der vom Bromwasser befreiten Lösung mit Schwefelwasserstoff ausgefällt. Man filtriert das ausgeschiedene Arsen(III)sulfid durch einen bei 100° getrockneten und gewogenen GOOCH-Tiegel, wäscht mit etwas schwefelwasserstoffhaltigem Wasser aus, trocknet und wägt.

$$\frac{\text{Auswaage} \cdot 60{,}90}{\text{Einwaage}} = \% \text{ As}$$

Im Filtrat von Arsen kann man Phosphor nach dem Vertreiben des Schwefelwasserstoffes als Ammoniumphosphormolybdat fällen. Die Arbeitsweise dabei ist die gleiche wie bei Stahl.

Titan: (16) Der bei der Siliciumbestimmung nach dem Abrauchen mit Schwefelsäure im Platintiegel verbliebene Rückstand (17) wird mit Kaliumhydrogensulfat aufgeschlossen, die Schmelze mit 5%iger kalter (18) Schwefelsäure aufgenommen und mit dem Filtrat des Siliciums vereinigt. Die im 400-ml-Becherglas auf etwa 100 ml eingedampfte Flüssigkeit wird mit 5 ml Schwefelsäure 1,84 und 3 g eisenfreiem Zink versetzt. Man erhitzt, bis alles Kupfer reduziert und das Zink fast ganz gelöst ist. Durch ein 11 cm qualitatives Filter werden die beiden Metalle abfiltriert und die Flüssigkeit bis auf etwa 75 ml eingeengt. Die abgekühlte Lösung gibt man jetzt in ein 100-ml-NESSLER-Rohr, setzt 5 ml 3%iges Wasserstoffperoxyd sowie 10 ml Phosphorsäure 1,7 zu und füllt bis zur 100-ml-Marke auf. In ein zweites NESSLER-Rohr hat man 83 ml Wasser und 5 ml Schwefelsäure 1,84 sowie 5 ml Phosphorsäure 1,7 (19) gegeben. Nach dem Abkühlen fügt man 5 ml 3%iges Wasserstoffperoxyd hinzu und bis zur Farbenübereinstimmung aus einer Bürette Titanvergleichslösung. Diese wird folgendermaßen hergestellt: Etwa 1 g Titankaliumfluorid wird in einer Platinschale vorsichtig erwärmt und durch schwaches Glühen entwässert. Nach dem Erkalten wägt man 0,5012 g ab, übergießt sie in einer Platinschale mit 10 ml Schwefelsäure 1,4 und erwärmt bis zum Auftreten starker Schwefelsäuredämpfe. Nach dem Erkalten gibt man 10 ml Schwefelsäure 1,84 hinzu und engt auf etwa 5 ml ein. Hierauf spült man in einen 1000-ml-Meßkolben, gibt nochmals 5 ml Schwefelsäure 1,84 hinzu und füllt zur Marke auf. 1 ml dieser Lösung entspricht 0,01% Titan.

$$\textit{Berechnung:} \quad \frac{\text{Verbrauchte ml Lösung} \cdot 0{,}01}{\text{Einwaage}} = \% \text{ Ti}$$

Steht ein Photometer zur Verfügung, so wird die Titanbestimmung, wie bei Stahl und Eisen beschrieben, durchgeführt.

Die chemischen Vorgänge bei der Leichtmetallanalyse

Aluminium löst sich in Natronlauge nach folgender Formel:

$$2\,Al + 6\,NaOH = 2\,Al(ONa)_3 + 3\,H_2$$

Die Begleiter des Aluminiums bleiben als Metall, Hydroxyd oder Oxyd zurück. Beim Versetzen mit Na_2S wandelt sich ein Teil der Hydroxyde in Sulfide um (dies geschieht, sobald ihre Löslichkeit größer als die ihres Sulfids ist). In Lösung ist Aluminium, Antimon und Zinn.

$$SnS + Na_2S + S = Na_2SnS_3$$

beim Ansäuern bildet sich wieder Zinnsulfid zurück:

$$Na_2SnS_3 + H_2SO_4 = Na_2SO_4 + H_2S + SnS_2$$

Die vorher ausgeschiedenen Sulfide werden in Salpetersäure gelöst und liegen als Nitrate vor. Durch Elektrolyse entfernt man Kupfer und Blei. Jetzt wird Salzsäure, Ammoniak und Wasserstoffperoxyd hinzugegeben, es fällt:

$$FeCl_3 + 3\,NH_4OH = Fe(OH)_3 + 3\,NH_4Cl$$
$$MnCl_2 + 2\,NH_4OH + H_2O_2 = MnO(OH)_2 + 2\,NH_4Cl + H_2O$$

Man filtriert und löst in Salzsäure:

$$Fe(OH)_3 + 3\,HCl = FeCl_3 + 3\,H_2O$$
$$MnO(OH)_2 + 4\,HCl = MnCl_2 + Cl_2 + 3\,H_2O$$

Für die Eisenbestimmung mit Cer(IV)sulfat reduziert man mit Zinn(II)-chlorid,

$$2\,FeCl_3 + SnCl_2 = 2\,FeCl_2 + SnCl_4$$

den Überschuß nimmt man mit Quecksilberchlorid zurück

$$SnCl_2 + 2\,HgCl_2 = SnCl_4 + Hg_2Cl_2$$

Für die Titration mit Cer(IV)sulfat gilt folgende Gleichung:

$$2\,FeCl_2 + 2\,Ce(SO_4)_2 + 2\,HCl = Ce_2(SO_4)_3 + 2\,FeCl_3 + H_2SO_4$$

Im Filtrat vom Eisen fällt man Magnesium,

$$MgCl_2 + (NH_4)_2HPO_4 + NH_3 = MgNH_4PO_4 + 2\,NH_4Cl$$

welches beim Glühen in Magnesiumpyrophosphat übergeht

$$2\,MgNH_4PO_4 = Mg_2P_2O_7 + 2\,NH_3 + H_2O$$

Im zweiten Teil des Eisenfiltrates fällt man in essigsaurer Lösung das Zink als Sulfid

$$ZnCl_2 + H_2S = ZnS + 2\,HCl$$

Dieses wird filtriert, verascht und als Zinkoxyd gewogen

$$2\,ZnS + 3\,O_2 = 2\,ZnO + 2\,SO_2$$

Bei der Silicium-, Mangan- und Stickstoffbestimmung gelten die gleichen Reaktionsformeln wie bei Stahl.

Phosphor, Schwefel und Arsen werden als Hydride ausgetrieben und in einer Vorlage mit Bromlösung aufgefangen:

$$PH_3 + 4\,Br_2 + 4\,H_2O = 8\,HBr + H_3PO_4$$
$$H_2S + 4\,Br_2 + 4\,H_2O = 8\,HBr + H_2SO_4$$
$$AsH_3 + 4\,Br_2 + 4\,H_2O = 8\,HBr + H_3AsO_4$$

Phosphor wird wie im Stahl gefällt, Schwefel als $BaSO_4$, Arsen durch Einleiten von H_2S. Es bildet sich

$$2\,H_3AsO_4 + 5\,H_2S = As_2S_5 + 8\,H_2O$$

Der Niederschlag besteht nicht aus reinem As_2S_5, sondern aus einem Gemisch von As_2S_5, As_2S_3 und S.

Man löst diese in Salpetersäure und fällt hieraus das Arsen mit Magnesiamixtur,

$$H_3AsO_4 + MgCl_2 + 3\,NH_3 = MgNH_4AsO_4 + 2\,NH_4Cl$$

filtriert, verascht und wägt als Pyroarsenat.

$$2\,MgNH_4AsO_4 = Mg_2As_2O_7 + 2\,NH_3 + H_2O$$

Die kolorimetrische Titanbestimmung beruht auf der Bildung von gelber Peroxytitanylschwefelsäure:

$$Ti(SO_4)_2 + H_2O_2 = H_2[TiO_2(SO_4)_2]$$

Bemerkungen: (1) Man darf bei der Eisenfällung keinen zu großen Ammoniaküberschuß verwenden, weil sonst Magnesium mitfällt. Zur Verhinderung des Mitfällens empfiehlt es sich, Ammoniumsalze in beträchtlichen Mengen zuzugeben.

(2) Bei Legierungen mit $2 \cdots 3\%$ Mangan, oder wenn man mit Natronlauge zu lange gekocht hat, kann es vorkommen, daß die Lösung nach Zugabe von Salpetersäure nicht ganz klar ist. Die Braunfärbung bzw. die Trübung, welche durch Manganoxyhydrat hervorgerufen ist, verschwindet nach Zugabe einiger Körnchen Kaliumnitrit.

(3) Der Weinsäurezusatz ist nötig, damit Eisen, Kupfer und Aluminium als Komplexsalze in Lösung bleiben und nicht durch Ammoniak und Ammoniumphosphat gefällt werden.

(4) Der große Zusatz von Ammoniumchlorid ist notwendig, weil sonst das Magnesium teilweise als Hydroxyd ausfällt.

(5) Es ist nötig, daß die Lösung erst mit Ammoniumphosphat versetzt wird und dann mit Ammoniak, weil bei umgekehrtem Verfahren auch tertiäres Magnesiumphosphat $Mg_3(PO_4)_2$ fallen kann.

(6) In der warmen Lösung erhält man einen kristallinen Niederschlag, der schnell absitzt und leicht filtrierbar ist.

(7) Damit das Magnesiumpyrophosphat schneller weiß wird, feuchtet man es vor dem Veraschen mit einigen Tropfen konzentrierter Salpetersäure an und trocknet vorsichtig auf der Platte. Nach dem Glühen grau aussehendes Magnesiumpyrophosphat versetzt man mit einigen Tropfen rauchender Salpetersäure, trocknet vorsichtig und glüht nochmals. Man kann auch an Stelle der Salpetersäure einige Kristalle von Ammoniumnitrat verwenden.

(8) Da Zink sich mit Platin legiert, muß man die Elektrode vorher verkupfern.

(9) Das Silicium liegt im Aluminium als Siliciumdioxyd, Silicid und freies Silicium vor. In siliciumreichen Legierungen, die viel Kohlenstoff enthalten, z. B. im Simanal, hinterbleibt beim Abrauchen mit Flußsäure nicht metallisches, sondern blauschwarzes Siliciumcarbid oder Siloxikon Si_2C_2O. Dieser Rückstand muß mit Natriumhydroxyd und Natriumcarbonat bzw. Natriumcarbonat und etwas Kaliumnitrat aufgeschlossen werden.

(10) Bei Anwendung dieser Säuremischung geht kein Silicium als Siliciumwasserstoff fort, was bei alleiniger Verwendung von Salzsäure oder Schwefelsäure der Fall wäre. Das Eindampfen mit Schwefelsäure ist zum vollständigen Unlöslichmachen der Kieselsäure erforderlich.

(11) Um ein Spritzen der Lösung beim Verdampfen zu verhindern, gibt man nach beendigter Lösungsreaktion so lange Brennspiritus zu, bis die Lösung nicht mehr schäumt. Nachdem man noch einen Überschuß von 10 ml hinzugefügt hat, kann man auf der Heizplatte bei $250 \cdots 300°$ eindampfen. Der Äthylalkohol bewirkt eine geleeartige Verdickung der Flüssigkeit, die ohne zu stoßen zu einer blasigen Masse erstarrt, die sich mit dem Glasstab leicht zerkleinern läßt.

(12) Da graphitisches Silicium beim Lösen und Verdünnen der Probe leicht durchs Filter geht, filtriert man durch Filterschleim und wäscht mit schwefelsäurehaltigem Wasser aus. Ist das Filtrat trotzdem trübe, so muß es nochmals bis zum Auftreten der Schwefelsäuredämpfe eingeengt werden.

(13) Weniger als 100 ml Schwefelsäure zu nehmen ist nicht ratsam, da sich sonst leicht wasserfreies Aluminiumsulfat bildet, welches nur schwer in Lösung zu bringen ist.

(14) Da es sich gezeigt hat, daß metallisches Silicium durch Flußsäure angegriffen wird und auch beim Glühen schon zu Siliciumdioxyd oxydiert wird, kann man die schnelle Methode von Lavin für genaue Analysen nicht verwenden.

(15) Man muß jedoch die fünffache Menge Kupferoxyd verwenden, weil sonst durch Eintreten der Thermitreaktion Explosionen entstehen können.

(16) Die Bestimmung des Titans beruht auf einer intensiven Gelbfärbung, welche saure Titansäurelösungen mit Wasserstoffperoxyd
geben. Diese nimmt mit der Menge der Titansäure zu.

(17) Da die Titansäure sich leicht mit der Kieselsäure abscheidet,
muß unbedingt der Rückstand im Platintiegel berücksichtigt werden.

(18) Titansulfat löst sich leicht in kaltem, nicht in heißem Wasser.
Sollte der Aufschluß mit Kaliumhydrogensulfat nicht vollständig sein,
so verwendet man entwässerten Borax zum Aufschließen, wodurch nicht
nur ein sehr schnelles und vollständiges Aufschließen, sondern auch ein
gutes Lösen der erstarrten Masse in Schwefelsäure erreicht wird, was
beim Aufschließen mit Kaliumhydrogensulfat wegen der Neigung des
Titansulfates zum Hydrolysieren nicht immer der Fall ist.

(19) Zur kolorimetrischen Bestimmung muß die Lösung mindestens
5% Schwefelsäure enthalten, weil sich sonst Metatitansäure bilden kann.
Ein Überschuß an Säure stört nicht.

Silumin

5 g Späne werden in 100 ml Salzsäure 1,19 vorsichtig gelöst und durch
tropfenweises Zugeben von Salpetersäure oxydiert. Dann wird eingedampft und geröstet. Der erkaltete Rückstand wird mit 50 ml Salzsäure
1,12 aufgenommen, nach dem Lösen verdünnt und durch ein Schwarzbandfilter filtriert.

Das Filter wird sehr vorsichtig in einem geräumigen Platintiegel oder
einer Platinschale verascht, zuerst die Kieselsäure mit Flußsäure abgeraucht und anschließend das metallische Silicium mit Flußsäure und
Salpetersäure abgeraucht. Ein im Tiegel verbliebener Rückstand wird
mit Natrium-Kaliumcarbonat aufgeschlossen, der Schmelzkuchen in
Salzsäure 1,12 gelöst und die Lösung mit dem Siliciumfiltrat vereinigt.

Die vereinigte Lösung wird in 100 ml 30%ige Natronlauge gegossen
und die alkalische Lösung wie bei der Aluminium-Untersuchung beschrieben weiterbehandelt.

Für die Siliciumbestimmung werden 1 g der Späne in einer Säuremischung gelöst und nach der bei Aluminium angegebenen Vorschrift
weiterbehandelt.

Magnesiumlegierungen[1]

Verunreinigungen bzw. Legierungsbestandteile sind Aluminium, Zink,
Mangan, Silicium, Kupfer und Eisen.

---

[1] Die Zink und Aluminiumbestimmung ist dem unveröffentlichten Bericht der
deutschen Versuchsanstalt für Luftfahrt, E. V.-Institut für Werkstofforschung von
H. Pauchardt und R. Bauer: „Die quantitative Analyse von Leichtmetallen
auf Magnesiumbasis" entnommen.

Silicium: 1 bzw. 5 g Späne werden in einem 800-ml-Becherglas mit 20 bzw. 100 ml Säuremischung (1) gelöst. Man erwärmt zunächst gelinde bei aufgelegtem Uhrglas. Sobald alles gelöst ist, entfernt man das Uhrglas und dampft ein bis zur starken Entwicklung von Schwefelsäuredämpfen. Der erkaltete Rückstand wird mit 200 ml (bei 5 g Einwaage mit 400 ml) Wasser aufgenommen, gut durchgekocht und die Kieselsäure durch ein 11-cm-Weißbandfilter abfiltriert. Nachdem mit Wasser gut ausgewaschen ist, wird in einem Platintiegel verascht und geglüht. Da die Kieselsäure häufig verunreinigt ist, wird sie nach dem Wägen durch Zusatz von einigen Tropfen Schwefelsäure mit etwa 5 ml Flußsäure abgeraucht. Hierauf wird der Tiegel erneut geglüht und gewogen.

$$\text{Berechnung:} \quad \frac{\text{Gewichtsdifferenz} \cdot 46{,}72}{\text{Einwaage}} = \% \, \text{Si}$$

Kupfer: Dasselbe wird im Filtrat des Siliciums bestimmt. Zu diesem Zweck erwärmt man das Filtrat und leitet bis zum Erkalten einen kräftigen Strom von Schwefelwasserstoff ein. Das ausgeschiedene Kupfersulfid wird nach kurzem Absitzen durch ein 11 cm qualitatives Filter mit Filterschleim abfiltriert. Das Filter gibt man, nachdem es gut gewaschen ist, in ein 250-ml-Becherglas und löst es mit 10 ml rauchender Salpetersäure unter Kochen. Nach dem Verdünnen auf etwa 150 ml wird mit Ammoniak neutralisiert und nach Zugabe von etwa 5 ml Schwefelsäure das Kupfer bei 2,2···2,4 Volt und 0,2···1,2 Amp. auf der Platinelektrode abgeschieden. Nach beendeter Elektrolyse, was bei ruhender Elektrode spätestens nach 3 Stunden, bei rotierender nach etwa 20 Minuten der Fall ist, entfernt man die Elektrode, spült gut ab und trocknet bei 105° im Trockenschrank. Die bei der Auswaage ermittelte Gewichtszunahme mit 100 multipliziert und durch die Einwaage dividiert, ergibt den Prozentgehalt an Kupfer.

Eisen: Dasselbe wird im Filtrat des Kupfersulfides bestimmt. Zu diesem Zweck verkocht man den Schwefelwasserstoff, oxydiert mit Bromwasser oder Wasserstoffperoxyd, engt weitgehend ein und reduziert die kochende Lösung durch tropfenweise Zugabe von Zinn(II)-chloridlösung. Dann wird das Eisen mit Cer(IV)sulfatlösung titriert, wie bei Rotguß beschrieben.

Mangan: Dieses wird in der gleichen Art und Weise wie Mangan im Stahl bestimmt, und zwar nach dem Lösen der entsprechenden Einwaage in Salpetersäure entweder nach der Methode von SMITH (2) oder VOLHARD.

Zink: Wird in einer neuen Einwaage bestimmt. Man löst 1···5 g der Legierung in Schwefelsäure 1,4 und entfernt das Kupfer durch Einleiten von Schwefelwasserstoff. Nachdem das Kupfer abfiltriert und im Filtrat der Schwefelwasserstoff verkocht ist, wird die Lösung in einem Literkolben nach Zugabe von 16 g Ammoniumsulfat mit Wasser auf ungefähr 400 ml verdünnt, hierauf mit 20 Tropfen Tropäolin 00 versetzt und mit Ammoniak bis zum Farbumschlag neutralisiert (3). Jetzt gibt man ein halbes, fein zerfasertes 11-cm-Schwarzbandfilter oder entsprechende Mengen Filterschleim (4) hinzu und erhitzt den Kolbeninhalt zum Sieden. Nachdem man den Kolben vom Brenner genommen hat, leitet man 10 Minuten lang einen kräftigen und 20 Minuten einen mäßigen Schwefelwasserstoffstrom ein. Nach kurzem Absitzen filtriert man den Zinksulfidniederschlag durch ein 11-cm-Blaubandfilter und wäscht mit folgender Flüssigkeit: In einem Liter Wasser löst man 40 g Ammoniumsulfat, gibt 20 Tropfen Tropäolin und tropfenweise bis zum Farbumschlag verdünnte Schwefelsäure zu und sättigt mit Schwefelwasserstoff. Nachdem der Niederschlag gut ausgewaschen ist, wird er in einem gewogenen Porzellantiegel im Muffelofen bei etwa 950° zu Zinkoxyd geglüht. Nach dem Erkalten im Exsikkator wird gewogen.

$$\text{Berechnung:} \quad \frac{\text{Auswaage} \cdot 80,34}{\text{Einwaage}} = \% \text{ Zn}$$

Aluminium: Die Bestimmung desselben kann im Filtrat des Zinksulfides oder in einer neuen Einwaage vorgenommen werden. Benutzt man neue Späne, so muß vor der Ausfällung des Aluminiums Silicium und Kupfer ausgefällt werden. In beiden Fällen wird der vorhandene Schwefelwasserstoff durch Kochen vertrieben. Hierauf wird die Lösung nach Zusatz von einigen Tropfen Methylorange bis zum Farbumschlag neutralisiert. Man säuert mit wenigen Tropfen Salzsäure 1,12 wieder an und gibt 6 ml im Überschuß hinzu.

Nachdem man dafür gesorgt hat, daß die an der Wandung des Becherglases haftenden Hydroxydflocken in Lösung gegangen sind, gibt man der Reihenfolge nach folgende Reagenzien zu: 20ml Ammoniumphosphatlösung, 50 ml Ammoniumthiosulfatlösung (5) und 15 ml Essigsäure 1:3. Mit Wasser wird auf 400 ml verdünnt und zum Sieden erhitzt. Man kocht 30 Minuten, wobei durch Ersatz des verdampfenden Wassers das Ausgangsvolumen eingehalten werden muß (6). Nach dem Abnehmen des Fällungsgefäßes vom Brenner läßt man absitzen und filtriert durch ein 11-cm-Weißbandfilter. Der mit heißem Wasser gut ausgewaschene Niederschlag wird in einem gewogenen Porzellantiegel getrocknet und verascht. Im Muffelofen wird bis zur Gewichtskonstanz geglüht. Der im Exsikkator erkaltete Tiegel wird zurückgewogen.

$$\text{Berechnung:} \quad \frac{\text{Auswaage} \cdot 22,12}{\text{Einwaage}} = \% \text{ Al}$$

Bemerkungen: (1) Die Benutzung dieser Säuremischung ist nötig, um zu verhindern, daß ein Teil des Siliciums beim Auflösen als Siliciumwasserstoff verflüchtigt wird.

(2) Ein geringer Chloridgehalt der Elektronlegierung stört nicht bei der Methode nach SMITH. Vielfach wird sogar Natriumchlorid zur Ausfällung des Silbers zugesetzt, damit bei der Titration mit Natriumarsenit nicht Rückoxydation des Mangans eintritt.

(3) Eine einwandfreie Trennung des Zinks von Aluminium tritt nur ein bei einem p_H-Wert der Lösung von 2,0···3,0. Wird diese Säurestufe nicht eingehalten, kann sich Aluminiumhydroxyd ausscheiden, da dasselbe im p_H-Bereich von 3,0···7,0 fällt. Um die richtigen Fällungsbedingungen zu haben, neutralisiert man mit Hilfe von Tropäolin 00, dessen Umschlagspunkt bei p_H 2,8 liegt. Außerdem muß die Lösung 4% Ammoniumsulfat enthalten.

(4) Der Zusatz von Filterfasern erfolgt, damit der Niederschlag aufgelockert ist und besser ausgewaschen werden kann.

(5) Da das Ammoniumthiosulfat unter Schwefelausscheidung zerfällt, ist der Niederschlag mit demselben durchsetzt und hierdurch leichter auswaschbar. Die bei der Zersetzung entstehende schweflige Säure verhindert ferner ein Mitausfällen von Mangan und Eisen.

(6) Um das Ausgangsvolumen einhalten zu können, bringt man auf dem Kochgefäß einen Eichstrich an.

Antimon

Als Verunreinigungen können vorhanden sein Blei, Kupfer, Eisen, Arsen und Schwefel.

Zur Analyse löst man 10 g der feingepulverten Probe im 800-ml-Becherglas mit 60 ml Salzsäure 1,19 unter öfterem Zusatz einiger Körnchen Kaliumchlorat. Nachdem alles gelöst ist, gibt man 30 g feste Weinsäure zu, kühlt ab und macht unter ständiger Kühlung mit Kalilauge alkalisch. Hierauf setzt man 40 ml Natriumsulfidlösung hinzu, kocht auf und läßt den Niederschlag absetzen. Nach einiger Zeit wird filtriert und der Sulfidniederschlag genau wie der des Weißmetalls weiter behandelt.

Die Arsenbestimmung kann man folgendermaßen ausführen: Man bringt 10 g Antimon, 80 g Eisen(III)chlorid und 100 ml Salzsäure 1,12 in einen 750-ml-ERLENMEYER-Kolben. Diesen hat man mit Hilfe eines Gummistopfens, eines gebogenen Glasrohres und eines LIEBIG-Kühlers mit einer Vorlage verbunden, in welcher sich 50 ml Salzsäure 1,19 befinden. Das Arsen wird überdestilliert, und da gewöhnlich noch etwas Antimon mit übergeht, fällt man im Destillat Arsen- und Antimonsulfid durch Einleiten von Schwefelwasserstoff aus. Nach dem Absitzen filtriert man durch ein 11-cm-Weißbandfilter ab und wäscht gut aus. Der Niederschlag wird dann mit Ammoniumcarbonatlösung ausgezogen, die Lösung vorsichtig salzsauer gemacht und nochmals Schwefelwasserstoff eingeleitet. Der nun erhaltene Niederschlag wird durch einen bei 110° getrockneten und gewogenen GOOCH-Tiegel filtriert und mit Schwefelwasserstoffwasser ausgewaschen, erneut bei 110° getrocknet und als Arsen(III)sulfid ausgewogen.

$$\text{Auswaage} \cdot 6{,}090 = \%\ \text{As}$$

Zur Schwefelbestimmung erhitzt man 1 g der Probe unter Durchleiten von Sauerstoff ungefähr 30 Minuten im Marsofen bei etwa 700°. Die Verbrennungsgase werden durch zwei mit Bromsalzsäure beschickte Waschflaschen geleitet, wodurch die schweflige Säure zu Schwefelsäure oxydiert und zurückgehalten wird. Nach Beendigung der Verbrennung wird der Inhalt der Waschflaschen in ein 800-ml-Becherglas gespült, das Brom verkocht und die Lösung mit Ammoniak neutralisiert. Durch Zusatz von 20 ml Bariumchlorid in die siedende schwach salzsaure Flüssigkeit wird die Schwefelsäure als Bariumsulfat ausgefällt. Der Niederschlag wird nach 4 Stunden durch ein 11-cm-Weißbandfilter mit etwas Filterschleim abfiltriert, mit heißem Wasser ausgewaschen, verascht und gewogen.

$$\text{Auswaage} \cdot 13{,}74 = \%\ \text{S}$$

Hat man keinen Marsofen zur Verfügung, führt man die Schwefelbestimmung wie folgt aus: 5 g fein geriebenen Metalls werden mit der sechsfachen Gewichtsmenge einer Mischung gleicher Teile Natriumperoxyd und Natriumcarbonat im Eisentiegel innig vermengt. Der Tiegel wird in eine durchlochte Asbestplatte gestellt und zum Glühen erhitzt. Nach dem Erkalten wird mit Wasser ausgelaugt, das Unlösliche abfiltriert und bis zur Zerstörung des überschüssigen Natriumperoxyds gekocht. Hierauf wird mit Salzsäure angesäuert, die Kohlensäure verkocht und mit 20 ml Bariumchlorid der Schwefel wie oben gefällt.

Blei

Als Verunreinigungen können Antimon, Arsen, Kupfer, Wismut, Zink, Silber, Eisen, Cadmium, Mangan, Nickel und Kobalt vorhanden sein. Zur Bestimmung derselben löst man 100 g Blei in 250 ml Salpetersäure 1,2 und 250 ml Wasser unter mäßigem Erwärmen im 1000-ml-Becherglas, worauf man die Lösung 12 Stunden stehen läßt. Ein evtl. vorhandener Niederschlag von Bleiantimonat wird abfiltriert und wie unten angegeben weiterbehandelt.

Die nun klare Lösung wird mit etwa 35 ml Schwefelsäure 1,84 versetzt, gut umgerührt und die überstehende Flüssigkeit nach dem Erkalten, ohne den Niederschlag aufzurühren, in ein 1000-ml-Becherglas abgehebert. Den Rückstand von Bleisulfat übergießt man mit je 200 ml

schwach salpetersäurehaltigem Wasser drei- bis viermal, rührt mit einem
dicken Glasstab gut um, läßt absitzen und dekantiert die überstehende
Flüssigkeit. Das mit dem Waschwasser vereinigte Filtrat macht man
ammoniakalisch und gibt etwa 50 ml Ammoniumsulfid hinzu. Nachdem
man 2···3 Stunden an einem warmen Ort hat absitzen lassen, filtriert
man den Niederschlag, der sämtliche Verunreinigungen mit Ausnahme
von Arsen und Antimon enthält, durch ein Weißbandfilter mit etwas
Filterschleim ab. Nachdem man das Filter mit heißem Wasser gut ausgewaschen hat, verascht man es zusammen mit dem Filter, welches das
beim Auflösen des Bleis zurückgebliebene Bleiantimonat enthält und
schmilzt, um das Antimon zu entfernen, den Tiegelinhalt mit der sechsfachen Menge gleicher Teile Schwefel und Natriumcarbonat. Diese
Schmelze wird mit heißem Wasser ausgelaugt, eingeengt (1) und filtriert. Das Filtrat wird mit dem des Ammoniumsulfidniederschlages
vereinigt und dient zur Bestimmung von Arsen und Antimon.

Das Filter mit dem aus Kupfer, Silber, Wismut, Cadmium, Zink,
Eisen, Nickel, Kobalt, Mangan und dem Rest von Blei bestehenden
Rückstand der Schwefel- und Sodaschmelze wird in einem kleinen
Becherglas mit Salpetersäure 1,2 übergossen, und nachdem alle Sulfide
gelöst sind, filtriert man den Filterschleim ab. Das Filtrat wird zur
Abscheidung des Bleis mit Schwefelsäure (2) bis zum Abrauchen derselben eingedampft, nach dem Erkalten mit wenig Wasser verdünnt, aufgekocht und das Bleisulfat abfiltriert. In das Filtrat des Bleisulfates
leitet man Schwefelwasserstoff ein und fällt so Kupfer, Wismut, Silber
und Cadmium, während Eisen, Zink, Mangan, Nickel und Kobalt in
Lösung bleiben. Nachdem sich die Sulfide zusammengeballt haben,
filtriert man durch ein 11-cm-Weißbandfilter, wäscht mit heißem Wasser
gut aus, bringt Filter samt Niederschlag in das Fällungsgefäß zurück
und löst in wenig Salpetersäure. Die Filterfasern werden abfiltriert und
das Filtrat zur Vertreibung der Salpetersäure mit Schwefelsäure abgeraucht. Nach dem Erkalten nimmt man mit wenig Wasser auf und
neutralisiert mit Natriumhydroxyd p. a. (3). Alsdann fällt man durch
Zugabe von Natriumcarbonat und etwas Kaliumcyanid (4) das Wismut
als Hydroxyd aus. Nachdem man erwärmt hat, filtriert man durch ein
Weißbandfilter ab, wäscht mit heißem Wasser und löst den Niederschlag,
um ihn schwefelsäurefrei zu erhalten, mit heißer Salpetersäure 1,2 vom
Filter in das Fällungsglas zurück. Durch Zugabe von Ammoniak wird
das Wismut nun als Wismuthydroxyd erneut gefällt und filtriert. Nachdem man mit heißem Wasser gut ausgewaschen hat, wird der Niederschlag mit heißer Salpetersäure 1,2 vom Filter gelöst. Diese Lösung wird
in einem gewogenen Porzellantiegel eingedampft und durch vorsichtiges
Glühen in Wismutoxyd übergeführt.

$$\text{Auswaage} \cdot 0{,}8970 = \%\ \text{Bi}$$

Im Filtrat des ersten Wismutniederschlages wird durch Zugabe von etwas Kaliumcyanid und einigen Tropfen Natriumsulfidlösung Silber und Cadmium als Sulfid gefällt. Nach dem Abfiltrieren werden die beiden Sulfide in heißer Salpetersäure 1,2 gelöst, das Filter gut ausgewaschen und in der salpetersauren Lösung das *Silber* durch Zugabe einiger Tropfen Salzsäure 1,19 als Silberchlorid gefällt.

Das Filtrat vom Silberchlorid wird fast bis zur Trockne eingedampft und durch Zugabe von Natriumcarbonat in die kochende Lösung das Cadmium gefällt. Der Niederschlag wird abfiltriert, mit heißem Wasser ausgewaschen und mit heißer Salpetersäure 1,2 vom Filter in einen gewogenen Porzellantiegel gelöst. Durch vorsichtiges Eindampfen und Glühen erhält man Cadmiumoxyd.

$$\text{Auswaage} \cdot 0{,}8754 = \% \text{ Cd}$$

Das Filtrat vom Silber- und Cadmiumsulfid wird nach Zugabe von Schwefelsäure, Salpetersäure und Salzsäure bis fast zur Trockne eingedampft, nach dem Erkalten mit Wasser aufgenommen, vom evtl. ausgeschiedenen Schwefel abfiltriert und durch Einleiten von Schwefelwasserstoff das Kupfer als Sulfid gefällt. Bei geringen Mengen Kupfer wird dasselbe im Porzellantiegel verascht und durch Glühen in Kupferoxyd übergeführt. Auswaage $\cdot$ 0,7988 = % Cu. Bei größeren Mengen Kupfer empfiehlt es sich, dasselbe in Salpetersäure zu lösen und die von Filterfasern befreite Lösung zu elektrolysieren.

Das Filtrat der mit Schwefelwasserstoff ausgefällten Sulfide von Kupfer, Wismut, Silber und Cadmium enthält noch Zink, Eisen, Nickel, Kobalt und Mangan. Man bringt es in einen Stehkolben von 500 ml, macht schwach ammoniakalisch und setzt etwas Ammoniumsulfid hinzu. Nachdem die Flüssigkeit bis in den Hals des Kolbens mit Wasser aufgefüllt ist, verschließt man den Kolben mit einem Korken und läßt am besten 24 Stunden stehen. Wenn sich dann der Niederschlag klar abgesetzt hat, filtriert man ihn und wäscht mit heißem, mit etwas gelbem Ammoniumsulfid versetztem Waschwasser. Dann übergießt man das Filter mit dem Nickel-, Mangan-, Kobalt-, Eisen- und Zinksulfid mit einer Mischung von sechs Teilen gesättigtem Schwefelwasserstoffwasser und einem Teil Salzsäure 1,12, wodurch Eisen-, Mangan- und Zinksulfid vom Filter gelöst werden, während Nickel- und Kobaltsulfid zurückbleiben. Das Filter wird im Porzellantiegel verascht und als Nickel- und Kobaltoxyd gewogen. Sodann löst man den Tiegelinhalt in Königswasser, verdampft die Salpetersäure möglichst weit, verdünnt mit Wasser, macht ammoniakalisch und fällt das Nickel mit Diacetyldioxim. Man filtriert, wäscht mit Wasser gut aus, verascht und wägt als Nickel(II)oxyd. Faktor zur Umrechnung von Nickel(II)oxyd auf *Nickel* ist 0,7858. Im Filtrat vom Nickeldiacetyldioxim prüft man mit der Boraxperle auf Kobalt. Die

Nickel(II)oxydauswaage von der Nickel(II)oxyd- und Kobalt(II, III)-oxydauswaage abgezogen ergibt Kobalt(II, III)oxyd.

$$\text{Auswaage} \cdot 0{,}7343 = \%\ \text{Co}$$

Die oben erhaltene Lösung von Eisen, Mangan und Zink wird eingedampft, mit Salpetersäure oxydiert und durch Zugabe von Ammoniak das Eisen ausgefällt. Die Fällung wird wiederholt und nach dem Filtrieren mit Wasser gut ausgewaschen, verascht und gewogen. Der Umrechnungsfaktor von Eisen(III)oxyd auf *Eisen* ist 0,6994.

Das Filtrat des Eisenhydroxydniederschlages wird zur Ausfällung von Zink und Mangan mit Ammoniumsulfid versetzt und an einem warmen Ort 24 Stunden stehen gelassen. Ein dann entstandener Niederschlag wird abfiltriert und mit verdünnter Essigsäure ausgewaschen, wodurch das Mangansulfid gelöst wird. Das auf dem Filter zurückbleibende Zinksulfid wird mit wenig Salzsäure vom Filter gelöst und die Lösung in einem gewogenen Tiegel zur Trockne eingedampft. Alsdann gibt man in Wasser aufgeschlemmtes Quecksilberoxyd (5) hinzu, mischt und verdampft zur Trockne. Unter dem Abzug erhitzt man, bis alles Quecksilber verflüchtigt ist und glüht das zurückbleibende Zinkoxyd auf dem Gebläse.

$$\text{Auswaage} \cdot 0{,}8034 = \%\ \text{Zn}$$

Die das Mangan enthaltende essigsaure Lösung wird zur Vertreibung des Schwefelwasserstoffs etwas eingedampft und dann mit Ammoniak und Brom das Mangan gefällt, gut ausgewaschen, stark geglüht und als Mangan(II, III)oxyd gewogen.

$$\text{Auswaage} \cdot 0{,}7203 = \%\ \text{Mn}$$

Zur Bestimmung von Arsen und Antimon wird das Filtrat des ersten Ammoniumsulfidniederschlages mit dem wäßrigen Auszug der Schwefel-Soda-Schmelze vereinigt und mit Essigsäure angesäuert, wodurch Arsen und Antimon als Sulfide neben viel Schwefel ausgefällt werden. Man läßt noch 3…4 Stunden auf der Heizplatte stehen, filtriert durch ein Weißbandfilter und wäscht mit wenig Essigsäure enthaltendem Wasser aus. Nach dem Trocknen wird das Filter zur Entfernung des Schwefels mehrere Male mit Schwefelkohlenstoff übergossen und der Rückstand samt dem Filter in Salzsäure und Kaliumchlorat gelöst. Nachdem man vom ausgeschiedenen Schwefel durch ein kleines Filter filtriert hat, wird die Lösung, die nicht mehr als 20 ml betragen soll, mit 0,5 g Weinsäure versetzt, ammoniakalisch gemacht und mit 10 ml Ammoniak und 1…2 ml Magnesiamixtur das Arsen als Magnesiumammoniumarsenat gefällt. Nach 24stündigem Stehen filtriert man den Niederschlag durch einen getrockneten und geglühten GOOCH-Tiegel, wäscht zunächst mit einer Mischung von drei Teilen Wasser, einem Teil Ammoniak 0,91

und einem Teil Alkohol und zuletzt mit reinem Alkohol. Dann trocknet
man im Trockenschrank und glüht bis zur Gewichtskonstanz, indem
man den GOOCH-Tiegel in einen zweiten Tiegel hineinstellt.

$$\text{Auswaage} \cdot 0{,}4826 = \% \text{ As}$$

Zur Bestimmung des Antimons wird das Filtrat des Magnesium-
ammoniumarsenats mit Ammoniumsulfid versetzt und durch Ansäuern
mit Schwefelsäure das Antimon als Sulfid gefällt. Der auf einem kleinen
Filter gesammelte Niederschlag von Antimonsulfid wird mit erwärmtem
Ammoniumsulfid vom Filter gelöst, in einem gewogenen Porzellantiegel eingedampft, durch Zugabe einiger Tropfen Salpetersäure 1,4
bei aufgelegtem Uhrglas oxydiert und nach dem Vertreiben der überschüssigen Säure stark geglüht

$$\text{Auswaage} \cdot 0{,}7922 = \% \text{ Sb}$$

Der *Bleigehalt* ergibt sich aus der Differenz bis 100.

Bemerkungen: (1) Um ein trübes Filtrat und dadurch einen Verlust an Kupfer zu vermeiden, wird der Schwefel-Soda-Auszug im Becherglas stark eingeengt.

(2) Man darf nicht zu wenig Schwefelsäure nehmen, weil sonst etwas
Wismut mit dem Bleisulfat verlorengeht.

(3) Das gewöhnliche Natriumhydroxyd enthält meistens Tonerde,
die dann im Wismut wieder enthalten ist.

(4) Die Zugabe von Kaliumcyanid ist erforderlich, um das Cadmium
in Kaliumcadmiumcyanid zu verwandeln, wodurch es mit Natriumcarbonat nicht als basisches Carbonat gefällt wird.

(5) Das Quecksilberoxyd darf beim Verdampfen keinen wägbaren
Rückstand hinterlassen.

Hartblei (Antimonblei)

Bestimmt werden außer Antimon die Verunreinigungen von Kupfer,
Arsen und manchmal auch Zinn.

Zur Bestimmung von Kupfer, Arsen und Zinn werden 2,5 g Substanz
in einem 250-ml-Meßkolben mit 25 ml Weinsäure und 5 ml Salpetersäure
1,4 in der Wärme gelöst. Sollte sich beim Lösen Bleinitrat ausgeschieden
haben, so wird dieses durch Verdünnen in Lösung gebracht. Nach dem
Abkühlen werden 40 ml Schwefelsäure 1,84 zugesetzt. Es wird verdünnt, wieder abgekühlt und bis zur Marke aufgefüllt. Das auf diese
Art fast vollständig als Sulfat ausgefällte Blei wird durch ein trockenes
Filter abfiltriert, 100 ml der abfiltrierten Lösung werden in einem 500-ml-
PHILIPPS-Becher mit Kalilauge alkalisch gemacht und mit 50 ml einer
kaltgesättigten Natriumsulfidlösung versetzt. Man kocht auf, läßt den

Niederschlag absetzen und filtriert ihn durch ein Weißbandfilter mit etwas Filterschleim. Nachdem man mit heißem Wasser gut ausgewaschen hat, bringt man den Niederschlag samt Filter in das Fällungsgefäß zurück. Durch Zugabe von etwa 20 ml Salpetersäure 1,2 wird der Niederschlag in Lösung gebracht, und nachdem die Filterfasern abfiltriert sind, wird das Kupfer elektrolytisch bestimmt (1).

Arsen und Zinn bestimmt man in einer zweiten Abnahme des Bleisulfatfiltrates, indem man 50 ml (0,5 g Einwaage entsprechend) ammoniakalisch macht, 30 g Oxalsäure zusetzt und in die zum Sieden erhitzte Lösung 20 Minuten Schwefelwasserstoff einleitet. Hierdurch fallen Antimon, Arsen und Kupfer aus, während die kleine Menge Zinn in Lösung bleibt. Der Niederschlag wird abfiltriert, das Filtrat schwach ammoniakalisch gemacht, mit Essigsäure angesäuert und mit H_2S gesättigt. Man läßt den Niederschlag von Zinn und Schwefel sich absetzen, filtriert, wäscht mit heißem Wasser gut aus und glüht in einem Porzellantiegel zu Zinn(IV)oxyd.

$$\frac{\text{Auswaage} \cdot 78,77}{\text{Einwaage}} = \%\ \text{Sn}$$

Aus dem Antimon-, Arsen- und Kupferniederschlag wird das Arsen mit Ammoniumcarbonat extrahiert, durch Ansäuern mit Schwefelsäure wieder ausgefällt, durch einen bei 110° getrockneten und gewogenen GOOCH-Tiegel abfiltriert und mit ausgekochtem Wasser ausgewaschen. Der Tiegel wird wieder bei 110° getrocknet und das Arsen als Arsen(III)-sulfid ausgewogen. Faktor zur Umrechnung auf *Arsen* ist 60,90. *Antimon* wird titrimetrisch bestimmt, indem man wie im Weißmetall dreimal 1 g in 150 ml fassenden Bechergläsern in 15 ml Schwefelsäure 1,84 löst und im übrigen genau so verfährt wie bei der Antimonbestimmung im Weißmetall (S. 86) beschrieben.

Bemerkungen: (1) Sollte das Kupfer durch mitausgeschiedenes Arsen verunreinigt sein (an der dunklen Färbung des Kupfers erkenntlich), so wird dasselbe aus einer Lösung, welche 2% Salpetersäure 1,4 und 5% Ammoniumnitrat enthält, umgefällt.

Weißmetall

Zur Untersuchung löst man 1 g möglichst feiner Späne im 500-ml-PHILIPPS-Becher mit 30 ml Weinsäure und 5 ml Salpetersäure 1,4 (1). Ist alles gelöst, kühlt man ab, macht unter fortdauernder Kühlung mit Natronlauge alkalisch und gibt 40 ml Natriumsulfidlösung hinzu. Hierauf kocht man auf und verdünnt anschließend mit heißem Wasser auf etwa 300 ml. Der Niederschlag flockt dabei grob aus und kann nach etwa ½ Stunde durch ein 11-cm-Weißbandfilter mit etwas Filterschleim filtriert werden.

Auf dem Filter befinden sich nun Kupfer-, Blei-, Eisen-, Nickel- und eventuell Zinksulfid, im Filtrat Zinn und Antimon als Sulfosalze, in seltenen Fällen Aluminium, welches beim Alkalischmachen als Aluminat in Lösung gegangen ist. Den Niederschlag bringt man samt Filter in den PHILIPPS-Becher zurück und löst in etwa 40 ml Salpetersäure 1,2 (2), filtriert die Filterfasern ab und bestimmt im Weißmetall bis zu 10% Blei das Kupfer und Blei elektrolytisch wie im Rotguß.

Hat man ein Weißmetall mit höherem Bleigehalt, so wird das Blei als Sulfat bestimmt. Zu diesem Zweck gibt man zu der Lösung 15 ml Schwefelsäure 1,84 und raucht ab. Man läßt erkalten, verdünnt mit etwa 100 ml Wasser, kocht auf und gibt nach dem Erkalten etwa 5 g Ammoniumsulfat hinzu (3). Hat der Niederschlag 1 Stunde abgesessen, filtriert man ihn, verascht in einem gewogenen Porzellantiegel vorsichtig auf dem Drahtnetz, glüht schwach, befeuchtet den Inhalt mit 2 Tropfen Salpetersäure, gibt 2 Tropfen Schwefelsäure hinzu, raucht vorsichtig ab, glüht und wägt als Bleisulfat aus. Der Niederschlag von Bleisulfat muß noch auf Verunreinigungen geprüft werden. Zu diesem Zweck wird das Bleisulfat mit Ammoniumacetat in Lösung gebracht, das Unlösliche abfiltriert, ausgewaschen, geglüht und gewogen. Diese Auswaage von der ersten abgezogen, ergibt das reine Bleisulfat, das mit 68,32 multipliziert Prozente Blei ergibt.

Das Filtrat der bleireichen Legierungen macht man salzsauer und leitet so lange Schwefelwasserstoff ein bis sich das Kupfersulfid am Boden des Gefäßes zusammengeballt hat und die Flüssigkeit klar geworden ist. Dann filtriert man durch ein 11-cm-Weißbandfilter ab, wäscht mit warmem, schwefelwasserstoffhaltigem Wasser gut aus (4), verascht sofort und wägt als Kupferoxyd. Die Auswaage mit 79,88 multipliziert, ergibt Prozente Kupfer.

Will man das Kupfer elektrolytisch bestimmen, so löst man den Kupfersulfidniederschlag in einem 250 ml Becherglas mit 10···15 ml rauchender Salpetersäure. Nach dem Lösen wird etwas verdünnt, mit Ammoniak neutralisiert und wieder schwach salpetersauer gemacht. Nun kann elektrolysiert werden.

Zur Bestimmung des Eisens versetzt man den Elektrolyt von Kupfer und Blei bzw. das durch Kochen vom Schwefelwasserstoff befreite Filtrat des Kupfersulfidniederschlages mit etwa 10 ml Salzsäure 1,19 und macht in der Kälte ammoniakalisch (5). Nach dem Aufkochen und kurzen Absitzen wird das Eisenhydroxyd durch ein 9-cm-Schwarzbandfilter abfiltriert. Der Eisenhydroxydniederschlag wird mit heißer Salzsäure 1,12 vom Filter gelöst und wie im Rotguß titriert.

Im Filtrat des Eisens prüft man mit Diacetyldioxim auf Nickel.

Das Nickelfiltrat wird schwach essigsauer gemacht und Schwefelwasserstoff zur Ausfällung des Zinks eingeleitet.

Das Filtrat des Natriumsulfidniederschlages, welches Zinn und Antimon enthält, wird mit etwa 70 ml Salzsäure 1,19 versetzt und das sich hierbei ausscheidende Zinn- und Antimonsulfid durch Zusatz von etwa 15 ml Salpetersäure 1,4 wieder in Lösung gebracht. Dann kocht man, bis der ausgeschiedene Schwefel frei von Antimon und Zinn ist, filtriert den Schwefel durch ein 11 cm qualitatives Filter ab, füllt auf 500 ml auf und nimmt für Antimon 250 ml ab (6). Diese macht man mit Kalilauge alkalisch, dann oxalsauer und gibt, nachdem die Lösung neutral ist, noch 5 g Oxalsäure im Überschuß hinzu. Hierauf leitet man in der Siedehitze 30 Minuten lang Schwefelwasserstoff ein, wobei die Lösung nicht aus dem Kochen kommen soll. Der Niederschlag wird sofort durch ein 11-cm-Weißbandfilter mit Filterschleim filtriert, mit heißem Wasser ausgewaschen, der Niederschlag mit 80 ml warmer Natriumsulfidlösung in einem 250-ml-Becherglas gelöst, filtriert und das Filter mit heißem Wasser gut ausgewaschen. Zu dieser Lösung gibt man noch etwa 4 g Natriumhydroxyd und 3 g Kaliumcyanid (7) und elektrolysiert bei 1,5 Volt 3 Stunden, wobei die Stromstärke langsam von 0,2⋯1,2 Amp. gesteigert wird. Nach beendeter Elektrolyse (nach etwa 3 Stunden) entfernt man die Elektroden, ohne den Strom zu unterbrechen, taucht sie nacheinander in zwei bereitgestellte Bechergläser mit destilliertem Wasser, spült mit Alkohol ab und trocknet bei 110° im Trockenschrank (8). Die Auswaage mit 200 multipliziert, ergibt Prozente *Antimon*.

Das Filtrat des Antimonniederschlages macht man erst schwach ammoniakalisch, dann essigsauer und leitet Schwefelwasserstoff ein. Das ausgeschiedene Zinnsulfid wird durch ein 11-cm-Weißbandfilter abfiltriert, mit heißem Wasser ausgewaschen, samt Filter in wenig heißer Salpetersäure 1,2 (9) gelöst und mit etwa 400 ml kochendem Wasser verdünnt. Die nun gebildete Zinnsäure wird durch ein 12,5-cm-Blaubandfilter filtriert, verascht und als Zinnsäure (SnO_2) gewogen. Die Auswaage mit 2 · 78,77 multipliziert, ergibt Prozente *Zinn*.

Für eilige Analysen ist es zweckmäßiger, Antimon und Zinn in einer besonderen Einwaage maßanalytisch zu bestimmen. Zu diesem Zweck löst man dreimal 1 g möglichst feiner Späne je nach Bleigehalt in 20 bis 30 ml Schwefelsäure 1,84 im 150-ml-Becherglas (10) über dem Drahtnetz und erhitzt bis der Rückstand vollständig weiß geworden ist. Hierauf läßt man erkalten und spült mit etwa 200 ml Wasser in einen 500-ml-ERLENMEYER-Kolben über. Nun gibt man 30 ml Salzsäure 1,19 (11) zu und verdünnt mit 100 ml Wasser (12). Nachdem man durch Kochen das beim Lösen der Probe in Schwefelsäure entstandene Schwefeldioxyd ausgetrieben hat (13), gibt man als Indikator einige Tropfen Methylorange zu und titriert die möglichst heiße Lösung mit $^n/_{10}$ Kaliumbromatlösung. Gegen Ende der Titration ist es gut, nochmals einige Tropfen Methylorange zuzugeben und nicht zu schnell zu titrieren, da die Entfärbung des Methyloranges eine gewisse Zeit benötigt. 1 ml $n/_{10}$ Kaliumbromatlösung entspricht 0,6088% *Antimon*.

Zur Bestimmung von Zinn gibt man nach Beendigung der Antimontitration in den Titrationskolben der Reihe nach 10 g Natriumchlorid reinst, 25 g gekörntes reines Blei und 20 ml Salzsäure 1,19 und kocht unter öfterer Zugabe von einigen Tropfen Salzsäure etwa ½ Stunde lang. Hierdurch wird das Antimon reduziert und als Metall in Form schwarzer Flocken ausgeschieden, während Zinn aus der vierwertigen in die zweiwertige Form übergeführt wird. Nachdem man im Kohlensäurestrom hat erkalten lassen, wird mit $n/_{10}$ Jodlösung unter Stärkezusatz bis blau titriert. 1 ml $n/_{10}$ Jodlösung entspricht 0,5935% *Zinn*.

Handelt es sich nur um eine schnelle ungefähre Zinnbestimmung im Weißmetall, so kann man sich folgender Methode bedienen: Je nach dem Zinngehalt werden 0,5···1 g möglichst feiner Späne in einem mit Uhrglas bedeckten 500-ml-ERLENMEYER-Kolben mit 100···150 ml Salzsäure 1,19 und 2···3 g Kaliumchlorat gelöst und so lange gekocht, bis der Chlorüberschuß vertrieben ist. Hierauf wird die Lösung mit etwa 30 ml destilliertem Wasser verdünnt und etwa 5···7 g Natriumchlorid zur Erhöhung des Siedepunktes hinzugefügt. In diese Lösung wird eine 3 mm starke und etwa 10 qcm große ringförmig gebogene Nickelplatte gesenkt (man kann dazu auch alte Nickeltiegel verwenden) und etwa $^3/_4$ bis 1 Stunde gekocht. Hierauf wird das Uhrglas entfernt, der Kolben mit einem Gummistopfen, der zwei gebogene Glasrohre enthält, verschlossen und noch etwa 10 Minuten lang zur Austreibung der in dem Kolben zurückgebliebenen Luft gekocht. Sodann verbindet man den Kolben mit einem Kohlensäure entwickelnden KIPPschen Apparat oder einer Kohlensäurebombe und läßt die Lösung im Kohlensäurestrom erkalten. Nach der Abkühlung wird der Stopfen rasch entfernt und die Lösung mit $n/_{10}$ Jodlösung titriert (14). 1 ml entspricht 0,5935% *Zinn*.

Bemerkungen: (1) Durch den Weinsäurezusatz soll die Zinnsäure in Lösung gehalten werden. Sollte sich jedoch bei Anwesenheit von viel Zinn etwas Zinnsäure ausgeschieden haben, so kann man dieselbe durch einige Tropfen Salzsäure in Lösung bringen.

(2) Bei der Verwendung von Salpetersäure 1,4, oder wenn man die Sulfide mit Salpetersäure 1,2 kocht, kann sehr leicht etwas Bleisulfid zu Bleisulfat oxydiert werden und geht dann beim Abfiltrieren mit den Filterfasern verloren.

(3) Der Zusatz von Ammoniumsulfat soll, ähnlich wie der Zusatz von Alkohol, verhindern, daß Bleisulfat gelöst wird.

(4) Die Salzsäure muß vollständig ausgewaschen werden, weil sich sonst beim Veraschen Kupferchlorid verflüchtigt. (Grüner Flammensaum beim Glühen salzsäurehaltiger Kupfersulfidniederschläge.) Der

Niederschlag muß sofort verascht werden, weil sich sonst bei längerem Verweilen des feuchten Niederschlages auf dem Trichter infolge teilweiser Oxydation Kupfersulfat bilden kann, das, falls es in das Trichterrohr gelangt, sich der Bestimmung entzieht.

(5) Das in der Kälte gefällte und durch Kochen zusammengeballte Eisenhydroxyd läßt sich schnell filtrieren und leicht auswaschen.

(6) Die elektrolytische Abscheidung des Antimons als Metall aus dem Sulfosalz liefert keine genauen Ergebnisse, weil sich das Metall nicht rein, sondern wahrscheinlich teils als Sulfid, teils als Oxyd niederschlägt. Man erhält dann stets ein Übergewicht, und zwar betragen die Mehrauswaagen bei einem Gewicht von 80 mg bis etwa 500 mg etwa 0,2 bis 0,7 mg. Um diesen Fehler zu verringern, nimmt man zur Antimonbestimmung die halbe Einwaage.

(7) Der Zusatz von Kaliumcyanid erfolgt, um die bei der Elektrolyse entstehenden Polysulfide zu zerstören. Dasselbe kann man auch durch Zugabe von ammoniakalischem Wasserstoffperoxyd erreichen.

(8) Zur Entfernung des Antimonniederschlages wird die Elektrode in einem Gemisch von Salpetersäure-Weinsäure erwärmt.

(9) Die Umwandlung des Zinnsulfids in Zinn(IV)oxyd geht selbst bei vorsichtigem Veraschen nicht ganz verlustlos vonstatten. Man muß daher vor dem Veraschen das Zinnsulfid erst in Zinn(IV)oxyd überführen.

(10) In Schwefelsäure 1,84 geht Antimon in dreiwertiger, Zinn in vierwertiger Form unter Bildung von Schwefeldioxyd in Lösung.

(11) Da Antimon(III)sulfatlösungen sich beim Verdünnen hydrolysieren, muß beim Aufnehmen mit Wasser Salzsäure zugesetzt werden.

(12) In verdünnter Lösung ist der Umschlag beim Titrieren besser zu erkennen.

(13) Wird zu lange gekocht, findet man zu wenig Antimon.

(14) Die Titration beruht auf folgender Gleichung:

$$SnCl_2 + J_2 + 2\,HCl = SnCl_4 + 2\,HJ$$

Weißmetall mit Arsengehalt

1 g Probegut wird im 500-ml-PHILIPPS-Becher mit 30 ml Weinsäure und 10 ml Salpetersäure 1,4 gelöst. Nach dem Lösen versetzt man mit 20 ml Schwefelsäure 1,4 und kocht, bis keine nitrosen Gase mehr entweichen (1). Nach dem Abkühlen wird mit Wasser aufgenommen, aufgekocht und das Bleisulfat wie üblich bestimmt.

Das Filtrat vom Bleisulfat wird nach dem Einengen in einen Arsendestillierkolben übergespült und das Arsen unter Zugabe von einigen Tropfen Eisen(II)sulfatlösung, 1 g Kaliumbromid, 3···6 g Hydrazinsulfat und 100 ml Salzsäure 1,19 bis auf etwa 50 ml abdestilliert. Das Destillat wird mit einigen Tropfen Methylorange versetzt und mit $n/_{10}$ Kaliumbromat bis zur Entfärbung titriert. 1 ml $n/_{10}$ Kaliumbromatlösung entspricht 0,3746% Arsen.

Der Kolbeninhalt wird in einen 500-ml-ERLENMEYER-Kolben übergespült und durch Einleiten von Schwefelwasserstoff das Antimon ausgefällt. Der abfiltrierte Niederschlag kommt samt Filter in das Fällungsgefäß zurück und wird nach Zusatz von einigen Gramm Kaliumsulfat mit etwa 50 ml Schwefelsäure 1,84 so lange gekocht, bis die Lösung vollständig klar ist. Nach dem Erkalten wird mit Wasser aufgenommen, 50 ml Salzsäure 1,19 zugegeben, aufgekocht und nach Zusatz von Methylorange mit $n/_{10}$ Kaliumbromatlösung titriert. 1 ml $n/_{10}$ Kaliumbromatlösung entspricht 0,6088% Sb.

Bemerkungen: (1) Sobald die nitrosen Gase entwichen sind, muß sofort vom Brenner genommen werden, weil sonst ein Verkohlen der Weinsäure erfolgt.

Weißmetall mit Cadmium- und Arsengehalt

5 g Späne werden in 150 ml Weinsäure und 30 ml Salpetersäure 1,4 gelöst, mit 30 ml Schwefelsäure 1,4 versetzt und so lange gekocht, bis keine nitrosen Gase mehr entweichen. Nach dem Abkühlen wird mit Wasser aufgenommen, aufgekocht und das Bleisulfat abfiltriert.

Das Filtrat macht man mit Natronlauge alkalisch und fällt mit Natriumsulfid alle Bestandteile außer Zinn und Antimon aus. Der Natriumsulfidniederschlag wird abfiltriert, in 40 ml Salpetersäure 1,2 gelöst und die Filterfasern abfiltriert.

Das Filtrat wird erst ammoniakalisch, dann schwach salzsauer gemacht. Nun setzt man etwa 50 ml Salzsäure 1,19 hinzu und fällt in der stark sauren Lösung mit Schwefelwasserstoff das Kupfer als Sulfid. Dieses wird filtriert, mit 10 ml rauchender Salpetersäure gelöst, bis das Filter zersetzt ist, verdünnt und nach dem Neutralisieren mit Ammoniak in salpetersaurer Lösung elektrolysiert. Das Filtrat vom Kupfersulfid wird mit Ammoniak abgestumpft bis zur schwach sauren Reaktion: hierbei fällt schon das Cadmiumsulfid aus. Man leitet noch $^1/_4$ Stunde Schwefelwasserstoff ein und läßt hierauf warm absetzen. Das Cadmiumsulfid wird filtriert und weiterbehandelt wie im Silberlot.

Aus dem Filtrat des Cadmiumsulfides wird durch Kochen der Schwefelwasserstoff vertrieben, das Eisen mit Ammoniak gefällt und mit Cer(IV)-sulfat bestimmt. Im Filtrat vom Eisen wird mit Diacetyldioxim das Nickel ausgefällt, das Nickelfiltrat essigsauer gemacht und mit Schwefelwasserstoff das Zink gefällt und nach dem Absetzen filtriert, verascht und als Zinkoxyd gewogen.

$$\frac{\text{Auswaage} \cdot 80,34}{\text{Einwaage}} = \% \text{ Zink}$$

Arsen wird in einer besonderen Einwaage durch Destillation bestimmt wie bei Antimon beschrieben.

Blei wird ebenfalls in einer besonderen Einwaage bestimmt. Man löst hierfür 1 g Späne in Weinsäure und Salpetersäure und raucht wie bei Weißmetall beschrieben mit Schwefelsäure ab.

Kobalt

Das handelsübliche Kobalt enthält meistens über 96% Kobalt. Die Verunreinigungen sind Arsen, Kupfer, Nickel, Eisen, Mangan, Kohlenstoff, Silicium, Schwefel und Sauerstoff (1). Der Analysengang ist derselbe wie der für Reinnickel.

Zur Bestimmung des Nickels wird der elektrolytisch abgeschiedene Kobaltniederschlag durch 15···30 Minuten langes Kochen in Salpetersäure 1,2 von der Elektrode gelöst. Durch Zusatz von Diacetyldioxim in die ammoniakalisch gemachte Lösung kann dann das Nickel als Nickeldiacetyldioxim ausgefällt werden. Man muß jedoch bei dem Diacetyldioximzusatz berücksichtigen, daß das Kobalt mit demselben eine lösliche Verbindung eingeht, also auch Dioxim verbraucht und das Nickel erst dann vollständig gefällt werden kann, wenn alles Kobalt an Diacetyldioxim gebunden ist. Man muß daher, auch wenn wenig Nickel neben viel Kobalt vorliegt, mit einem beträchtlichen Überschuß des Fällungsmittels arbeiten. Da dann aber in ammoniakalischer Lösung zu wenig gefunden wird, muß man in essigsaurer Lösung fällen. Zu diesem Zweck säuert man also die ammoniakalische Lösung mit Essigsäure an, gibt 1···2 g Natriumacetat hinzu, versetzt mit Diacetyldioxim und läßt 1 Stunde absitzen. Der Niederschlag wird durch einen GOOCH- oder Glasfiltertiegel (siehe Nickelbronze) abgesaugt, bei 110° getrocknet und gewogen.

$$\frac{\text{Auswaage} \cdot 20{,}32}{\text{Einwaage}} = \% \text{ Ni}$$

Will man das Nickel direkt im Kobalt bestimmen, so muß man beachten, daß bei der Fällung des Nickels mit Diacetyldioxim in essigsaurer Lösung keine Eisen(III)ionen zugegen sein dürfen. Man reduziert daher die Eisennickellösung durch Erwärmen mit schwefliger Säure, versetzt dann mit Kalilauge, bis ein bleibender Niederschlag entsteht, den man mit einigen Tropfen Essigsäure wieder löst.

Bemerkungen: (1) In manchen Kobaltsorten kann der Sauerstoffgehalt bis 0,6% betragen. Es ist daher nicht immer möglich, den Kobaltgehalt als Differenz der Summe der Nebenbestandteile von 100 anzugeben, sondern es ist der direkten Bestimmung des Kobalts der Vorzug zu geben.

Kupfer

Das im Handel befindliche Elektrolytkupfer ist nahezu chemisch rein. Selten enthält es Spuren von Schwefel, Wismut, Antimon, Arsen, Eisen, Selen und Tellur. Das sog. Raffinadkupfer ist stärker verunreinigt und kann folgende Elemente enthalten: Zinn, Arsen, Antimon, Blei, Wismut, Zink, Eisen, Nickel, Silber, Schwefel, Phosphor und Sauerstoff.

Zur Bestimmung des Zinns löst man 10 g Späne im 800-ml-Becherglas mit 40 ml Salpetersäure 1,4 und dampft zur vollständigen Abscheidung der Zinnsäure zur Trockne ein. Dann nimmt man mit 40 ml Salpetersäure 1,2 und 100 ml Wasser auf, fügt etwas Ammoniumnitrat hinzu, kocht auf, läßt etwa 1 Stunde an einem warmen Ort absitzen und filtriert durch ein 9-cm-Blaubandfilter in einen 1000-ml-Meßkolben. Nachdem der Niederschlag mit salpetersäurehaltigem Wasser ausgewaschen ist, wird er verascht, stark geglüht und als Zinnsäure gewogen.

$$\text{Auswaage} \cdot 7{,}877 = \% \text{ Sn.}$$

Sollte die Zinnsäure nicht rein, sondern durch Antimon usw. verunreinigt sein, so schmilzt man sie mit der sechsfachen Menge eines aus gleichen Teilen Schwefel und Natriumcarbonat bestehenden Gemisches so lange, bis die zwischen Tiegelrand und Deckel sichtbare Flamme verschwunden ist. Man läßt dann erkalten und löst die Schmelze mit Wasser auf (1). Wenn hierbei ein unlöslicher Rückstand von Kupfer- oder Bleisulfid bleibt, wird derselbe durch ein 9-cm-Weißbandfilter abfiltriert, mit Salpetersäure 1,2 gelöst und, nachdem der Schwefelwasserstoff verkocht ist, zum ersten Filtrat der Zinnsäure gegeben. Zinn und Antimon werden dann wie im Weißmetall bestimmt.

Das Filtrat der Zinnsäure wird auf 1000 ml aufgefüllt, zweimal 100 ml entnommen, und nach Zusatz von 5 ml Salpetersäure 1,4 der Elektrolyse unterworfen. Man elektrolysiert (2) zunächst mit 0,2 Amp. und steigert die Stromstärke im Verlauf einer Stunde bis auf 1,2 Amp. Dieser Stromstärke soll eine Spannung von 2 ··· 2,4 Volt entsprechen. Nach 3 Stunden ist die Ausfällung des Kupfers gewöhnlich vollendet (3). Man hebt die Elektrode, ohne den Strom zu unterbrechen, in ein Glas mit destilliertem Wasser und läßt hier 1 ··· 2 Minuten stehen, dann schaltet man den Strom ab, entfernt die Elektroden, taucht sie in Alkohol und trocknet bei etwa 100° im Trockenschrank. Auswaage · 100 = % Cu. Das Kupfer ist jedoch stets durch eventuell vorhandenes Wismut verunreinigt. Der auf die weiter unten angegebene Art ermittelte Wismutgehalt muß daher vom Kupfer abgezogen werden. Sollte das Kupfer nicht rein aussehen (4), muß es mit 5 ml Salpetersäure 1,4 von der Elektrode gelöst und nochmals elektrolytisch niedergeschlagen werden, und zwar setzt man dem Elektrolyt zweckmäßig 5% Ammoniumnitrat und 2% Salpetersäure 1,4 hinzu.

Am positiven Pol hat sich das Blei als Blei(IV)oxyd abgeschieden, dasselbe wird bei 180° getrocknet und gewogen.

$$\text{Auswaage} \cdot 86{,}62 = \% \text{ Pb}$$

Die Elektrolyte sowie die Waschwasser werden etwas eingedampft und in einem 600-ml-Becherglas vereinigt; diese Lösung entspricht einer Einwaage von 2 g. Nachdem man etwas Salzsäure zugegeben hat, fällt man in der Kälte Eisen mit Ammoniak, kocht kurz auf, läßt absetzen, filtriert durch ein 11-cm-Schwarzbandfilter, wäscht aus, verascht und glüht.

$$\frac{\text{Auswaage} \cdot 69{,}94}{\text{Einwaage}} = \% \text{ Fe}$$

Das Filtrat des Eisenniederschlages wird mit 25 ml Diacetyldioximlösung versetzt und nach 1 Stunde der Nickelniederschlag durch ein 11-cm-Weißbandfilter abfiltriert und vorsichtig verascht.

$$\frac{\text{Auswaage} \cdot 78{,}58}{\text{Einwaage}} = \% \text{ Ni}$$

Zur Zinkbestimmung wird im Filtrat des Nickels durch Kochen der Alkohol vertrieben, die Lösung erst ammoniakalisch, dann essigsauer gemacht und durch 30 Minuten langes Einleiten von Schwefelwasserstoff das Zink ausgefällt. Der Niederschlag, welcher wenigstens 30 Minuten absetzen soll, wird durch ein 11-cm-Weißbandfilter mit etwas Filterschleim filtriert und mit ammoniumsulfathaltigem Schwefelwasserstoffwasser (20 g Ammoniumsulfat in 1000 ml Wasser) ausgewaschen. Den vorsichtig veraschten Niederschlag raucht man nach dem Glühen noch mit einigen Tropfen Salpetersäure 1,4 ab, glüht nochmals und wägt.

$$\frac{\text{Auswaage} \cdot 80{,}34}{\text{Einwaage}} = \% \text{ Zn}$$

Zur Arsenbestimmung bringt man 10 g Späne in einen 500-ml-ERLENMEYER-Kolben, in welchen man vorher 50···80 g Eisen(III)chlorid eingewogen hat. Nachdem man 100 ml Salzsäure 1,12 hinzugegeben hat, verbindet man den Kolben mittels eines Gummistopfens mit VOLHARDscher Ente oder eines KJELDAHL-Aufsatzes Glas an Glas mit einem LIEBIG-Kühler. Alsdann wird etwas über die Hälfte des Kolbeninhaltes abdestilliert und das Arsen(III)chlorid in einem 500-ml-ERLENMEYER-Kolben aufgefangen, in welchem sich 50 ml Salzsäure 1,19 befinden. Nach beendigter Destillation wird zunächst mit Ammoniak neutralisiert, der Ammoniaküberschuß mit Salzsäure 1,12 zurückgenommen und nun mit Natriumhydrogencarbonat im Überschuß alkalisch gemacht. Man kann dann entweder nach Zusatz von Stärkelösung mit $n/_{10}$ Jodlösung bis zur Blaufärbung titrieren, wobei 1 ml $n/_{10}$ Jodlösung bei 10 g Einwaage 0,03745% Arsen entspricht, oder man erwärmt das Destillat auf

60···70° und titriert nach Zusatz von Methylorange mit $n/_{10}$ Kalium-bromat. Der Faktor der $n/_{10}$ Bromatlösung ist derselbe wie der der Jod-lösung (5).

Zur Silberbestimmung verwendet man 10 g, welche im 800-ml-Becher-glas mit 40 ml Salpetersäure 1,4 gelöst werden. Die eventuell ausgeschie-dene Zinnsäure wird nach dem Verdünnen abfiltriert und das Filtrat zweimal mit je 100 ml Salzsäure 1,19 zur Trockne eingedampft. Der Rück-stand wird mit wenig Salzsäure 1,12 aufgenommen und nach dem Ver-dünnen das Silberchlorid durch einen bei 110° getrockneten und ge-wogenen GOOCH-Tiegel abfiltriert. Man wäscht zunächst mit salpeter-säurehaltigem Wasser chlorfrei und dann zweimal mit reinem Wasser. Der bei 110° getrocknete und gewogene Niederschlag · 7,526 = % Ag.

Im Filtrat des Silbers wird nach dem Verdünnen auf 700···800 ml der Schwefel in der Siedehitze durch Zugabe von 20 ml siedend heißer Bariumchloridlösung gefällt. Der Niederschlag kann nach vierstündigem Absetzen durch ein 11-cm-Blaubandfilter mit etwas Filterschleim filtriert werden. Nach dem Auswaschen und Veraschen wird gewogen.

$$\text{Auswaage} \cdot 1{,}374 = \% \text{ S.}$$

Die Bestimmung des Wismuts führt man am besten nach der in der Bundesanstalt für chemische und mechanische Materialprüfung Berlin gebräuchlichen Methode aus: 10 g der Substanz werden wie oben in Salpetersäure 1,4 gelöst. Nachdem die überschüssige Säure abgedampft ist, wird der Rückstand mit etwa 400 ml Wasser aufgenommen und mit stark verdünnter Kalilauge unter stetem kräftigen Umrühren neutrali-siert. Um zu verhindern, daß sich klumpige Ausscheidungen von Kupfer-hydroxyd bilden, die nur schwer wieder in Lösung zu bringen sind, muß man die Kalilauge mit zunehmender Neutralisation immer mehr und mehr verdünnen. Hat man schließlich einen ganz geringen Überschuß von Lauge hinzugegeben, so daß eine feine Trübung entsteht, so ver-dünnt man auf etwa 1000 ml, erhitzt 1 Stunde lang, wobei die Trübung nicht verschwinden darf. Hierauf gibt man unter kräftigem Umrühren nochmals etwas stark verdünnte Kalilauge hinzu, so daß eine deutliche Fällung entsteht. Nachdem man den Niederschlag der neben Kupfer, Eisen usw. das gesamte Wismut enthält, über Nacht hat absitzen lassen, filtriert man ihn durch ein 11-cm-Weißbandfilter und wäscht mit kaltem Wasser aus. Mit heißer Salzsäure 1,12 wird der Niederschlag vom Filter gelöst und das Wismut und Eisen mit Ammoniak ausgefällt. Der Überschuß von Ammoniak wird auf dem Wasserbad vertrieben (wobei sich jedoch kein Kupferhydroxyd ausscheiden darf), und der Niederschlag durch ein 11-cm-Weißbandfilter abfiltriert. Mit heißem Wasser wird gut ausgewaschen und der Niederschlag mit heißer Salzsäure 1,12 in Lösung gebracht. In die verdünnte Lösung leitet man Schwefelwasserstoff ein

und filtriert den entstandenen Niederschlag von Wismutsulfid ab. Zur
Entfernung eventuell mitgefallenen Antimons wird der Niederschlag mit
gelbem Ammoniumsulfid ausgezogen, nach dem Auswaschen der Wismut-
niederschlag in wenigen Millilitern heißer Salpetersäure 1,2 gelöst und
diese Lösung in einem gewogenen Porzellantiegel eingedampft und durch
vorsichtiges Glühen in Wismutoxyd übergeführt.

$$\text{Auswaage} \cdot 8{,}970 = \%\ \text{Bi}$$

Zur Bestimmung des Sauerstoffs, der im Raffinad 0,03···0,20%, im
Elektrolytkupfer höchstens Spuren betragen kann, werden in einem
Schiffchen 10 g Kupfer in ein kaltes Verbrennungsrohr gebracht und
Wasserstoff hindurchgeleitet. Der Wasserstoff, welcher in einem KIPP-
schen Apparat aus möglichst reinem Zink und verdünnter Schwefelsäure
entwickelt wird, wird durch alkalische Pyrogallollösung, Kaliumpermanganat und Schwefelsäure 1,84 gereinigt. Um auch die letzten Spuren von
Sauerstoff zu entfernen, leitet man ihn noch durch ein zum Glühen er-
hitztes, mit Platinasbest gefülltes Porzellanrohr. Das hier entstandene
Wasser wird in einem zwischengeschalteten Phosphorpentoxydröhrchen
aufgefangen. Hat man 10 Minuten Wasserstoff durchgeleitet und geprüft, ob eine am Ende des Apparates entnommene Wasserstoffprobe
geräuschlos verbrennt, d. h. ob sie sauerstofffrei ist, erhitzt man den Ofen
auf etwa 1100°. Das gebildete Wasser wird in Phosphorpentoxydröhrchen,
durch die man vorher Wasserstoff geleitet hat und die dann gewogen
wurden, aufgefangen. Nach Verlauf 1 Stunde läßt man die Probe im
Wasserstoffstrom erkalten und wägt die U-Röhrchen zurück.

$$\text{Gewichtszunahme} \cdot 8{,}881 = \%\ \text{O}$$

Selen und Tellur kommen in solch geringen Mengen vor, daß es genügt,
sie nur qualitativ nachzuweisen. Man bedient sich vorteilhaft folgender
sehr scharfer Reaktionen.

Man übergießt in einem Reagenzglas 10 g Kupferspäne mit einer
10%igen Kaliumcyanidlösung und erwärmt schwach. Hierauf gießt man
zunächst einige Milliliter Alkohol und schließlich eine Lösung von Cadmiumacetat hinzu. Die Cadmiumacetatlösung besteht aus 25 g Cadmiumacetat und 200 ml konz. Essigsäure auf 1 l Wasser. Ist im Kupfer nun
Schwefel vorhanden, entsteht sofort ein gelber Niederschlag von Cadmiumsulfid. Ist dagegen Selen vorhanden, so entsteht ein orangerot
gefärbter Niederschlag von Cadmiumselenid. Wenn Tellur im Kupfer
vorhanden ist, bildet sich beim Übergießen der Späne mit Kaliumcyanid
sofort eine rote Färbung, die ähnlich wie eine Permanganatlösung aussieht. Nach Zugabe von Alkohol und Cadmiumacetat entsteht ein grau-
schwarzer Niederschlag von Cadmiumtellurid. Bei gleichzeitiger Gegenwart von Selen und Tellur bilden sich beide Niederschläge sehr deutlich

übereinander. Mit diesem Verfahren lassen sich geringe Mengen dieser
Stoffe noch gut nachweisen, z. B. Schwefel noch bis zu 0,002%.

Bemerkungen: (1) Sollte die Lösung nicht klar, sondern durch
kolloidal gelöstes Eisensulfid-Kaliumsulfid grün gefärbt sein, so gibt
man etwas festes Ammoniumchlorid hinzu, wodurch das Eisensulfid
ausgeschieden wird und die überstehende Flüssigkeit gelb gefärbt erscheint.

(2) Um festhaftende Niederschläge zu bekommen, darf die Lösung
nicht zu sauer sein, da sich sonst das Kupfer schwammig abscheidet
und beim Auswaschen und Trocknen leicht abfällt. Dies geschieht auch,
wenn Salzsäure vorhanden ist. Hat man beim Auflösen des Kupfers die
entstandenen Stickoxyde nicht genügend verkocht, so verhindern dieselben die Kupferfällung und müssen durch Übersättigung mit pyridinfreiem Ammoniak und nachfolgendem Ansäuern mit stickoxydfreier
Salpetersäure zerstört werden. Hat man jedoch Harnstoff oder Hydrazinsulfat zur Hand, so kann man durch mehrfachen Zusatz kleiner
Mengen in den Elektrolyten die Stickoxyde zerstören.

(3) Man kann sich von der Beendigung der Elektrolyse dadurch
überzeugen, daß man zum Elektrolyten Wasser zugibt. Scheidet sich
an dem neu eintauchenden Teil der Kathode innerhalb 10 Minuten
kein Kupfer ab, so ist die Kupferfällung beendet.

(4) Bei Anwesenheit von Silber wird dasselbe quantitativ mit dem
Kupfer niedergeschlagen, Arsen wird teilweise mitgefällt, jedoch nur,
wenn der Arsengehalt 1% oder höher ist, oder wenn man in rein schwefel-
saurer Lösung elektrolysiert. Wismut wird immer quantitativ mit
niedergeschlagen, Molybdän teilweise, Phosphor bei sehr hohem Gehalt (z. B. im Phosphorkupfer). Blei kann, wenn die Salpetersäurekonzentration zu gering und viel Blei zugegen ist, ebenfalls mitgefällt werden.
Schwefel, Antimon, Selen und Tellur als geringe Verunreinigungen
schlagen sich mit dem Kupfer nieder. Durch diese Verunreinigungen
wird der meist hellrote Metallniederschlag ins Graue verfärbt und oft
schwammig. Durch die Umfällung in einer 5% Ammoniumnitrat und
2% Salpetersäure enthaltenden Lösung kann das Kupfer von dem mit-
abgeschiedenen Molybdän, Phosphor, Blei, Antimon, Arsen, Selen und
Tellur befreit werden. Nickel und Kobalt werden nur bei Anwesenheit
von Ammoniumnitrat vollständig in Lösung gehalten. Enthält der
Elektrolyt viel Eisen, so kann dieses die quantitative Kupferfällung
namentlich in warmer Lösung verhindern. Durch Zusatz kleiner Mengen
Hydrazinsulfat muß das Eisen unschädlich gemacht werden.

(5) Da Natriumhydrogencarbonat stets Jod verbraucht, muß eine
Blindprobe durchgeführt werden. Der hierbei festgestellte Jodverbrauch
wird dann in Abzug gebracht.

Phosphorkupfer

Phosphorkupfer findet als Desoxydationsmittel in der Metallgießerei
Verwendung und wird durch Zusammenschmelzen von 2 Teilen Kupfer,
4 Teilen Calciumphosphat und 1 Teil Kohle bei Weißglut hergestellt.

Es enthält gewöhnlich 5···15% Phosphor, außerdem etwas Zinn und
als Rest Kupfer.

Die Bestimmung des Phosphors geschieht durch Auflösen von 1 g
in Salpetersäure 1,4 (1). Nach dem Verkochen der nitrosen Gase spült
man in einen 1000-ml-Meßkolben und nimmt 100 ml = 0,1 g Einwaage
ab. Diese versetzt man, nachdem man noch einige Milliliter Salpetersäure 1,4 hinzugefügt hat, kochend mit 10 ml Kaliumpermanganatlösung und zerstört nach 10 Minuten den ausgeschiedenen Braunstein
durch tropfenweises Zugeben von Salzsäure 1,12. In der bis zur Sirupdicke eingeengten Lösung fällt man nach Zusatz von 30 ml Ammoniumnitratlösung den Phosphor mit 50 ml Ammoniummolybdatlösung. Den
Niederschlag von Ammoniumphosphormolybdat filtriert man nach ein-
stündigem Stehen bei etwa 40° durch ein qualitatives Filter, wäscht mit
natriumsulfathaltigem Wasser gut aus und titriert den Phosphornieder-
schlag wie in Stahlproben.

Zur genauen Bestimmung ist es nötig, den Phosphormolybdat-
niederschlag mit möglichst wenig verdünntem Ammoniak vom Filter
zu lösen und dasselbe mit Ammoniakwasser auszuwaschen. Die erhaltene Lösung wird bis zum beginnenden Ausscheiden des gelben
Molybdänniederschlages mit Salzsäure 1,12 versetzt. Nachdem man
durch Zusatz von Ammoniak diesen Niederschlag gerade wieder in
Lösung gebracht hat, gibt man 20 ml Magnesiamixtur und 15 ml Ammoniak 0,91 hinzu, rührt mit einem Glasstab gut durch und läßt 4···6
Stunden absitzen (2). Der durch ein 11-cm-Weißbandfilter abfiltrierte
Niederschlag wird mit ammoniakhaltigem Wasser gut ausgewaschen,
verascht, stark geglüht und gewogen (3).

$$\text{Auswaage} \cdot 278,3 = \%\ \text{P.}$$

Zur Bestimmung des Kupfers werden 1 g Phosphorkupfer in 7 ml
Salpetersäure 1,4 gelöst, die ausgeschiedene Zinnsäure abfiltriert und
wie üblich elektrolysiert. Man muß aber, um den Niederschlag phos-
phorfrei zu erhalten, unbedingt die Umfällung in einer Lösung, die
5% Ammoniumnitrat und 2% Salpetersäure enthält, vornehmen.

Bemerkungen: (1) Bei Gegenwart von Zinn bringt man die ausgeschiedene Zinnsäure durch Zusatz von Salzsäure in Lösung. Ist dagegen
Arsen zugegen, so kann man dasselbe dadurch vertreiben, daß man die
gelöste Probe, die man durch Eindampfen von der überschüssigen Säure

befreit hat, zweimal mit je 20 ml Bromwasserstoffsäure eindampft. Der Rückstand wird dann mit 15 ml Salpetersäure 1,2 aufgenommen.

(2) Direkt in der Kupfer enthaltenden Lösung mit Magnesiamischung zu fällen, ergibt zu hohe Werte.

(3) Sollte der Magnesiumpyrophosphatniederschlag durch Glühen nicht rein weiß werden, so gibt man nach dem Erkalten einige Gramm Ammoniumnitrat hinzu, erwärmt zunächst über kleiner Flamme, bis das Kristallwasser vertrieben ist und erhitzt dann mit der vollen Gebläseflamme.

Mangankupfer

Dasselbe wird durch Schmelzen von Kupfer mit Manganoxyden und Kohle bei sehr hohen Temperaturen gewonnen und enthält gewöhnlich 20% Mangan neben etwas Silicium und Eisen.

Zur Analyse werden 1 g Späne mit 7 ml Salpetersäure 1,4 gelöst, mit wenigen Millilitern Salzsäure 1,19 zweimal zur Trockne eingedampft und bei 135° geröstet. Nach dem Aufnehmen mit Salzsäure wird mit 100 ml Wasser verdünnt und die Kieselsäure durch ein 9-cm-Schwarzbandfilter abfiltriert. Mit salzsäurehaltigem Wasser wird gut ausgewaschen, der Niederschlag verascht und gewogen.

$$\text{Auswaage} \cdot 46,72 = \% \text{ Si.}$$

Für die Kupferbestimmung löst man ebenfalls 1 g in Salpetersäure, filtriert die ausgeschiedene Kieselsäure ab und elektrolysiert das Kupfer wie üblich.

Im Elektrolyt wird nach Zusatz von einigen Millilitern Salzsäure 1,19 das *Eisen* mit Ammoniak ausgefällt. Der abfiltrierte Niederschlag wird mit heißer Salzsäure 1,12 vom Filter gelöst und mit Cer(IV)sulfat titriert. (Siehe Rotgußanalyse.)

Zur Manganbestimmung löst man 1 g in Salpetersäure 1,4, gibt einige Milliliter Salzsäure 1,19 hinzu und spült in einen 1000-ml-Meßkolben. Durch Zugabe von Zinkoxyd fällt man Kupfer und Eisen aus, füllt bis zur Marke auf und filtriert nach gutem Durchschütteln durch ein trockenes Faltenfilter in einen trockenen Kolben. Vom Filtrat entnimmt man dreimal 250 ml gleich 0,25 g Einwaage und titriert heiß mit Kaliumpermanganatlösung nach VOLHARD wie im Stahl.

Rotguß und Messing

Man löst 1 g möglichst feiner (1) Späne im 250 ml fassenden Becherglas mit 7 ml Salpetersäure 1,4. Nach dem vollständigen Lösen dampft man zur Trockne ein (2), nimmt mit etwa 5 ml Salpetersäure 1,4 auf, gibt etwas Ammoniumnitrat hinzu. Nachdem man mit etwa 100 ml

kochendem Wasser verdünnt hat, hält man 15 Minuten im Kochen. Hat
man etwa 1 Stunde an einem warmen Ort absetzen lassen, filtriert (3)
man die ausgeschiedene Zinnsäure durch ein 9-cm-Blaubandfilter mit
Filterschleim in ein 250-ml-Becherglas und wäscht mit wenig (4) salpetersäurehaltigem Wasser (etwa 1% ig). Der Niederschlag wird in
einem Porzellantiegel vorsichtig (5) verascht, stark geglüht und als
Zinnsäure gewogen.

$$\text{Auswaage} \cdot 78{,}77 = \% \text{ Sn.}$$

Falls die Zinnsäure verunreinigt ist (6), löst man die Zinnsäure in etwa
15 ml Salzsäure 1,19, kocht gut durch, verdünnt mit Wasser und leitet
in die noch warme Lösung Schwefelwasserstoff ein. Nach dem Absitzen
filtriert man durch ein Blaubandfilter, verascht, glüht stark und wägt
als Zinnsäure aus.

Im Filtrat wird der Schwefelwasserstoff verkocht und das Eisen nach
der Reduktion mit Zinn(II)chlorid mit Kaliumpermanganat titriert.
Der gefundene Wert wird auf Fe_2O_3 umgerechnet und von der ersten
Auswaage abgezogen. Andererseits muß das von der Zinnsäure mitgerissene Eisen bei der nachfolgenden Eisenbestimmung hinzugezählt
werden.

Enthält die Legierung außer Zinn noch Antimon, werden zur Bestimmung von Antimon und Zinn zwei Einwaagen benutzt, wobei man
einmal den abfiltrierten Zinn- und Antimonsäureniederschlag verascht
und wägt, das andere Mal wie folgt behandelt: Der Niederschlag samt
Filter wird in einen 500-ml-ERLENMEYFR-Kolben gebracht, mit 25 ml
Schwefelsäure 1,84, einigen Kristallen Natriumthiosulfat oder Kaliumhydrogensulfat versetzt und so lange gekocht, bis das Filter vollständig
zerstört und die Lösung wasserhell geworden ist. Nach dem Erkalten
versetzt man mit 200 ml Wasser, gibt 30 ml Salzsäure 1,19 hinzu und
kocht kurz auf. Die möglichst heiße Lösung wird nun mit einigen Tropfen
Indigoblau (7) versetzt und mit $^n/_{10}$ Kaliumbromatlösung bis zur Gold-
gelbfärbung titriert. 1 ml $^n/_{10}$ Kaliumbromatlösung entspricht 0,6088%
Antimon.

Die Bestimmung des Kupfers und Bleis geschieht elektrolytisch
im Filtrat der Zinnsäure. Zu diesem Zweck muß die Lösung etwa 2 bis
5% Salpetersäure 1,4 und zweckmäßigerweise 5% Ammoniumnitrat (8)
enthalten. Man bringt die schwach geglühten und gewogenen Elektroden
in die Flüssigkeit, stellt die Verbindung mit der Stromquelle her und
beginnt mit einer Stromstärke von 0,2 Amp., die man im Laufe einer
Stunde bis auf 1,2 Amp. steigert. Diese Stromstärke soll einer Spannung
von 2···2,4 Volt entsprechen (9). Das Kupfer scheidet sich an der Kathode ab, während das Blei als Blei(IV)oxyd zur Anode wandert (10). Bei
ruhenden Elektroden ist die Elektrolyse nach etwa 3 Stunden beendet
(11). Bei rotierender Elektrode, bzw. wenn man in die Flüssigkeit Stick-

stoff einleitet, ist das gesamte Kupfer bereits nach 20···30 Minuten abgeschieden. Man entfernt die Elektroden, ohne den Strom zu unterbrechen, und taucht sie in ein bereitgestelltes Becherglas mit destilliertem Wasser, spült darauf die Elektroden mit Alkohol ab und trocknet im Trockenschrank, und zwar das Kupfer bei etwa 100°, Blei(IV)oxyd bei 200···230°. Die Kupferauswaage mit 100 multipliziert ergibt Prozente Kupfer. Das abgeschiedene Blei(IV)oxyd entspricht nicht genau der Formel PbO_2, sondern seine Zusammensetzung schwankt etwas. Man kann also nicht mit dem Faktor 86,62 multiplizieren, sondern muß eine Korrektur anbringen dadurch, daß man bei einer Auswaage bis 0,12 g mit 86,6; über 0,12···0,34 g mit 86,5; über 0,35···0,56 g mit 86,3 und über 0,56 g mit 86,1 multipliziert um Prozente *Blei* zu erhalten (12).

Die von Kupfer und Blei befreite Lösung sowie die Waschflüssigkeit werden etwas eingedampft und, nachdem man sie vereinigt hat, mit einigen Millilitern Salzsäure versetzt. Mit wenig Ammoniak wird das Eisen und Aluminium bei Anwesenheit von genügend Ammoniumsalzen in der Kälte gefällt und aufgekocht. Der Niederschlag wird nach kurzem Absetzen durch ein 11-cm-Schwarzbandfilter filtriert, mit heißem Wasser ausgewaschen, im Porzellantiegel verascht und geglüht. Zur restlosen Beseitigung des evtl. mitgefallenen Zinks und Nickels wird der Tiegelinhalt in Salzsäure gelöst, die Fällung wie oben wiederholt und geglüht (13). Man wägt Eisen- und Aluminiumoxyd zusammen aus, löst den Rückstand im Tiegel mit 5 ml Salzsäure 1,19 und einigen Tropfen Flußsäure (14) und bestimmt das Eisen mit Cer(IV)sulfat. Zu diesem Zwecke spült man die Lösung aus dem Tiegel in einen 300 ml fassenden ERLENMEYER-Kolben, verdünnt mit 100 ml Wasser, setzt 15 ml Salzsäure 1,19 hinzu und gibt in die kochende Lösung tropfenweise bis zur vollständigen Entfärbung Zinn(II)chloridlösung zu. Zur abgekühlten Flüssigkeit setzt man dann 30 ml Quecksilber(II)chloridlösung hinzu (15) und titriert nach Zusatz von 1···2 Tropfen Ferroindikator mit einer eingestellten Cer(IV)sulfatlösung, bis die Farbe von rotorange nach grünlichgelb umschlägt. Den auf diese Art ermittelten Eisengehalt muß man noch durch Multiplizieren mit 1,430 in Eisenoxyd umrechnen und dieses dann von der Auswaage an Aluminium- und Eisenoxyd abziehen.

$$\text{Rest} \cdot 52{,}93 = \% \text{ Al}$$

Im Filtrat von Eisen und Aluminium fällt man durch Zugabe von 20 ml Diacetyldioximlösung (16) evtl. vorhandenes Nickel. Der Niederschlag wird, nachdem er etwa 1 Stunde kalt (17) abgesessen hat, durch ein 9-cm-Schwarzbandfilter mit etwas Filterschleim abfiltriert. Mit kaltem Wasser wird gut ausgewaschen, der Niederschlag in Salzsäure gelöst und die Fällung wiederholt, filtriert, vorsichtig verascht und geglüht.

$$\text{Auswaage} \cdot 78{,}58 = \% \text{ Ni.}$$

Sollte das Nickelfiltrat nicht wasserhelle, sondern rötlichbraune bis dunkelbraune Färbung besitzen, so ist das ein Beweis, daß bei der Elektrolyse nicht alles Kupfer ausgeschieden ist. Um diese Kupfermengen zu bestimmen, macht man das Nickelfiltrat salzsauer und leitet Schwefelwasserstoff ein, bis sich das ausgeschiedene Kupfersulfid zusammengeballt hat (18). Man filtriert sofort durch ein 9-cm-Weißbandfilter, wäscht mit warmem schwefelwasserstoffhaltigem Wasser gut aus, verascht sofort und wägt als Kupferoxyd.

$$\text{Auswaage} \cdot 79{,}88 = \% \text{ Cu}$$

Das Filtrat vom Nickel bzw. vom Kupfersulfid macht man erst ammoniakalisch, dann essigsauer und leitet etwa 30 Minuten Schwefelwasserstoff ein. Der Niederschlag, der wenigstens $\frac{1}{2}$ Stunde abgesessen hat, wird durch ein 11-cm-Weißbandfilter mit etwas Filterschleim filtriert. Das Filter, das man mit ammoniumsulfathaltigem (5 g auf 200 bis 300 ml) Schwefelwasserstoffwasser ausgewaschen hat (19), bringt man in einen gewogenen Porzellantiegel und verascht vorsichtig. Nach dem Glühen wird mit Salpetersäure abgeraucht, nochmals geglüht und als Zinkoxyd gewogen.

$$\text{Auswaage} \cdot 80{,}34 = \% \text{ Zn}$$

Man kann aber auch das Zink titrimetrisch bestimmen, indem man das Filtrat vom Eisenniederschlag mit Schwefelsäure 1,4 neutralisiert. Diese Lösung, die ein Volumen von etwa 250 ml haben soll, wird mit 40 ml Schwefelsäure 1,4 (20) versetzt und nach Zugabe von 15 Tropfen $^{n}/_{10}$ Kaliumpermanganatlösung in der Kälte mit $^{n}/_{10}$ Kaliumcyanoferrat-(II)lösung (27 g im Liter) titriert. Die Titerstellung erfolgt mit einer Lösung von chemisch reinem Zink in Salzsäure, unter Benutzung von Permanganat (21).

Die Schwefelbestimmung, die jedoch selten verlangt wird, wird genau so ausgeführt wie in Stahl und Eisen (s. S. 17). Der Unterschied besteht nur darin, daß statt Salzsäure Bromwasserstoffsäure zum Auflösen genommen wird. Üblich ist ein Gehalt von 0,05% Schwefel.

Bemerkungen: (1) Grobe Späne lösen sich sehr schwer, weil die sich bildende Zinnsäure auf den Spänen zu fest haftet.

(2) Man dampft zur Trockne ein, um die Zinnsäure vollständig in die unlösliche Form überzuführen. Dadurch erreicht man auch, daß sich die Zinnsäure rasch und klar filtrieren läßt.

(3) Wenn sich die Lösung beim Filtrieren zu sehr abkühlt, kann sich leicht etwas Zinnsäure lösen.

(4) Da sich ein Metall theoretisch nicht quantitativ durch den elektrischen Strom abscheiden läßt, sondern die Abscheidung bei einer gewissen, wenn auch kleinen Metall-Ionen-Konzentration aufhört, darf niemals mit unnötig großem Elektrolytvolumen gearbeitet werden.

Um dies aber ausführen zu können, muß man sich bemühen, beim Auswaschen der Zinnsäure mit möglichst wenig Waschwasser auszukommen.

(5) Die Zinnsäure muß vorsichtig verascht werden, damit nicht durch die Filterkohle Reduktion zu Metall und durch die Verflüchtigung desselben Verluste entstehen können.

(6) Die Zinnsäure ist immer bei einem Eisengehalt der Legierung von über 0,8%, sowie bei Sondermessing, mit Eisen und evtl. mit etwas Kupfer verunreinigt.

(7) Statt Indigoblau kann man auch Methylorange als Indikator bei der Antimontitration verwenden. Man titriert dann bis zur vollständigen Entfärbung desselben. Gegen Ende der Titration ist es jedoch gut, nochmals einige Tropfen Methylorangelösung zuzugeben und nicht zu schnell zu titrieren, da die Entfärbung eine gewisse Zeit benötigt. Die Wirkungsweise der Indikatoren bei der Antimontitration beruht darauf, daß durch überschüssiges Bromat eine Oxydation derselben hervorgerufen wird.

(8) Enthält der Elektrolyt neben Kupfer noch Nickel und Kobalt, so muß außer Salpetersäure Ammoniumnitrat zugegen sein, um das Mitfallen von Kobalt bzw. Nickel zu verhindern.

(9) Um festhaftende glatte Niederschläge zu erhalten, müssen die vorgeschriebenen Bedingungen genau eingehalten werden. Namentlich darf die Lösung nicht zu sauer sein, da sich sonst das Kupfer schwammig abscheidet und dann beim Waschen und Trocknen leicht abfällt. Freie Stickoxyde im Elektrolyt verhindern die Metallfällung. Sie können durch Übersättigung mit pyridinfreiem Ammoniak und nachfolgendem Ansäuern mit stickoxydfreier Salpetersäure zerstört werden. Einfacher ist dies jedoch durch mehrfaches Zugeben von kleinen Mengen Hydrazinsulfat oder Harnstoff zu erreichen.

(10) Ist viel Blei zugegen, so wendet man als Anode ein Platindrahtnetz, eine sog. WÖLBLING-Elektrode an und fällt zunächst in stark saurer Lösung (15 ml Salpetersäure 1,4 auf 100 ml Flüssigkeit) bei 60° und 2···2,2 Volt das Blei. Ist alles Blei ausgeschieden, so entfernt man ohne Stromunterbrechung die Anode, stumpft einen Teil der Salpetersäure mit Ammoniak ab und elektrolysiert nach Einsetzen einer frischen Elektrode das Kupfer. Arbeitet man bei viel Blei mit zu geringer Salpetersäurekonzentration, so kann sich das Blei leicht mit dem Kupfer abscheiden, was dann an der Färbung des letzteren erkenntlich ist. Bei Vorhandensein von Eisen bzw. Mangan über 5% scheiden sich dieselben mit dem Blei an der Anode ab. In diesem Fall löst man den Belag der Anode wieder ab und bestimmt das Blei durch Eindampfen mit Schwefelsäure, s. Sondermessing.

(11) Von der Beendigung der Elektrolyse überzeugt man sich dadurch, daß man zum Elektrolyten Wasser hinzugibt. Die nun neu eintauchende

Stelle der Kathode darf nach Ablauf von 10 Minuten keinen Kupferansatz zeigen. Enthält jedoch der Elektrolyt viel Eisen, so kann dieses die quantitative Kupferfällung verhindern, indem das Eisen anodisch zu Eisen(III)sulfat oxydiert wird. Dieses kann aber nach der Gleichung:

$$Fe_2(SO_4)_3 + Cu = CuSO_4 + 2\ FeSO_4$$

Kupfer wieder von der Elektrode ablösen.

(12) Um die Elektrode vom Kupfer zu befreien, gibt man sie in ein Gefäß mit Salpetersäure 1,2. Den Blei(IV)oxydniederschlag kann man sehr schnell ablösen, wenn man die Elektrode in eine mit Salpetersäure angesäuerte Natriumnitritlösung bringt.

(13) Durch zu starkes Glühen, namentlich vor dem Gebläse, kann leicht etwas Fe_2O_3 in Fe_3O_4 verwandelt werden, und man erhält dann einen zu niedrigen Eisengehalt.

(14) Geglühtes Aluminiumoxyd ist in Salzsäure allein nicht löslich.

(15) Quecksilber(II)chlorid wird hinzugegeben, um einen evtl. Überschuß von Zinn(II)chloridlösung unschädlich zu machen:

$$SnCl_2 + 2\ HgCl_2 = SnCl_4 + Hg_2Cl_2$$

Bei richtiger Arbeitsweise ist nach dem Zusatz von Quecksilber(II)chlorid nur eine opalisierende Trübung, von ausgeschiedenem Quecksilber(I)chlorid (Kalomel) herrührend, wahrzunehmen. Bei größerem Überschuß von Zinn(II)chlorid bildet sich ein weißer Niederschlag. War die reduzierte Eisenlösung vor der Zugabe von Quecksilber(II)chlorid noch heiß, so kann ein schwarzer Niederschlag von metallischem Quecksilber entstehen.

(16) Mit 10 ml einer 1%igen Diacetyldioximlösung kann man 0,025 g Nickel fällen. Tritt keine Fällung, sondern nur eine Rotfärbung ein, so ist zweiwertiges Eisen vorhanden.

(17) Man darf Nickeldiacetyldioxim nicht heiß filtrieren und heiß auswaschen, da die Löslichkeit desselben in $90 \cdots 100°$ heißem (besonders spiritushaltigem) Wasser so bedeutend ist, daß dabei merkliche Fehler auftreten können.

(18) Bei der Fällung des Kupfers mit Schwefelwasserstoff in Anwesenheit von Zink ist zu beachten, daß das Kupfer in der Siedehitze gefällt und möglichst rasch filtriert werden muß, weil bei längerem Stehen der mit Schwefelwasserstoff gesättigten Flüssigkeit sehr leicht Zinksulfid ausgeschieden werden kann.

(19) Eine schwache opalisierende Trübung des Filtrates, die gewöhnlich erst nach dem Auswaschen auftritt, rührt von äußerst fein verteiltem (kolloidal gelöstem) Schwefel her, welcher durch den Luftsauerstoff aus Schwefelwasserstoff abgeschieden wurde.

(20) Wenn nicht genügend Säure vorhanden ist, bildet sich beim

Titrieren nicht Mangan(II)salz, sondern es scheidet sich Braunstein aus, und dadurch wird der Endpunkt der Titration undeutlich:

$$5\ K_4Fe(CN)_6 + KMnO_4 + 4\ H_2SO_4$$
$$= 3\ K_2SO_4 + MnSO_4 + 5\ K_3Fe(CN)_6 + 4\ H_2O$$

(21) Als Fehlergrenzen bei Schiedsanalysen sind für Kupfer, Zink und Zinn je 0,3%, für Blei und Antimon je 0,1% zulässig.

Sondermessing

Die Bestimmung von Zinn erfolgt wie im Rotguß (1).

Auch Kupfer und Blei (2) wird genau so wie dort elektrolytisch abgeschieden, nur mit dem Unterschied, daß nach Beendigung der Elektrolyse das anodisch abgeschiedene manganhaltige Blei(IV)oxyd mit Salpetersäure 1,2 und einigen Tropfen Wasserstoffperoxyd gelöst, mit dem Elektrolyt vereinigt, und das Blei durch Eindampfen mit Schwefelsäure bestimmt wird. Mangan, Eisen und Aluminium werden durch abwechselnden Zusatz kleiner Mengen Brom und Ammoniak gefällt, wobei genügend Ammoniumchlorid und nur wenig Ammoniak im Überschuß vorhanden sein darf. Man kocht auf, filtriert nach kurzem Stehenlassen die Hydroxyde ab, wäscht mit heißem Wasser gut aus und glüht im Porzellantiegel. Der Glührückstand wird in Salzsäure gelöst und die Fällung wiederholt, um eine gute Trennung vom Nickel und Zink zu erreichen. Der nach dem Veraschen gewogene Rückstand besteht aus Eisen,- Aluminium- und Manganoxyden. Der Tiegelinhalt wird nach dem Wägen in Salzsäure gelöst, auf 250 ml aufgefüllt und in 100 ml dieser Lösung das Eisen mit Cer(IV)sulfat bestimmt. In weiteren 100 ml wird das Mangan nach VOLHARD-WOLF titriert. Der gefundene Eisen- und Mangangehalt wird mit 1,430 bzw. 1,3883 multipliziert, um die ausgewogenen Oxyde zu erhalten. Diese von der Summe der drei Oxyde abgezogen, ergibt Aluminiumoxyd. Durch Multiplikation mit 52,93 erhält man den Gehalt an Aluminium. Im Filtrat der drei Oxyde bestimmt man, wie bei Rotguß bzw. Nickelbronze angegeben, Nickel und Zink.

Zur genaueren Bestimmung des Aluminiums werden in einer besonderen Einwaage nach Entfernung der Zinnsäure und des Kupfers das Eisen und Aluminium mit Ammoniak nach vorheriger Zugabe von Ammoniumchlorid ausgefällt. Die durch ein 11 cm qualitatives Filter abfiltrierten Hydroxyde werden in das Fällungsgefäß zurückgegeben und in Salzsäure 1,12 gelöst. Nach dem Abfiltrieren der Filterfasern wird unter Zusatz von Methylorange als Indikator mit Ammoniak bis zum Farbumschlag neutralisiert und wieder schwach angesäuert. Zur Lösung, welche etwa 250 ml betragen soll, gibt man 6 ml Salzsäure 1,12 und achtet beim Umschütteln darauf, daß keine beim Neutralisieren entstandenen Hydroxydflocken an der Glaswandung haften bleiben. Jetzt gibt man 20 ml Ammoniumphosphatlösung, 30 ml Ammoniumthiosulfatlösung und 15 ml Essigsäure hinzu und erhitzt zum Sieden. Die Lösung wird 30 Minuten unter Ersatz des verdampfenden Wassers im Kochen gehalten. Der Niederschlag wird durch ein 11-cm-Weißbandfilter abfiltriert und mit heißem Wasser gut ausgewaschen, geglüht und als Aluminiumphosphat gewogen. Die Auswaage mit 22,12 multipliziert ergibt Prozente Aluminium.

Da das Mangan selbst bei Zusatz von reichlich Brom nicht immer ganz quantitativ fällt, bestimmt man den genauen Mangangehalt in einer besonderen Einwaage, von 0,1 g, die man, wie bei Eisen und Stahl, nach SMITH titriert. Die Titerstellung der Natriumarsenitlösung erfolgt mit Hilfe eines Sondermessings, dessen Mangangehalt nach VOLHARD bestimmt wurde.

Nickel (3) und Zink werden wie im Rotguß ermittelt.

Bemerkungen: (1) Falls beim Lösen in Salpetersäure ein schwarzer Rückstand bleibt, arbeitet man wie folgt:

10 g Späne werden in 30 ml Salpetersäure 1,4 gelöst, die nitrosen Gase verkocht, mit 150 ml Wasser verdünnt und aufgekocht. Nachdem der Niederschlag abgesessen hat, wird er durch ein 11-cm-Weißbandfilter in einen 500-ml-Meßkolben filtriert und gut ausgewaschen. Nach dem Erkalten wird bis zur Marke aufgefüllt und 50 ml = 1 g zur Elektrolyse abgenommen. 250 ml = 5 g werden in einem 400-ml-Becherglas zur Bleibestimmung mit Schwefelsäure abgeraucht. Der in Salpetersäure unlösliche Rückstand wird in das Auflösungsgefäß zurückgebracht, mit wenig Salzsäure 1,12 und Kaliumchlorat gelöst und gekocht, bis die Lösung keine schwarzen Teile mehr enthält. In die Lösung wird, ohne vorher die Filterfasern abzufiltrieren, Schwefelwasserstoff eingeleitet, um das Zinn als Sulfid zu fällen. Nach dem Absetzen des Niederschlages wird durch ein 11-cm-Weißbandfilter filtriert, das Filter mit Salpetersäure 1,2 gelöst, die Zinnsäure durch ein 11-cm-Blaubandfilter abfiltriert und in einem Porzellantiegel verascht. Die Auswaage mit 7,877 multipliziert, ergibt Prozentgehalt Zinn. Die Zinnsäure ist auf Silicium zu prüfen durch Überpinseln in einen Platintiegel und Abrauchen mit Flußsäure. Bei Anwesenheit von Silicium ist die Kieselsäure von der Gesamtauswaage Zinnsäure und Kieselsäure abzuziehen.

Im Filtrat vom Zinnsulfid wird der Schwefelwasserstoff verkocht und mit Bromwasser oxydiert, auf 500 ml aufgefüllt, durch ein qualitatives Filter filtriert und 50 ml = 1 g zum Kupferelektrolyt gegeben. Die Eisen-Mangan- und Aluminiumfällung erfolgt dann wie üblich, Mangan wird nach VOLHARD bestimmt.

(2) Die Gegenwart von Mangan erkennt man bei der elektrolytischen Fällung des Kupfers an der Violettfärbung der Flüssigkeit bzw. an der Abscheidung brauner Flocken von wasserhaltigem Mangan(IV)-oxyd an der Anode.

(3) Bei Anwesenheit größerer Nickelmengen als 5% stört das Nickel bei der Manganbestimmung nach VOLHARD. Es wird dann wie folgt verfahren. Von der Nickellegierung werden 5 g in Salpetersäure 1,2 gelöst, die Lösung eingedampft, wieder mit wenig Salpetersäure und Wasser aufgenommen, die evtl. abgeschiedene Zinnsäure abfiltriert, mit Ammoniak übersättigt und abwechselnd kleine Mengen Bromwasser und Ammoniak zugegeben, bis alles Fällbare abgeschieden ist. Nach kurzem Stehen wird abfiltriert und mit ammoniakhaltigem Wasser ausgewaschen, der Niederschlag mit heißer Salzsäure vom Filter gelöst, das gebildete Chlor verkocht und die Fällung wiederholt. Die Oxyde werden verascht und geglüht, evtl. gewogen und dann in Salzsäure mit einigen Tropfen Flußsäure gelöst. Diese Lösung bringt man in einen 250-ml-Meßkolben, füllt auf und entnimmt für die Eisentitration mit Cer(IV)sulfat 100 ml = 2 g und ebenso 100 ml = 2 g für die Titration des Mangans nach VOLHARD.

Phosphorbronze (1)

Die Bestimmung der einzelnen Bestandteile erfolgt wie im Rotguß, jedoch ist die Zinnsäure bei Phosphorbronzen gewöhnlich durch Phosphorsäure verunreinigt. Daher muß man die Zinnsäure noch mit Natriumcarbonat und Schwefel schmelzen. Dies geschieht mit ungefähr der sechsfachen Menge eines aus gleichen Teilen Schwefel und Natriumcarbonat bestehenden Gemisches so lange, bis die blaue Flamme, die zwischen Tiegelrand und Deckel sichtbar ist, verschwindet. Nach dem Erkalten löst man in möglichst wenig Wasser auf. Sollte die Lösung nicht klar, sondern durch kolloidal gelöstes Eisen grün gefärbt sein, so gibt man etwas festes Ammoniumchlorid hinzu, wodurch das Eisensulfid ausgeschieden und die überstehende Lösung klar gelb gefärbt wird.

Ebenso ist das elektrolytisch abgeschiedene Kupfer oft mit Phosphor verunreinigt und muß durch Umfällung von demselben befreit werden. Das geschieht am besten in einer Lösung, die 5% Ammoniumnitrat und 2% Salpetersäure 1,4 enthält.

Phosphor bestimmt man in einer besonderen Einwaage von 4 g. Diese werden in etwa 25 ml Salpetersäure 1,4 gelöst und mit wenigen Millilitern Salzsäure 1,19 zur Lösung der Zinnsäure versetzt. Hierauf gibt man Kaliumpermanganat im Überschuß hinzu und behandelt weiter wie bei der Phosphorbestimmung im Stahl.

Bemerkungen: (1) Die Bezeichnung „Phosphorbronze" soll ausdrücken, daß es sich um eine Zinnbronze handelt, die mit Phosphor desoxydiert wurde. Der Phosphorgehalt ist gewöhnlich sehr gering, oft sogar läßt er sich auf chemisch-analytischem Wege kaum nachweisen.

Silberlot

1 g Späne werden im 250-ml-Becherglas in 10 ml Salpetersäure 1,4 gelöst, die Zinnsäure abfiltriert, gut gewaschen und verascht. Auswaage·78,77 = % Sn. Das Filtrat wird mit Salzsäure versetzt und gekocht, bis sich das Silberchlorid gut zusammenballt. Dieses filtriert man durch einen gewogenen GOOCH-Tiegel und wägt nach dem Trocknen. Auswaage·75,26 = % Ag. Das Filtrat vom Silberchlorid wird mit 10 ml Schwefelsäure 1,4 versetzt und eingedampft, bis Schwefelsäuredämpfe entweichen. Nach dem Abkühlen wird mit wenig Wasser verdünnt, aufgekocht und etwa vorhandenes Bleisulfat abfiltriert. Das Bleisulfat wird im gewogenen Porzellantiegel schwach geglüht, hierauf mit einigen Tropfen Salpetersäure 1,4 und 2···3 Tropfen Schwefelsäure 1,84 versetzt, auf der Heizplatte eingedampft, nach dem Abrauchen geglüht und wieder gewogen. Auswaage·68,32 = % Pb. Das Filtrat vom Bleisulfat wird schwach ammoniakalisch, dann schwach salzsauer gemacht. Nun setzt man 50 ml Salzsäure 1,19 hinzu und fällt in der stark sauren Lösung mit Schwefelwasserstoff das Kupfer als Sulfid. Dieses wird filtriert, im Becherglas mit 10···20 ml rauchender Salpetersäure gelöst, bis das Filter zersetzt ist und nach dem Neutralisieren mit Ammoniak in salpetersaurer Lösung das Kupfer elektrolysiert. Nach beendeter Elektrolyse wird das abgeschiedene Kupfer vom Netz gelöst und die Elektrolyse wiederholt. Die Elektrolyte werden mit dem schwefelwasserstoffhaltigen Filtrat der Kupferfällung vereinigt, mit Ammoniak abgestumpft (hierbei fällt schon Cadmiumsulfid aus) und in die schwachsaure Lösung noch $\frac{1}{4}$ Stunde Schwefelwasserstoff eingeleitet. Das Cadmiumsulfid läßt man warm absetzen, filtriert durch ein 11- oder 12,5-cm-Filter mit Filterfasern und wäscht gut mit schwefelwasserstoffhaltigem Wasser aus. Das Cadmiumsulfid wird mit Salpetersäure 1,2 vom Filter in ein gewogenes Pozellanschälchen gelöst, mit einigen Tropfen Schwefelsäure 1,84 versetzt, nach dem Abrauchen schwach geglüht und gewogen. Auswaage·53,92 = % Cd. Das schwefelwasserstoffhaltige Filtrat wird ammoniakalisch gemacht. Das ausgefallene Eisen- und Zinksulfid läßt man 12 Stunden warm absetzen. Die beiden Sulfide werden filtriert, mit ammoniumsulfidhaltigem Wasser gewaschen und im Porzellantiegel verascht. Das nun als Oxyd vorliegende Eisen und Zink wird in Salzsäure gelöst, das Eisen mit Ammoniak gefällt, filtriert und mit Cer(IV)sulfat titriert. Im Filtrat vom Eisen wird in essigsaurer

Lösung mit Schwefelwasserstoff das Zink gefällt, nach dem Absetzen filtriert, verascht und als Zinkoxyd gewogen.

$$\text{Auswaage} \cdot 80{,}34 = \% \text{ Zn.}$$

Nickel

Im Handelsnickel sind folgende Verunreinigungen zu bestimmen: Silicium, Eisen, Zinn, Kupfer, Mangan, Arsen, Schwefel, Kohlenstoff und immer Kobalt.

Zur Bestimmung von Silicium, Eisen, Zinn, Kupfer, Mangan und Kobalt löst man 10 g Späne im 800-ml-Becherglas mit 50 ml Salpetersäure 1,4, dampft nach dem vollständigen Lösen zur Trockne ein, nimmt mit Salzsäure auf und dampft zur restlosen Vertreibung der Salpetersäure noch zweimal zur Trockne. Nachdem dies geschehen ist, nimmt man wieder mit Salzsäure auf, verdünnt mit etwa 100 ml Wasser, kocht auf und filtriert die Kieselsäure durch ein 9-cm-Schwarzbandfilter. Der Niederschlag wird ausgewaschen, verascht und gewogen.

$$\text{Auswaage} \cdot 4{,}672 = \% \text{ Si.}$$

In das Filtrat der Kieselsäure leitet man Schwefelwasserstoff ein und fällt Kupfer, Zinn und Arsen. Der Niederschlag wird durch ein 11-cm-Weißbandfilter filtriert, mit Wasser ausgewaschen, in 30 ml Salpetersäure 1,2 gelöst und mit kochendem Wasser verdünnt. Die dadurch gebildete Zinnsäure wird mit den Filterfasern durch ein 11-cm-Blaubandfilter abfiltriert, verascht und gewogen.

$$\text{Auswaage} \cdot 7{,}877 = \% \text{ Sn.}$$

Im Filtrat der Zinnsäure wird das *Kupfer* wie üblich durch Elektrolyse bestimmt (1).

Arsen wird in einer besonderen Einwaage bestimmt, indem man 10 g des Nickels in Salpetersäure löst, mit Schwefelsäure die Salpetersäure verjagt und zur Trockne dampft. Die Sulfate bringt man in einen 750-ml-ERLENMEYER-Kolben und spült mit 50 ml Salzsäure 1,12 nach, dann setzt man 50 g Eisen(II)chlorid und 75 ml Salzsäure 1,19 hinzu und destilliert das Arsen als Arsen(III)chlorid ab. Das Destillat fängt man in einem mit 50 ml Salzsäure 1,19 versehenen 500-ml-ERLENMEYER-Kolben auf und unterbricht die Destillation, wenn etwa 75 ml übergegangen sind. Man kann das Arsen(III)chlorid nun entweder wie beim Zinn mit $n/10$ Kaliumbromat titrieren, oder aber man kühlt das Destillat ab und macht mit festem Ammoniumcarbonat alkalisch. (Man verwendet Ammoniumcarbonat, um die mit Ammoniak auftretende Reaktionswärme zu vermeiden.) Hierauf macht man wieder schwach salzsauer und gibt so viel Natriumcarbonat hinzu, daß die Lösung deutlich alkalisch ist. Nun titriert man mit $n/10$ Jodlösung unter Verwendung von Stärke als Indikator. 1 ml $n/_{10}$ Jodlösung entspricht bei 10 g Einwaage 0,03746% *Arsen*.

Das Filtrat von Kupfersulfid und Zinn wird durch Eindampfen und Zugabe einiger Tropfen Bromwasser vom Schwefelwasserstoff befreit. Mit Ammoniak und Bromwasser werden Eisen und Mangan ausgefällt, durch ein 11-cm-Schwarzbandfilter abfiltriert und ausgewaschen. Um den Niederschlag frei von Nickel zu erhalten, wird er in heißer Salzsäure 1,12 gelöst und nochmals mit Ammoniak und Bromwasser gefällt. Der abfiltrierte und ausgewaschene Niederschlag wird im Porzellantiegel verascht, stark geglüht und Eisenoxyd und Mangan(II, III)oxyd zusammen ausgewogen. Der Rückstand wird dann mit Salzsäure 1,19 im Tiegel gelöst und Eisen mit Cer(IV)sulfat bestimmt (siehe Rotgußuntersuchung). Die Eisenmenge auf Oxyd umgerechnet und von obiger Auswaage abgezogen, ergibt den Gehalt an Mangan(II, III)oxyd. Dieses · 7,203 = % Mn.

Im Filtrat von Eisen und Mangan kann man *Nickel* und *Kobalt* bestimmen, indem man das Filtrat auf 1000 ml auffüllt, 100 ml abnimmt und elektrolysiert, wie bei der Bestimmung von Nickel in Nickel-Kupferlegierung (s. S. 109) beschrieben.

Zur Bestimmung des Kobalts wird der Nickel- und Kobaltniederschlag von der Elektrode gelöst und das Kobalt, wie bei der Nickel-Kupferlegierung beschrieben, gefällt.

Man kann auch Kobalt in einer besonderen Einwaage feststellen, indem man 10 g in Salpetersäure löst, mit Zinkoxyd Eisen, Kupfer usw. ausfällt und auf 1000 ml auffüllt. Vom Filtrat dampft man 200 ml zur vollständigen Entfernung der Salpetersäure zweimal mit Salzsäure zur Trockne ein und bestimmt *Kobalt* mit α-Nitroso-β-naphthol wie in Nickel-Kupferlegierungen.

Schwefel: a) Gewichtsanalytisch. Man löst 10 g in 50 ml schwefelsäurefreier Salpetersäure 1,4 (2), dampft zweimal mit je 100 ml reiner Salzsäure zur Trockne ein, nimmt den Rückstand mit Salzsäure und Wasser auf, filtriert die Kieselsäure ab, verdünnt auf 800 ml und fällt siedend heiß mit 20 ml heißer Bariumchloridlösung den Schwefel als Bariumsulfat, läßt in der Wärme 4 Stunden absetzen und filtriert dann durch ein 11-cm-Weißbandfilter und etwas Filterschleim, wäscht gut aus, verascht und wägt.

$$\text{Auswaage} \cdot 1{,}374 = \% \text{ S}$$

b) Durch Verbrennen im Sauerstoffstrom. Diese Bestimmung wird genau so durchgeführt wie die Schwefelbestimmung im Stahl. Man erhält jedoch nur dann richtige Werte, wenn als Zuschlag metallisches Mangan verwendet und bei einer Temperatur von 1250° gearbeitet wird. Die Einwaage soll 0,5 g nicht überschreiten. Die vollständige Verbrennung dauert bei 1250° 6 Minuten.

Kohlenstoff: Die Bestimmung wird ähnlich wie die des Kohlenstoffs im Stahl durchgeführt, nur bringt man hinter das Schiffchen mit Nickelspänen ein zusammengerolltes Platindrahtnetz so ein, daß es gerade noch in der Glühzone liegt. Während der Verbrennung hält man die Temperatur 10···15 Minuten auf 1150···1200° und läßt nach dem Ausschalten des Stromes den Sauerstoff noch etwa 10 Minuten den Ofen durchstreichen. Es ist dabei nicht nötig, zur Verbrennung nur feine Späne zu verwenden, denn selbst aus 1···2 mm starken Bohrspänen wird der Kohlenstoff in der angegebenen Zeit restlos herausgebrannt.

Bemerkungen: (1) Teilweise schlägt sich das Arsen mit dem Kupfer nieder, gewöhnlich aber erst, wenn 1% oder noch mehr Arsen vorhanden ist und die Elektrolyse zu lange fortgesetzt wird. Das Kupfer ist dann aber nicht hellrot, sondern dunkel gefärbt und kann durch Umfällung in einer Lösung von 5% Ammoniumnitrat und 2% Salpetersäure 1,4 rein erhalten werden.

(2) Da die als chemisch rein bezeichneten Säuren meist geringe Mengen Schwefelsäure enthalten, ist es nötig, neben der eigentlichen Bestimmung eine Blindprobe mit den gleichen Säuremengen zu machen. Man darf dabei aber nicht bis zur Trockne eindampfen, weil sich sonst die Schwefelsäure verflüchtigt. Die in den Chemikalien gefundene Schwefelmenge ist dann von der im Nickel gefundenen abzuziehen.

Nickel-Kupferlegierung
(Konstantan, Monellmetall, Nickelin)

Bei Legierungen mit einem Nickelgehalt bis zu 5% kann man nach der Rotgußanalyse arbeiten. Der Kupferelektrolyt muß jedoch zur vollständigen Verhinderung der Nickelausscheidung 5% Ammoniumnitrat enthalten. Hat man Material mit höherem Nickelgehalt zu untersuchen, so nimmt man zur Nickelbestimmung vom Eisenfiltrat einen aliquoten Teil ab, so daß man ungefähr 20···50 mg Nickel in Lösung hat. In Nickelbronzen mit einem Gehalt von über 20% empfiehlt es sich, das Nickel elektrolytisch zu bestimmen (1). Zu diesem Zweck dampft man die von Zinn, Kupfer und Blei auf die übliche Art befreite Lösung zur Entfernung der Salpetersäure zur Trockne ein, nimmt mit Salzsäure auf und dampft zur vollständigen Vertreibung der Salpetersäure nochmals ein, nimmt wieder mit Salzsäure auf, oxydiert das Eisen und Mangan durch Zusatz von etwas Bromwasser, macht ammoniakalisch, filtriert Eisen und Mangan ab und bestimmt dieselben wie im Sondermessing (s. S. 103). Das Filtrat, welches durch Kochen vom Brom befreit ist, soll 25···30% Ammoniak enthalten. Zur Erhöhung der Leitfähigkeit gibt man noch 3···5 g Ammoniumsulfat hinzu, verdünnt auf etwa 120 ml und elektrolysiert am besten mit 1 Amp. und 3···4 Volt. An der vollständigen Entfärbung läßt sich das Ende der Fällung ziemlich genau erkennen (2). Beschleunigt wird dieselbe, wenn man bei etwa 60° arbeitet (3). Nach beendeter Abscheidung hebt man das Netz allmählich aus dem Bad und spritzt gleichzeitig mit destilliertem Wasser vom oberen Rand herab, spült nochmals mit destilliertem Wasser, hierauf mit Alkohol und trocknet bei 110° im Trockenschrank. Man wägt nun Nickel und Kobalt zusammen aus. Um den Niederschlag von der Elektrode zu lösen, kocht man dieselbe 15···30 Minuten lang in Salpetersäure 1,2 (4). In dieser Lösung kann man nun Kobalt mit α-Nitroso-β-naphthol fällen. Zu diesem Zweck dampft man zweimal mit Salzsäure ein, nimmt mit Salzsäure auf und gibt zu der Lösung, die auf 100 ml etwa 20 ml Salzsäure 1,19 enthält, in der Siedehitze 30 ml einer 2%igen essigsauren α-Nitroso-β-naphthol-Lösung (5), läßt unter öfterem Umschütteln an einem warmen Ort mehrere Stunden absitzen, bis die überstehende Flüssigkeit vollständig klar geworden ist, filtriert durch ein Weißbandfilter, wäscht zunächst mit kalter, dann mit warmer 12%iger Salzsäure und hierauf mit reinem Wasser nickelfrei und verascht bei schwacher Rotglut in einem gewogenen Porzellantiegel mit aufgelegtem Deckel. Sobald die Entwicklung brennbarer Gase aufgehört hat, wird die gebildete Kohle durch starkes Glühen unter Luftzutritt vollständig verbrannt. Nach dem Erkalten wird der Tiegel zurückgewogen. Das Kobalt(II, III)oxyd mit 0,7343 multipliziert, ergibt den Gehalt an Kobalt, welcher von der Nickel-Kobalt-Auswaage abgezogen werden muß, um den Nickelgehalt zu finden (6).

Bemerkungen: (1) Will man größere Nickelmengen als Dioxim fällen, so muß man, um die lösende Wirkung des Alkohols auf das Nickeldiacetyldioxim auszuschalten, die berechnete Menge Reagens durch Kochen mit nur 20 bis 30 Teilen Alkohol lösen und vorsichtig zur Nickellösung zugeben. Man kann bei größeren Nickelmengen dann $^1/_3$ oder $^1/_5$ der gemessenen Lösung verwenden. Ein Glühen des Nickelniederschlages empfiehlt sich aber bei größeren Niederschlägen nicht, sondern es ist dann besser, dieselben durch einen gewogenen GOOCH-Tiegel abzusaugen und bei 110···115° bis zur Gewichtskonstanz im Trockenschrank zu trocknen. Statt GOOCH-Tiegel mit eingelegter Filtrierpapierscheibe kann man auch die von Schott und Gen. gelieferten Glasfiltertiegel Form 1 G 3/5···7 verwenden. Der Niederschlag wird als Nickeldiacetyldioxim ausgewogen.

$$\frac{\text{Auswaage} \cdot 20{,}32}{\text{Einwaage}} = \% \text{ Ni}$$

(2) Ehe man jedoch den Strom unterbricht, kann man durch Zugabe von Diacetyldioxim zu 1 ml des Elektrolyten prüfen, ob die Fällung beendet ist.

(3) Die Elektrolyse darf nicht zu lange fortgesetzt werden, weil sonst die Anode angegriffen wird und die Kathode durch das abgeschiedene Platin immer schwerer wird. Namentlich dann, wenn das verwendete Ammoniak nicht pyridinfrei war, werden an der Anode kleine Mengen Platin gelöst und mit feinst verteiltem Kohlenstoff an der Kathode niedergeschlagen. Um dies zu vermeiden, kann man dem Elektrolyt geringe Mengen Hydrazinsulfat oder Hydroxylaminsulfat zusetzen.

(4) Kocht man zu kurze Zeit, so ist noch nicht alles Nickel abgelöst und die Elektrode läuft beim Ausglühen an. Ist die Lösung trübe, oder zeigt die Kathode einen feinen Überzug, so ist das ein Zeichen, daß von der Anode Platin in Lösung gegangen ist.

(5) Beim Arbeiten mit α-Nitroso-β-naphthol ist wegen der ätzenden Wirkung desselben und seiner Verbrennungsgase Vorsicht geboten.

(6) Bei größeren Mengen Kobalt muß jedoch, da das Kobalt(II, III)-oxyd oft etwas Kobalt(II)oxyd einschließt, der Tiegelinhalt in Kobalt-sulfat übergeführt werden und dasselbe dann elektrolytisch wie Nickel bestimmt werden.

Nickel-Kupfer-Zink-Legierung
(Argentan, Alpaka)

Der Analysengang ist derselbe wie bei der Nickel-Kupferlegierung, jedoch muß vor der Nickelelektrolyse das Zink entfernt werden. Man verfährt dann so, daß man die von Kupfer, Blei, Eisen und Mangan befreite Lösung mit Schwefelsäure unter Benutzung von Methylorange als Indikator genau neutralisiert, dann 0,5 ml Schwefelsäure 1,4 zusetzt und 1···2 Stunden Schwefelwasserstoff einleitet. Ist der Niederschlag nicht rein weiß, so wird er in heißer Schwefelsäure 1,4 gelöst, nochmals wie oben gefällt und das Zinksulfid wie im Rotguß weiter behandelt. Im Filtrat vom Zinksulfid wird durch Kochen der Schwefelwasserstoff vertrieben und, nachdem man ammoniakalisch gemacht hat, das Nickel elektrolysiert.

Zink

Als Verunreinigungen kommen vor Zinn, Kupfer, Eisen, Blei, Cadmium und Nickel.

Von der Probe löst man 10 g im 800-ml-Becherglas mit 50 ml Salpetersäure 1,4, verdünnt nach dem vollständigen Lösen, kocht auf, läßt etwa 1 Stunde an warmem Ort absitzen und filtriert durch ein 11-cm-Blaubandfilter die Zinnsäure ab. Der gut mit salpetersäurehaltigem Wasser ausgewaschene Niederschlag wird verascht und geglüht.

$$\text{Auswaage} \cdot 7{,}877 = \% \text{ Sn}$$

Das Filtrat der Zinnsäure gießt man unter Umrühren in etwa 300 bis 400 ml Ammoniak, wobei das sich zunächst ausscheidende Zink wieder in Lösung geht. Dann gibt man so lange ganz verdünntes Ammoniumsulfid hinzu, bis alles Kupfer, Blei, Eisen und Cadmium als Sulfid gefällt ist und der neuentstehende Niederschlag von ausgeschiedenem Zinksulfid rein weiß aussieht. Man erhitzt die Flüssigkeit vorsichtig auf etwa 80°, läßt den Niederschlag absetzen und filtriert durch ein 11-cm-Weißbandfilter mit etwas Filterschleim. Im Filtrat darf nach Zusatz von Ammoniumsulfid nur eine rein weiße Fällung von Zinksulfid entstehen. Der Niederschlag, der Blei, Kupfer, Cadmium und Eisen enthält, wird auf dem Filter mit heißer Salzsäure 1,12 behandelt. Dadurch gehen Blei, Cadmium und Eisen in Lösung, während Kupfer ungelöst zurückbleibt. Dasselbe kann dann verascht und als Kupferoxyd gewogen werden.

$$\text{Auswaage} \cdot 7{,}988 = \% \text{ Cu.}$$

Die salzsaure Lösung dampft man zur Abscheidung des Bleis mit Schwefelsäure bis zum Abrauchen ein. Man läßt erkalten, nimmt mit Wasser auf und filtriert das Bleisulfat durch ein 11-cm-Weißbandfilter ab, wäscht mit 0,7% ammoniumsulfathaltigem heißem Wasser gut aus, löst den Bleisulfatniederschlag in Ammoniumacetatlösung und wiederholt die Fällung. Das nun erhaltene Bleisulfat wird wieder durch ein Weißbandfilter abfiltriert, mit ammoniumsulfathaltigem Wasser ausgewaschen und vorsichtig verascht. Nach dem Veraschen befeuchtet man den Tiegelinhalt mit einigen Tropfen Salpetersäure 1,4 und Schwefelsäure 1,84, raucht vorsichtig ab und wägt aus.

$$\text{Auswaage} \cdot 6{,}832 = \% \text{ Pb}$$

Das Filtrat neutralisiert man mit Ammoniak, gibt pro 100 ml Flüssigkeit 10 ml Salzsäure 1,12 hinzu und leitet längere Zeit in der Kälte Schwefelwasserstoff ein. Das zinkfreie Cadmiumsulfid filtriert man durch ein 11-cm-Weißbandfilter und löst es mit wenigen Millilitern Salpetersäure 1,2. Diese Lösung dampft man in einem gewogenen Porzellantiegel mit einigen Tropfen Schwefelsäure 1,84 ab, verjagt die freie Säure, glüht den Rückstand schwach und wägt als Cadmiumsulfat.

$$\text{Auswaage} \cdot 5{,}392 = \% \text{ Cd}$$

Aus dem Filtrat des Cadmiumsulfids verjagt man durch Kochen den Schwefelwasserstoff, oxydiert mit einigen Tropfen Brom und fällt das *Eisen* durch Zusatz von Ammoniak. Man filtriert, verascht und arbeitet weiter wie bei Rotguß angegeben.

Bei stark verunreinigtem Zink kann man auch wie folgt verfahren: 10 g Metall werden in etwa 40 ml Salpetersäure 1,4 gelöst, nach dem vollständigen Lösen mit kochendem Wasser versetzt, aufgekocht und etwa 1 Stunde abstehen gelassen und die *Zinnsäure* wie üblich bestimmt. Im Filtrat wird *Blei* als Sulfat bestimmt. Im Bleifiltrat wird durch Zusatz von Ammoniak Eisen gefällt. Im Eisenfiltrat fällt man evtl. Nickel durch Zusatz von Diacetyldioxim. In der von Eisen und Nickel befreiten Lösung verkocht man den Alkohol, macht wie oben beschrieben salzsauer, leitet Schwefelwasserstoff ein und fällt Kupfer und Cadmium. Diese Sulfide bringt man auf ein Filter und übergießt sie mit heißer Salzsäure 1,12, wodurch *Cadmium* in Lösung geht und wie oben durch Eindampfen im Tiegel bestimmt werden kann. *Kupfer* bleibt als Sulfid auf dem Filter zurück und wird verascht.

Zinn

Die Verunreinigungen können sein, Blei, Kupfer, Wismut, Eisen, Antimon und Arsen.

Zur Bestimmung derselben löst man 10 g des feingeschnittenen Metalls im 800-ml-Becherglas mit 60 ml Salzsäure 1,19 unter Zusatz von Kaliumchlorat. Sobald alles gelöst ist, versetzt man die Lösung, welche gelb sein muß, mit 30 g fester Weinsäure, kühlt ab und macht unter ständiger Kühlung mit Kalilauge alkalisch. Hierauf gibt man 40 ml Natriumsulfidlösung hinzu, kocht auf und läßt den Niederschlag absetzen. Nach einiger Zeit filtriert man durch ein 11-cm-Weißbandfilter, wäscht gut aus, löst den Niederschlag in etwa 40 ml Salpetersäure 1,2, filtriert die Filterfasern ab und behandelt weiter, wie beim Weißmetall beschrieben.

Das evtl. vorhandene Wismut scheidet sich bei der Kupferelektrolyse mit demselben ab. Um es zu bestimmen, löst man nach der Auswaage das Kupfer und Wismut mit einigen Millilitern Salpetersäure 1,4 von der Elektrode, verdünnt mit etwa 100 ml Wasser und läßt dann so lange eine verdünnte Natriumcarbonatlösung zufließen, bis ein bleibender Niederschlag entsteht. Die Flüssigkeit rührt man öfter um und läßt 1 bis 2 Stunden absitzen. Das gesamte Wismut nebst etwas Kupfer befindet sich im Niederschlag. Derselbe wird durch ein 11-cm-Schwarzbandfilter abfiltriert und nach dem Auswaschen mit einigen Millilitern warmer Salzsäure 1,12 vom Filter gelöst. Nachdem man die Hauptmenge der freien Säure vertrieben hat, fällt man das Wismut durch Verdünnen der Lösung mit etwa 1000 ml Wasser als Wismutoxychlorid. Nach 24 stündigem Absitzen filtriert man durch ein 9-cm-Schwarzbandfilter, verascht vorsichtig und wägt als Wismutoxyd. Der Wismutgehalt ist von der Kupfer-Wismut-Auswaage abzuziehen.

$$\text{Auswaage} \cdot 8{,}970 = \% \text{ Bi}$$

Zur Antimonbestimmung werden 10 g Material mit 100 ml Salzsäure bis zum Aufhören der Wasserstoffentwicklung erhitzt. Aus der etwas verdünnten Lösung wird das Antimon und Kupfer durch Zugabe von etwa 6···10 g Eisenpulver (Ferrum reductum) ausgefällt und durch einen Wattebausch, der mit etwas Eisenpulver bestreut ist, abfiltriert. Nachdem man gut ausgewaschen hat, bringt man den Niederschlag samt Wattebausch in ein 800-ml-Becherglas, löst in wenig Salzsäure 1,19 und etwas Kaliumchlorat und leitet heiß Schwefelwasserstoff ein. Nach 10 Minuten langem Einleiten verdünnt man mit 400 ml Wasser und leitet weitere 20 Minuten ein. Der Niederschlag wird dann sofort durch ein 11-cm-Weißbandfilter mit etwas Filterschleim filtriert und mit heißem Wasser gut ausgewaschen. Das Antimonsulfid kann nun entweder mit Natriumsulfid in Lösung gebracht werden zur elektrolytischen Bestimmung, oder aber man löst den Niederschlag mit Salzsäure 1,19 vom Filter, verkocht den Schwefelwasserstoff und titriert das Antimon nach Zusatz von Methylorange mit $n/_{10}$ Kaliumbromat wie im Weißmetall.

Zur Arsenbestimmung kann man den bei der Arsenbestimmung in Stahl und Eisen gebräuchlichen Apparat benutzen. Die Untersuchung wird wie folgt ausgeführt: Man bringt 5 g Material mit 50 ml kalt gesättigter Eisen(III)chloridlösung in den Destillierkolben, läßt nach 5 Minuten aus dem Trichter 100 ml Salzsäure 1,19 hinzufließen, worauf man erhitzt. Hat man etwa 100 ml abdestilliert, gibt man durch den Aufsatz ein Gemisch von 60 ml Salzsäure 1,19 und 40 ml Wasser hinzu und destilliert nochmals 100 ml ab. Das Destillat, welches man in einem 500-ml-ERLENMEYER-Kolben aufgefangen hat, wird auf 60···70° erwärmt und nach Zusatz von Methylorange mit $n/_{10}$ Kaliumbromat titriert. 1 ml $n/_{10}$ Kaliumbromatlösung entspricht bei 1 g Einwaage 0,3746% *Arsen*.

Man kann die Bestimmung von Kupfer, Blei, Wismut und Eisen auch dadurch vornehmen, daß man 10 g des Zinns in Bromwasserstoff 1:10 löst, die Lösung eindampft und den Rückstand wiederholt mit Brom-Bromwasserstoff zur Trockne eindampft. Durch diese Operation wird Zinn Arsen und Antimon verflüchtigt, während die obigen Metalle zurückbleiben, die dann wie üblich getrennt werden können.

Bestimmung von Chrom in Metall-Legierungen

1···2 g Späne löst man direkt in einem 500-ml-Meßkolben mit 25 ml Salzsäure 1,19, oxydiert nach dem Lösen mit etwa 1 g Kaliumchlorat (nicht mit Salpetersäure), verkocht das Chlor, engt stark ein, verdünnt mit etwas heißem Wasser und macht mit einer konz. Natriumcarbonatlösung alkalisch. Hierauf versetzt man die Lösung mit festem Kaliumpermanganat, bis ein Überschuß vorhanden ist und erhitzt unter Hindurchleiten von Luft (um Stoßen zu vermeiden) zum Sieden. Man kocht ½ Stunde und reduziert dann den Permanganatüberschuß mit 5···10 ml

Alkohol 1 : 1, kocht bis der Geruch des entstandenen Aldehyds verschwunden ist, kühlt ab und füllt bis zur Marke auf. Nachdem man die Probe gut umgeschüttelt hat, filtriert man durch ein Faltenfilter, wobei man die ersten Anteile des Filtrats verwirft (denn durch das Filter wird die erste hindurchgehende Chromatlösung reduziert) und entnimmt einen aliquoten Teil. Diesen versetzt man mit 1 ··· 2 g jodatfreiem Kaliumjodid, gibt etwa 20 ··· 30 ml verdünnte Salzsäure hinzu und titriert mit Natriumthiosulfat, dessen Titer mit chemisch reinem Kaliumdichromat gestellt ist. (Vergleiche dazu das bei Ferrochrom Gesagte.)

Bemerkungen: In alkalischer Lösung geht die Reduktion des Kaliumpermanganates nur bis zum Mangan(IV)oxyd.

$$2\ KMnO_4 = K_2O + 2\ MnO_2 + 3\ O$$
$$2\ KMnO_4 + 3\ C_2H_5OH = 3\ CH_3CHO + 2\ MnO_2 + 2\ KOH + 2\ H_2O$$

Alkohol   Aldehyd

Dritter Teil

Betriebsstoffe

Untersuchung säurelöslicher Schlacken, Erze und Kesselsteine

Glühverlust (1): 2,5 g der feingeriebenen und bei 105° 2 Stunden getrockneten Probe werden bis zur Gewichtskonstanz auf dem Brenner geglüht. Die eintretende Gewichtsabnahme ist der Glühverlust.

Wasserlösliche Bestandteile: 2,5 g werden im 400-ml-Becherglas mit 250 ml kaltem Wasser angesetzt und über Nacht stehengelassen, wobei kurz nach dem Ansetzen mehrere Male umgerührt wird. Es wird durch ein Weißbandfilter mit Filterschleim in einen 500-ml-Meßkolben filtriert und kalt ausgewaschen. Der wasserunlösliche Rückstand wird verascht, geglüht und wie bei der Gesamtanalyse beschrieben, weiterverarbeitet. Vom Filtrat wird nach dem Auffüllen der Salzgehalt durch Eindampfen von 100 ml in einer Platinschale bestimmt. Ist die Reaktion des Filtrates sauer, so wird in einem aliquoten Teil durch Titration die freie Säure (meist Schwefelsäure) bestimmt. Die weiteren Bestandteile werden wie üblich festgestellt.

Zur Gesamtanalyse werden 2,5 g in einem 400-ml Becherglas mit etwas Bromwasser (zur Oxydation des Sulfidschwefels) aufgeschlämmt und mit etwa 30···40 ml Salzsäure 1,19 gelöst. Nach Zusatz einiger Milliliter Salpetersäure 1,4 wird eingedampft und zur Abscheidung der Kieselsäure stark geröstet, am besten 1 Stunde im Trockenschrank bei 135°. Nach dem Erkalten wird mit Salzsäure 1,12 aufgenommen, etwas verdünnt und die *Kieselsäure* durch 11-cm-Schwarzbandfilter mit Filterschleim abfiltriert, das Filtrat und das Waschwasser (2) zur restlosen Abscheidung der Kieselsäure nochmals eingedampft und geröstet. Die Filter werden zunächst mit salzsäurehaltigem und dann mit reinem Wasser gewaschen, im Platintiegel bis zur Verbrennung des Filters schwach und dann stark geglüht und gewogen, die Kieselsäure mit Flußsäure und Schwefelsäure (3) verjagt, der Tiegel nochmals geglüht und wieder gewogen. Die Differenz vor und nach dem Abrauchen mal 100, geteilt durch 2,5, sind Prozente Kieselsäure. Ein etwa im Tiegel zurückgebliebener Rest wird in Salzsäure gelöst und mit dem ersten Filtrat vereinigt. Ist im Tiegel ein in Säure unlöslicher Rückstand zurückgeblieben, so muß derselbe mit Kalium-Natrium-Carbonat aufgeschlossen und nach dem Lösen mit dem ersten Filtrat vereinigt werden. Die vereinigten Filtrate werden nun in einen 500 ml fassenden Kolben hineingespült, gekühlt, bis zur Marke aufgefüllt, tüchtig geschüttelt und, wie weiter unten beschrieben, aliquote Teile für die einzelnen Bestimmungen abgenommen. Man prüft zunächst auf Phosphor. Ist derselbe nicht oder nur in geringen Mengen vorhanden, so arbeitet man weiter wie folgt.

In 100 ml werden mit Brom und Ammoniak in geringem Überschuß (4) im 600-ml-Becherglas nach Zugabe von 10 g Ammoniumchlorid die Hydroxyde von Eisen, Aluminium evtl. Titan sowie das Mangan als Oxyhydrat gefällt. Man kocht, bis fast kein freies Ammoniak mehr vorhanden ist, läßt absitzen und filtriert durch ein 11-cm-Schwarzbandfilter. Der abfiltrierte Niederschlag wird nach dem Glühen nochmals in Salzsäure gelöst und die Fällung mit Brom, Ammoniumchlorid und kohlensäurefreiem Ammoniak wiederholt, wobei die Filtration möglichst rasch erfolgen muß. Nach gutem Auswaschen wird der Niederschlag im gewogenen Porzellantiegel stark geglüht (5) und gewogen. Der Tiegelinhalt

$$(Fe_2O_3 + Al_2O_3 + Mn_3O_4 + P_2O_5)$$

wird in einen 300-ml-ERLENMEYER-Kolben gebracht und mit Salzsäure 1,19 gekocht, bis nur noch weiße Tonerdeflocken ungelöst sind (6). Jetzt wird möglichst tief abgedampft, das Eisen durch tropfenweise Zugabe von Zinn(II)chlorid reduziert und bei niedrigem Gehalt mit Cer(IV)sulfat, bei höherem nach REINHARDT titriert (siehe Gesamteisen) und in Fe_2O_3 umgerechnet, das man von der Gesamtauswaage abzieht. Mangan wird in einer besonderen Einwaage nach VOLHARD titriert (siehe weiter unten), in Mn_3O_4 umgerechnet und gleichfalls von der Gesamtauswaage abgezogen; die Differenz ergibt den Gehalt an Tonerde und Phosphorpentoxyd, das meistens nur in geringen Mengen vorhanden ist.

Die Filtrate der Eisentrennung werden in einem 800-ml-Becherglas auf 400···500 ml eingeengt, schwach essigsauer gemacht (7) und das Calcium kochend mit 20 ml heißer Ammoniumoxalatlösung gefällt. Nach 2···4stündigem Stehen wird durch ein qualitatives 11-cm-Filter mit Filterschleim filtriert. Der mit kaltem Wasser gewaschene Niederschlag wird mit dem Filter in das Fällungsgefäß zurückgebracht, mit 300 bis 400 ml heißem Wasser und 25···30 ml Schwefelsäure 1,4 übergossen und nach dem Lösen etwa 70° heiß mit Permanganatlösung titriert. Der Titer der Permanganatlösung für Calciumoxyd beträgt die Hälfte des Eisentiters.

Das Filtrat der Calciumfällung wird auf 400 ml eingeengt und 20 ml Diammoniumhydrogenphosphat zugegeben. Die fast siedende Lösung wird unter Benutzung von Phenolphthalein als Indikator unter ständigem Rühren mit einem Glasstab bis zur Rötung mit Ammoniak versetzt und anschließend unter öfterem Rühren abgekühlt. In die kalte Lösung gibt man $^1/_5$ des Volumens Ammoniak (8). Nach 12stündigem Absetzen wird durch ein 11-cm-Weißbandfilter mit Filterschleim filtriert, mit

Ammoniakwasser 1 : 3 ausgewaschen, im Muffelofen geglüht (9) und als Magnesiumpyrophosphat gewogen.

$$\frac{\text{Auswaage} \cdot 36{,}23}{\text{Einwaage}} = \% \text{ MgO}$$

Bei Vorhandensein von Posphor muß derselbe vor der Eisenfällung beseitigt (10) werden, dies geschieht wie folgt:

Nach der Abscheidung der Kieselsäure wird die Phosphorsäure in der schwach salpetersauer gemachten Lösung durch Zugabe von 40 ml Ammoniummolybdat gefällt. Man läßt den Niederschlag 3 Stunden absitzen und behandelt ihn wie Phosphor im Stahl. Der durch den Natronlaugeverbrauch ermittelte Phosphorgehalt wird mit dem Faktor 2,29 multipliziert und ergibt so den Gehalt an P_2O_5.

Sollte der Phosphorgehalt sehr hoch sein, so daß er sich nicht mit Natronlauge titrieren läßt, löst man den Niederschlag mit 10%igem Ammoniak vom Filter in ein Becherglas. Der evtl. im Fällungsgefäß haften gebliebene Niederschlag wird ebenfalls mit Ammoniak gelöst und mit dem vom Filter gelösten vereinigt. Das Filter wird gut ausgewaschen und in der Lösung mit Magnesiamixtur Phosphor gefällt wie beim Phosphorkupfer beschrieben (s. S. 96).

Im Filtrat der Phosphorfällung wird Eisen, Aluminium und Calcium wie üblich gefällt, wobei jedoch zu beachten ist, daß alle Fällungen wiederholt werden müssen. Ferner muß in der Kälte und in starker Verdünnung gearbeitet werden, weil sich sonst Molybdänsäure ausscheidet.

Gesamteisen. 0,5···1 g Substanz werden im 400-ml-Becherglas mit etwas Wasser angefeuchtet und in etwa 20 ml Salzsäure 1,19 unter Zugabe von einigen Körnchen Kaliumchlorat gelöst, zur Vertreibung der Kieselsäure einige Tropfen Flußsäure zugesetzt und bis zur Sirupdicke eingedampft (11). Die eingeengte Lösung wird nun mit wenig Wasser verdünnt, zum Sieden erhitzt und tropfenweise (12) Zinn(II)chloridlösung bis zur völligen Entfärbung der gelben Eisenlösung zugesetzt. Die farblose Flüssigkeit wird abgekühlt und 25 ml Quecksilber(II)chlorid zugesetzt (13).

Inzwischen hat man in einem 1000-ml-Erlenmeyer-Kolben etwa 500 ml Wasser und 40 ml Mangansulfatlösung (14) mit einigen Tropfen $n/_{10}$ Permanganatlösung schwach rot gefärbt.

Die reduzierte Eisenlösung wird in den Erlenmeyer-Kolben hineingespült und mit $n/_{10}$ Permanganat bis schwach rot titriert (15).

$$\textit{Berechnung:} \quad \frac{\text{ml } n/_{10} \text{ KMnO}_4\text{-Lösung} \cdot \text{Fe-Titer} \cdot 100}{\text{Einwaage}} = \% \text{ Fe}$$

Bestimmung des Eisen(II)oxydes. Man bringt 1···2 g der Schlacke sowie wenig Natriumhydrogencrabonat in einen 750-ml-Erlenmeyer-

Kolben, welcher mit einem zweifach durchbohrten Gummistopfen verschlossen wird. In der einen Bohrung befindet sich ein Scheidetrichter. In die zweite Bohrung kommt ein rechtwinklig gebogenes Glasrohr, welches in ein mit Wasser gefülltes Becherglas eintaucht. Man läßt aus dem Scheidetrichter etwa 30···50 ml Salzsäure 1,19 zufließen, nachdem man vorher die Schlacke mit 20 ml Wasser aufgeschlämmt hat (16), läßt zunächst bei kleiner Flamme stehen, später erhitzt man zum Kochen und dampft bis auf wenige Milliliter ein. Jetzt wird die Vorlage gegen ein mit konz. Natriumhydrogencarbonatlösung gefülltes Becherglas ausgewechselt. Hierauf läßt man erkalten, wodurch etwas von der Natriumhydrogencarbonatlösung eingesaugt wird. Durch die Berührung mit der überschüssigen Salzsäure wird sofort Kohlensäure entwickelt und die Sperrflüssigkeit zurückgedrängt. Dies wiederholt sich, bis der Kolben auf Raumtemperatur abgekühlt ist. Nun titriert man den Inhalt des Kolbens nach Zusatz von 300 ml Wasser mit Permanganat unter Zusatz von 40 ml Mangansulfat bis zur Rotfärbung. Bei der Berechnung des Eisen(II)oxydes ist der Gehalt an metallischem Eisen in Abzug zu bringen.

Bestimmung des metallischen Eisens. 1···5 g feingepulverte Schlacke werden in einem Becherglas mit 10 ml Kupfersulfatlösung versetzt und unter öfterem Durchrühren 12 Stunden stehengelassen. Es scheidet sich eine dem metallischen Eisen äquivalente Menge Kupfer ab. Dieses sowie der Schlackenrest werden durch ein 11 cm qualitatives Filter filtriert und mit heißem Wasser gut ausgewaschen. Das Filter bringt man in das Fällungsgefäß zurück und löst in rauchender Salpetersäure. Die Filterfasern und das Unlösliche werden abfiltriert, mit Ammoniak das Eisen ausgefällt und der Niederschlag abfiltriert. Das Filtrat wird auf etwa 170 ml gebracht und das Kupfer wie im Rotguß (S. 98) elektrolytisch bestimmt.

$$\frac{Cu \cdot 87,90}{Einwaage} = \% \ Fe$$

Bestimmung des Eisen(III)oxydes. Vom Gesamteisen wird das metallische Eisen abgezogen, ferner das als Eisen(II)oxyd vorliegende. Die übrigbleibende Eisenmenge wird mit dem Faktor 1,43 auf Eisen(III)oxyd umgerechnet.

Mangan. 5 g werden in einem 500 ml fassenden PHILIPPS-Becher mit etwas Wasser aufgeschlämmt und in 20···50 ml Salzsäure 1,19 gelöst. Nach vollständigem Lösen oxydiert man mit Salpetersäure 1,4 und dampft, wenn nach weiterem Zusatz von Salpetersäure die Lösung nicht mehr aufbraust, den größten Teil der Säure (bis zur Sirupkonsistenz) ab. Hierauf wird mit Wasser verdünnt, in einen 1000-ml-Meßkolben gespült, mit aufgeschlämmtem Zinkoxyd (17) versetzt, bis die Lösung gerinnt und die darüber stehende Flüssigkeit farblos erscheint, zur Marke aufgefüllt und gut durchgeschüttelt. Durch ein Faltenfilter filtriert man in einen

trockenen Kolben, nimmt entsprechend dem Mangangehalt 100 bzw.
200 ml ab, versetzt diese in einem 1000-ml-ERLENMEYER-Kolben mit etwas aufgeschlämmtem Zinkoxyd und titriert heiß mit Permanganat wie
bei Stahl. Die gefundene Manganmenge muß bei Steinen und Aschen mit
dem Faktor 1,3883 auf Mn_3O_4, bei Schlacken und Erzen mit dem Faktor
1,291 auf MnO umgerechnet werden.

Schwefel (18). Vom Kieselsäurefiltrat der Gesamtanalyse werden
100 ml = 0,5 g abgenommen, im 600-ml-Becherglas auf 300 ml verdünnt,
die überschüssige Salzsäure mit Ammoniak abgestumpft und in der
kochenden Lösung mit 20 ml Bariumchloridlösung der Schwefel gefällt.
Nach acht stündigem Absetzen wird durch ein 11-cm-Weißbandfilter mit
etwas Filterschleim filtriert, mit salzsäurehaltigem und dann mit reinem
Wasser nachgewaschen, im Porzellantiegel verascht und als Bariumsulfat
gewogen.

$$\frac{\text{Auswaage} \cdot 13{,}74}{0{,}5\,g} = \%\ S$$

$$\frac{\text{Auswaage} \cdot 34{,}30}{0{,}5\,g} = \%\ SO_3$$

Phosphor. Vom Kieselsäurefiltrat der Gesamtanalyse werden 100 ml
= 0,5 g abgenommen, mit Ammoniak versetzt, die ausgefällten Hydroxyde und Phosphate mit Salpetersäure gelöst (ein zu großer Überschuß von Salpetersäure ist zu vermeiden) und Phosphor mit Ammoniummolybdat nach der Methode ,,Phosphor im Stahl" bestimmt.

Vanadium. Da in steigendem Maße Ölfeuerungen angewandt werden,
findet sich auch naturgemäß in Ansätzen und Rückständen häufig Vanadium, dessen Bestimmung wegen der korrodierenden Eigenschaften des
Vanadium(V)oxydes wichtig ist. Die Bestimmung erfolgt wie bei Stahl
und Eisen beschrieben, in einem aliquoten Anteil des Kieselsäurefiltrates
oder in einer besonderen Einwaage. Unter besonderen Umständen kann
sich Vanadium auch im Wasserlöslichen befinden.

Bemerkungen: (1) Die Gewichtsabnahme beim Glühverlust kann
herrühren von der Vertreibung des chemisch gebundenen Wassers, des
Kristallwassers und der Kohlensäure der Carbonate. Andererseits tritt
beim Vorhandensein von metallischem Eisen bzw. von Eisen und Mangan
in zweiwertiger Form eine Oxydation zu Fe_2O_3 bzw. Mn_3O_4 ein, womit
naturgemäß eine Gewichtszunahme verbunden ist.

(2) Da Kieselsäure in Salzsäure und Wasser besonders bei Gegenwart
von Alkalien merklich löslich ist, muß bei Kieselsäuregehalten über 10%
das Waschwasser unbedingt nochmals eingedampft werden, das Filtrat
jedoch in allen Fällen. In der Praxis kann man sich manchmal mit ein-
maliger Röstung der Kieselsäure begnügen und den Rest derselben durch

Abrauchen der Aluminiumoxyd-Eisenoxydauswaage mit Flußsäure ermitteln.

(3) Um größere Mengen Kieselsäure vollständig wasserfrei zu bekommen, muß man bei mindestens 1000° glühen, siehe Bemerkung 2 beim Ferrosilicium. Die Schwefelsäure ist zum vollständigen Abrauchen der Kieselsäure nötig, siehe Bemerkung 8 der Siliciumbestimmung im Stahl.

(4) Bei der Trennung von Tonerde und Magnesium darf kein zu großer Ammoniaküberschuß vorhanden sein, weil sonst Magnesium mit dem Aluminiumoxyd ausfällt. Bei zu großem Überschuß an Ammoniak muß man beträchtliche Mengen Ammoniumsalze zugeben.

(5) Aluminiumoxyd hält auch bei höheren Temperaturen noch gebundenes Wasser zurück, es muß deshalb lange und stark geglüht werden.

(6) Man kann das Lösen des Tonerde-Eisenoxydrückstandes stark beschleunigen, wenn man einige Tropfen Flußsäure zugibt.

(7) Da sich bei der Fällung des Calciums in ammoniakalischer Lösung auf der Flüssigkeit leicht ein Calciumcarbonathäutchen bilden kann, fällt man, um bei der nachfolgenden Titration nicht zu wenig Calcium zu finden, vorteilhafter in essigsaurer Lösung.

(8) Wenn das Magnesiumammoniumphosphat nicht kristallin, sondern amorph ausgefallen ist, man also im Zweifel sein kann, ob der Niederschlag nicht noch mit Aluminiumphosphat durchsetzt ist, kann man ihn nach dem Auswägen in Salzsäure lösen und, nachdem die Lösung essigsauer gemacht ist, das Aluminium als Phosphat durch erneute Zugabe von Natriumphosphat ausfällen, filtrieren, glühen und wägen. Diese Auswaage muß dann von der Magnesiumpyrophosphatauswaage abgezogen werden.

Man muß auch darauf achten, daß das Mangan vor der Magnesiumfällung restlos ausgefällt ist, weil sonst das Mangan ebenfalls in weißer kristallischer Form als Phosphat fällt.

(9) Damit das Magnesiumpyrophosphat schneller weiß wird, befeuchtet man es vor dem Veraschen mit einigen Tropfen Salpetersäure 1,4 und trocknet vorsichtig auf der Platte. Nach dem Glühen grau aussehendes Magnesiumpyrophosphat versetzt man mit einigen Tropfen rauchender Salpetersäure, trocknet vorsichtig und glüht nochmals.

(10) Bei Anwesenheit von Phosphor fällt beim Zusatz von Ammoniak Eisenphosphat, unter Umständen auch Calcium- und Magnesiumphosphat aus, wodurch naturgemäß falsche Analysenergebnisse erhalten werden.

Ist Eisenoxyd in mehr als der fünffachen Menge des Phosphorpentoxydes vorhanden, so wird bei der Fällung mit Ammoniak der Phosphor vollständig an das Eisen gebunden, und es bilden sich keine in ammoniakalischer Lösung unlöslichen Calcium- und Magnesiumphosphate.

Ist dieses Verhältnis nicht annähernd gegeben, muß der Phosphor vor der weiteren Verarbeitung abgetrennt werden.

(11) Zeigte sich bei der Lösung in Salzsäure ein gefärbter Rückstand, so wird dieser abfiltriert, im Platintiegel verascht und mit Kaliumhydrogensulfat aufgeschlossen. Wenn die Schmelze ruhig fließt, läßt man sie erkalten, löst in heißem Wasser und säuert mit Salzsäure an. In dieser Lösung wird mit Ammoniak das Eisen gefällt, aufgekocht, filtriert, mit heißem Wasser gewaschen, der gut ausgewaschene Niederschlag mit Salzsäure gelöst und mit der ursprünglichen Lösung vereinigt.

(12) Ein zu großer Überschuß von Zinn(II)chlorid ist zu vermeiden. Er darf nur so groß sein, daß das unlösliche Quecksilber(I)chlorid sich in Form eines fadenziehenden perlmutterähnlichen Niederschlages ausscheidet.

(13) Die Wirkung des Quecksilber(II)chloridzusatzes ist unter Bemerkung 15 beim Rotguß beschrieben.

(14) Die Wirkungsweise der phosphorsäurehaltigen Mangansulfatlösung, auch REINHARDTsche Schutzlösung genannt, besteht darin, daß das Permanganat verhindert wird, auf die freie Salzsäure oxydierend zu wirken, wodurch Chlor entstehen würde, was dann einen größeren Permanganatverbrauch zur Folge hätte. Ist aber Mangan(II)salz vorhanden, so wird kein Chlor entwickelt. Die Erklärung hierfür ist folgende: Bei der Einwirkung von Kaliumpermanganat auf Mangan(II)salz bildet sich nach der Gleichung

$$2\,KMnO_4 + 3\,MnSO_4 + 2\,H_2O = 5\,MnO_2 + K_2SO_4 + 2\,H_2SO_4$$

zunächst MnO_2. Dieses oxydiert dann das Eisen(II)oxyd zu Eisen(III)-oxyd,

$$2\,FeO + MnO_2 = Fe_2O_3 + MnO$$

da das Mangan(IV)oxyd mit dem Eisenoxyd schneller reagiert als mit der Salzsäure.

Die Wirkung des Mangan(II)salzes ist also eine doppelte. Es verhindert nicht nur das Auftreten von freiem Chlor, sondern es wirkt auch als Katalysator, indem das zunächst entstehende Mangan(IV)oxyd die Reaktion beschleunigt.

Die Phosphorsäure und die Schwefelsäure in der REINHARDTschen Schutzlösung haben die Aufgabe, das gelbe Eisenchlorid in farbloses Eisensulfat bzw. Eisenphosphat überzuführen, wodurch der Umschlag besser zu erkennen ist.

(15) Da die reduzierende Einwirkung der Salzsäure auf das Permanganat nicht völlig verhindert werden kann, führt die manganometrische Bestimmung des Eisens in salzsaurer Lösung nur dann zu genauen Resultaten, wenn der Eisentiter der Meßflüssigkeit auf empi-

rischem Wege unter Anwendung von reinem Eisen oder Eisenoxyd als Titersubstanz ermittelt wurde.

(16) Man muß die Schlacke vor dem Zusatz von Salzsäure mit Wasser gut durchfeuchtet haben, weil sie sonst zusammenbackt und selbst durch langes Kochen nicht restlos in Lösung geht.

(17) Ein größerer Überschuß von Zinkoxyd ist zu vermeiden, da sonst die Resultate zu niedrig ausfallen.

(18) Ist Titan vorhanden, muß vor der Fällung mit Bariumchlorid das Titan mit Ammoniak abgeschieden sein. Der Grund hierfür ist, daß sich durch Hydrolyse des Titanchlorids sonst Metatitansäure mit ausscheidet. Dabei können die Werte nicht nur zu hoch, sondern auch zu niedrig ausfallen, weil die ausfallende zum Teil durchs Filter laufende Metatitansäure anscheinend als Schutzkolloid das Durchlaufen wechselnder Mengen Bariumsulfat verursacht.

Untersuchung von säureunlöslichen Schlacken, Aschen und feuerfesten Steinmaterialien

Zunächst wird in einem geräumigen Platintiegel von 1 g der feinst gepulverten Probe (1) der Glühverlust bestimmt, wobei man den Tiegel über dem Bunsenbrenner unter öfterem Drehen richtig durchglüht. Nach dem Erkalten wird ausgewogen und hierauf zum Aufschluß mit 10 g Natrium-Kaliumcarbonat (2) vollständig gemischt. Auf die Mischung wird noch 2 g des Aufschlußmittels gegeben. Mit dem Bunsenbrenner erhitzt man auf schwache Rotglut, bis die erste Reaktion vorüber ist. Alsdann wird etwa 20 Minuten lang auf dem Gebläse bei heller Rotglut geglüht. Wenn die Schmelze klar und ruhig fließt, wird der heiße Tiegel bis zur Höhe des Schmelzflusses in eine 1000 ml fassende Porzellanschale, in der sich 250 ml kaltes Wasser befinden, gestellt. Der Schmelzkuchen läßt sich dann meist durch leichtes Drücken der Tiegelwandung fast vollständig entfernen (3). Der Schmelzkuchen wird in einer Porzellanschale mit heißem Wasser in Lösung gebracht und bei aufgelegtem Uhrglas Salzsäure 1,19 im Überschuß hinzugegeben (4). Der Tiegel wird ebenfalls mit Salzsäure 1,12 von den noch anhaftenden Teilen der Schmelze befreit und dieselben mit der Hauptlösung vereinigt. Der Schaleninhalt wird zur Trockne eingedampft und mindestens 1 Stunde bei 130° geröstet. Nach dem Erkalten wird mit 10 ml Salzsäure 1,19 aufgenommen, mit etwa 50 ml Wasser verdünnt, aufgekocht und die Kieselsäure durch ein 11-cm-Schwarzbandfilter mit Filterschleim filtriert. Das Filtrat und Waschwasser (5) werden nochmals in der Porzellanschale eingedampft, geröstet und die letzten Spuren der Kieselsäure abfiltriert. Beide Filter werden im Aufschlußtiegel verascht, stark geglüht und nach dem Wägen die Kieselsäure mit Flußsäure und

Schwefelsäure (6) abgeraucht. Ein etwaiger, nach dem Abrauchen im Tiegel (7) zurückgebliebener Rückstand wird gelöst und mit den Filtraten der Kieselsäure vereinigt. Der Gewichtsunterschied vor und nach dem Abrauchen ist gleich der vorhandenen Kieselsäure.

Vor der Untersuchung des Filtrates der Kieselsäure muß das beim Aufschluß in Lösung gegangene Platin ausgefällt werden. Zu diesem Zweck wird die Lösung zum Sieden erhitzt und ½ Stunde Schwefelwasserstoff eingeleitet. An einem warmen Ort läßt man absitzen und filtriert das Platinsulfid durch ein Weißbandfilter mit Filterschleim. Das Filter wird mit schwach salzsaurem schwefelwasserstoffhaltigem Wasser gut ausgewaschen. Im Filtrat des Platinsulfides wird der Schwefelwasserstoff durch Kochen und Zugabe von Bromwasser zerstört. Die Weiterbehandlung der Lösung erfolgt dann wie bei säurelöslichen Schlacken, d. h. das Eisen, Aluminium, Titan und Mangan werden, wenn kein Phosphor vorhanden ist, gemeinsam ausgefällt.

Die gewogenen Oxyde werden in Salzsäure gelöst und in einem 250-ml-Meßkolben aufgefüllt. Zur Eisenbestimmung werden $100\ ml = 0,4\ g$ abgenommen und mit Permanganat nach REINHARDT titriert, wie es bei der Gesamteisenbestimmung in säurelöslichen Schlacken beschrieben ist. Das gefundene Eisen wird durch Division mit 0,4 auf 1 g umgerechnet. Der Mangangehalt wird ebenfalls in 100 ml Abnahme wie üblich nach VOLHARD bestimmt. Die Aluminium- und Titanmenge findet man aus der Differenz der Auswaage abzüglich Eisen- und Mangan(II, III)oxyd. Meistenteils genügt es, Titan(IV)oxyd und Aluminiumoxyd zusammen anzugeben (8). Soll Titan jedoch besonders angegeben werden, so wird eine weitere Probe von 1 g mit Flußsäure und Schwefelsäure abgeraucht und der Rückstand nach schwachem Glühen mit Kaliumhydrogensulfat (9) aufgeschlossen. Die Schmelze wird mit Schwefelsäure in Lösung gebracht und das Titan kolorimetrisch wie in Aluminiumlegierungen bestimmt (siehe dort).

Im Filtrat von Eisen, Aluminium und Mangan wird Calcium in essigsaurer Lösung durch Fällen mit Ammoniumoxalat ermittelt. Bei Gegenwart von Phosphor muß derselbe vor der Fällung des Eisens beseitigt werden, man arbeitet dabei nach dem unter säurelöslichen Schlacken beschriebenem Verfahren.

Zur *Alkalienbestimmung* werden 1 g der Substanz mit der gleichen Menge Ammoniumchlorid in der Achatreibschale gut verrieben, wobei man allmählich 6 g Calciumcarbonat (10) zusetzt. Hierauf bringt man die Mischung verlustlos in einen Platintiegel (11). Den halbbedeckten Tiegel stellt man in eine entsprechend gelochte Asbestplatte derart, daß sein oberer Teil etwas über 1 cm herausragt. Die Asbestplatte stellt man etwas geneigt auf und beginnt die Erhitzung des Tiegels vorsichtig vom oberen Rande aus (12) mit kleiner Flamme. Sobald der Ammoniakgeruch verschwunden ist, was in der Regel in 15 Minuten der Fall ist, erhitzt man etwa 45 Minuten lang mit der vollen Flamme eines TEKLU-brenners. Durch Abschrecken des glühenden Tiegels in einer Porzellan-schale, welche 100 ml Wasser enthält, läßt sich der zusammengesinterte Kuchen größtenteils entfernen. Den Rest laugt man mit warmem Wasser aus und spült mit Hilfe eines Gummiwischers in die Porzellanschale zur Hauptmenge. Wenn der Kuchen vollständig zerfallen ist, was man durch Drücken mit einem Glasstab beschleunigen kann, läßt man warm absitzen und gießt die klare Flüssigkeit durch ein qualitatives 12,5-cm-Filter. Man wäscht den Schaleninhalt viermal durch Dekantieren, bringt ihn auf das Filter und wäscht gründlich mit heißem Wasser (13).

Zur Abscheidung des Calciums wird das Filtrat auf etwa 40 ml ein-gedampft und mit 5 ml Ammoniak 0,91 versetzt, Ammoniumcarbonat-lösung bis zur vollständigen Ausfällung des Calciums zugegeben und der entstandene Niederschlag durch ein 12,5 cm qualitatives Filter abfiltriert. Um ihn frei von Alkalien zu erhalten, löst man ihn mit mög-lichst wenig Salzsäure (14) quantitativ vom Filter, wiederholt die Fällung mit Ammoniak und Ammoniumcarbonat und wäscht gut mit heißem Wasser aus. Das vereinigte Filtrat wird zur Trockne eingedampft, und durch vorsichtiges Erhitzen mit bewegter Flamme werden die Ammoniumsalze verjagt. Den erkalteten Rückstand löst man in möglichst wenig Wasser und fällt die letzten Spuren von Calcium mit Ammoniak und Ammoniumoxalat. Man läßt 4 Stunden absitzen und filtriert durch ein 11 cm qualitatives Filter in eine gewogene Platinschale, wobei man gut auswaschen muß. Der Eindampfrückstand wird zweimal mit einigen Tropfen Schwefelsäure 1,84 abgeraucht, stark geglüht und nach dem Erkalten im Exsikkator schnell gewogen. Die Auswaage ergibt die Summe der Alkalisulfate. Durch Auflösen in Wasser und durch Ver-setzen der salzsauer gemachten kochenden Lösung mit Bariumchlorid kann das Sulfat ausgefällt und bestimmt werden. Durch Abzug der gefundenen Menge von der Auswaage der Alkalisulfate erhält man den Gehalt an Kalium- und Natriumoxyd. Meistenteils genügt es jedoch, aus der gefundenen Menge der Sulfate mit dem Faktor 43,64 auf Prozente Natriumoxyd umzurechnen.

Bemerkungen: (1) Durchgang durch das Sieb DIN 1171, Gewebe Nr. 70, d. h. 4900 Maschen pro Quadratzentimeter (die Gewebe-Nr. bei DIN-Sieben zum Quadrat erhoben, ergibt die Maschenzahl pro Quadrat-zentimeter).

(2) Der Kieselsäuregehalt des Natrium-Kaliumcarbonats muß fest-gestellt werden.

(3) Sollte dies nicht der Fall sein, erhitzt man den Tiegel nochmals bis zum Schmelzen des Kuchenrandes und schreckt wieder auf die gleiche Art ab.

(4) Man darf mit dem Salzsäurezusatz nicht zu lange warten, da stark alkalische Lösungen die Glasur der Schale angreifen können, wodurch größere Fehler entstehen.

(5) Bei hoch-kieselsäurehaltigem Material (etwa 10%) muß das Waschwasser nochmals eingedampft werden.

(6) Siehe Bemerkung 2 bei säurelöslichen Schlacken.

(7) Zeigt sich nach dem Abrauchen und Glühen eine braunschwarze Färbung des Tiegelinnern, so beweist das, daß sich die Tiegelwand oberflächlich mit einem Teil des Eisengehaltes der Probe legiert hat. Hierbei können größere Mengen Eisen gebunden werden. Besonders leicht geschieht dies, wenn der Aufschluß in reduzierender Atmosphäre vorgenommen wird. Durch Kochen des Tiegels in Salzsäure kann die Platin-Eisenlegierung nicht gelöst werden. Man muß vielmehr durch Glühen zunächst eine Oxydation, die sich durch Braunfärbung der Innenwandung kennzeichnet, herbeiführen und kann dann durch Schmelzen mit Kaliumhydrogensulfat das Eisen in Lösung bringen. Man erkennt erst nach dem Glühen des Aufschlußtiegels, ob Eisen legiert ist oder nicht.

(8) Der Titan(IV)oxydgehalt übersteigt in feuerfesten Stoffen kaum 1···2%. Da Titan(IV)oxyd die gleichen Eigenschaften besitzt wie Aluminiumoxyd, erscheint die Zusammenfassung mit Aluminiumoxyd als handelsübliche Tonerde voll berechtigt.

(9) Wenn der Kaliumhydrogensulfataufschluß nicht vollständig sein sollte bzw. durch Hydrolyse des Titansulfates beim Lösen der Schmelze eine Trübung der Flüssigkeit eintreten sollte, so verwendet man entwässerten Borax als Aufschlußmittel, wodurch nicht nur schnelles und vollständiges Aufschließen, sondern auch gutes Lösen des Aufschlusses in Schwefelsäure erreicht wird.

(10) Das Ammoniumchlorid und Calciumcarbonat muß alkalifrei sein. Gegebenenfalls bestimmt man den Alkaligehalt in einem Blindversuch und bringt denselben in Abzug.

(11) Um nichts von der Mischung zu verlieren, bedient man sich schwarzen Glanzpapieres. Die Schale, das Pistill und das Papier werden mit 2 g Calciumcarbonat nachgespült.

(12) Bei zu starker Erhitzung entweichen die Ammoniakdämpfe zu schnell, und es können sich hierdurch im Tiegel Hohlräume bilden, die wärmeisolierend wirken.

(13) Um zu prüfen, ob der Aufschluß vollständig ist, löst man den Filterinhalt, der nicht weiter verarbeitet wird, in Salzsäure 1,12; hierbei darf kein Rückstand bleiben, sonst muß der Aufschluß verworfen werden.

(14) Ein unnötiger Überschuß von Salzsäure vermehrt die Ammoniumsalze und erschwert das Eindampfen und Verjagen derselben.

Gebrannter Kalk, Dolomit und Magnesit

Glühverlust: 2,5 g der feingepulverten Probe werden bis zur Gewichtskonstanz geglüht (1). Die Glühdauer beträgt meistens 1½ Stunden.

Kieselsäure: Der Glührückstand wird in ein 400-ml-Becherglas gegeben und mit 40 ml Salzsäure 1,19 in Lösung gebracht (2), zur Abscheidung der Kieselsäure eingedampft und geröstet, wie in säurelöslichen Schlacken.

Ein bei der Kieselsäurebestimmung entstandener Rückstand muß mit Natrium-Kaliumcarbonat aufgeschlossen und zum Filtrat gegeben werden.

Eisenoxyd und Aluminiumoxyd werden im Filtrat der Kieselsäure nach Zugabe von viel Ammoniumchlorid mit wenig Ammoniak (3) ausgefällt. Nach dem Aufkochen läßt man den Niederschlag absetzen und filtriert durch ein 11-cm-Schwarzbandfilter. Der Niederschlag wird vom Filter gelöst und die Fällung wiederholt. Die weitere Bestimmung von Eisen- und Aluminiumoxyd erfolgt wie in säurelöslichen Schlacken.

Zur Calciumoxydbestimmung wird das Eisen- und Aluminiumfiltrat auf 500 ml aufgefüllt und bei Kalk und Dolomit 100 ml = 0,5 g entnommen. Bei Magnesit verwendet man 200 ml = 1 g. Die Bestimmung erfolgt wie in Schlacken.

Magnesium wird bei Kalk und Dolomit im Calciumfiltrat bestimmt. Bei Magnesit füllt man das Calciumfiltrat auf 1000 ml auf und entnimmt 100 ml = 0,1 g und fällt das Magnesium wie in Schlacken.

Den Sulfatgehalt ermittelt man jeweils aus 200 ml = 1 g Abnahme.

Der Kohlensäuregehalt wird in der Apparatur nach RICHTER[1] bestimmt. Dieselbe besteht aus einem 250-ml-Weithalskolben mit Normalschliffaufsatz. Der kugelige Aufsatz hat 2 Einschmelzungen: Das Einleitungsrohr mit dem Eimerchenhalter und dem Tubus, der durch einen fest einzupressenden Gummistopfen mit einem Glasstab verschlossen ist. In den Tubus wieder eingeschmolzen ist das Gasableitungsrohr. Ein normales Glaseimerchen zur Aufnahme der Probesubstanz wird auf den am Einleitungsrohr angeschmolzenen, schräg nach unten geneigten Vollglasnippel gehängt und durch Auflegen der Glasöse des Glasstabes am Abgleiten verhindert. Das Absorptionsgefäß ist ein 300-ml-ERLENMEYER-Kolben.

Arbeitsweise: Zu Beginn des Versuches ist der Dreiwegehahn geschlossen. Man entfernt den Rundkolben vom Aufsatz, hängt das Eimerchen mit der Probesubstanz ein, füllt den Rundkolben (ohne den Schliff

---

[1] Z. anal. Chem. Bd. 119 (1941) H. 3 u. 4

zu benetzen) mit 50 ml Schwefelsäure (1 : 10) und schließt ihn wieder mit der Spiralfeder an. Der ERLENMEYER-Kolben wird mit genau 30 ml einer etwa $n/_{20}$ Bariumhydroxydlösung gefüllt und bis zum Gebrauch mit einem Gummistopfen verschlossen gehalten. Mit einem kleinen Mikrobrenner erhitzt man die Säure zum Sieden. Man läßt so lange sieden, bis der am Gasaustrittsrohr austretende Wasserdampf die völlige Verdrängung der Luft anzeigt. Von dem verschlossenen ERLENMEYER-Kolben entfernt man dann den Gummistopfen und schließt ihn sofort an das Gasaustrittsrohr an. Dann schiebt man den Mikrobrenner beiseite, wartet einige Sekunden und klinkt das Eimerchen aus. Die augenblicklich in der siedend heißen Säure einsetzende Vergasung ist bei leicht löslichen Carbonaten in wenigen Sekunden beendet. Man schiebt den Brenner wieder unter den Kolben und erhitzt bis zur Erreichung der Druckspitze im Druckmesser oder so lange, bis der Hals des Absorptionskolbens eben heiß wird. Der Absorptionskolben wird ständig etwas bewegt, um die Bildung eines Bariumcarbonatfilmes auf der Lösung zu vermeiden, der die schnelle Absorption verzögert. Ist die Druckspitze erreicht, so zieht man den Brenner wieder weg und läßt etwa 1 Minute lang abkühlen. Dieser Vorgang ist so lange zu wiederholen, bis die Zersetzung quantitativ ist. Nach Beendigung der Zersetzung wiederholt man noch 2 Siedeintervalle und läßt dann den Kolben abkühlen, bis Unterdruck in der Apparatur herrscht. Jetzt öffnet man den Dreiwegehahn zur Tubusflasche hin und läßt kaltes Wasser in den Apparat saugen. Die gleichzeitig eintretende Abkühlung des Kolbens erzeugt ein starkes Vakuum, das den Kolben fast ganz mit Wasser füllt und so die etwa zurückgehaltenen Kohlendioxydmengen in das Absorptionsgefäß drückt. Unter öfterem Umschwenken des ERLENMEYER-Kolbens wartet man noch etwa 2 Minuten, entfernt den ERLENMEYER-Kolben und titriert sofort unter Zusatz von o-Kresolphthalein (4) als Indikator mit $n/_{10}$ Salzsäure.

Zur einwandfreien Titration der Bariumhydroxydlösung kocht man vor den Versuchen die ERLENMEYER-Kolben mit dest. Wasser aus, gießt das Wasser weg und stellt sie mit der Öffnung nach unten auf kalte Fliesen. Auf diese Art enthalten die Kolben lediglich die Kohlensäure des 300-ml-Luftvolumens, also etwa 1 ... 2 mg.

Berechnung: Da in dem zu untersuchenden Material in der Regel nur wenig Kohlensäure enthalten ist, verwendet man zweckmäßig eine $n/_{20}$ Bariumhydroxydlösung. Zur Rücktitration benutzt man eine $n/_{10}$ Salzsäure. Auf dieselbe Art wird ein Blindversuch mit den verwendeten Lösungen durchgeführt. Die Differenz zwischen den titrierten ml Salzsäure beim Blindversuch und bei der Probe ergibt die dem vorhandenen CO_2 äquivalente Menge $n/_{10}$ Bariumhydroxydlösung.

1 ml $n/_{10}$ $Ba(OH)_2$ entspricht theoretisch 2,2 mg CO_2.

Beispiel

Vorgelegt 30 ml $Ba(OH)_2$ $n/_{20}$ = 15 ml $Ba(OH)_2$ $n/_{10}$
zurücktitriert beim Blindwert 14,7 ml HCl $n/_{10}$
bei der Probe 13,0 ml HCl $n/_{10}$
Differenz 1,7 ml

$$\text{Das sind bei 0,5 g Einwaage } \frac{2,2 \cdot 1,7 \cdot 100}{0,5 \cdot 1000} \text{ \% } CO_2$$

Genauer stellt man den Titer empirisch mit Substanzen bekannten Kohlensäuregehaltes ein. Die Differenz zwischen beiden Titern ist gering und liegt innerhalb einer tragbaren Toleranz.

Bemerkungen: (1) Eine Trocknung von gebrannten Materialien kann nicht ausgeführt werden, da hierbei durch Kohlensäureanziehung falsche Werte erhalten werden können.

(2) Bei Magnesitsteinen dauert das Lösen oft längere Zeit, man darf jedoch dabei nicht kochen.

(3) Bei der Trennung von Aluminium und Magnesium darf kein zu großer Ammoniaküberschuß vorhanden sein, weil sonst Magnesium mit dem Aluminiumoxyd ausfällt. Je größer der Ammoniaküberschuß ist, desto größer muß die Ammoniumsalzmenge sein.

(4) Es kann nur o-Kresolphthalein verwendet werden, weil nur dieser Indikator unempfindlich gegen nachfolgende Zersetzung von Bariumcarbonat mit Salzsäure ist und einen Umschlagswert von p_H 7 besitzt.

Quarzit und Silbersand

Diese Materialien, die fast aus reiner Kieselsäure bestehen, brauchen nicht aufgeschlossen zu werden. Es genügt, 1 g in der Platinschale bis zur Gewichtskonstanz zu glühen und mit Flußsäure (1) abzurauchen. Hierzu sind 1,5 ml Schwefelsäure 1,4 und 10 ml Flußsäure zu benutzen. Ein einmaliges Abrauchen genügt meistenteils nicht und wird daher noch einige Male mit 5 ml Flußsäure und 0,5 ml Schwefelsäure (2) wiederholt. Nachdem die Schwefelsäure durch vorsichtiges Glühen entfernt ist, glüht man über dem Gebläse und wägt. Der Gewichtsverlust ist gleich der vorhandenen Kieselsäure.

Bemerkungen: (1) Die Flußsäure muß auf ihren Glührückstand geprüft und dieser gegebenenfalls berücksichtigt werden.

(2) Das Abrauchen muß zunächst auf mäßig warmer Platte vor sich gehen, damit die Schwefelsäure nicht verdampft. Denn bei Mangel an Schwefelsäure verflüchtigt sich das Titan als Fluorid und Aluminium und Eisen bleiben als Fluorid zurück, verflüchtigen sich aber dann beim Glühen ebenfalls. Der Zusatz von Schwefelsäure richtet sich demnach nach der Größe der Verunreinigungen.

Die Untersuchung fester Brennstoffe

A. Probenahme[1]

Zur Bestimmung des Wirkungsgrades eines Kessels sollten mindestens
$200\cdots300$ kg von der sich in Bewegung befindlichen Kohle (Förderband,
beim Entladen usw.) entnommen werden und an Ort und Stelle durch
eine Zerkleinerungsanlage geschickt werden, welche die Kohle auf etwa
Erbsengröße zerkleinert. Von der so zerkleinerten und sorgfältig durch-
gemischten Kohle können Proben von $2\cdots3$ kg entnommen werden.

B. Zusammensetzung

Die Untersuchung der festen Brennstoffe umfaßt die Bestimmung
von: Wasser, Asche, Wasser- und aschefreier Substanz $= waf$, Verkokungsrückstand, flüchtigen Bestandteilen, Elementaranalyse, Stickstoff und
Schwefel, sowie die Ermittlung des Heizwertes. In der Mehrzahl der
Fälle genügt die Bestimmung von Wasser, Asche, flüchtigen Bestandteilen und Heizwert. Alle Untersuchungen werden mit der bis auf 0,2 mm
Korngröße gemahlenen Probe ausgeführt. Da beim Mahlen von Kohlen,
welche grobe Feuchtigkeit besitzen (1), leicht Wasser verlorengeht, müssen solche Brennstoffe erst in den lufttrockenen Zustand gebracht werden.

Die *grobe Feuchtigkeit*[2] wird wie folgt ermittelt und gleichzeitig beseitigt. Möglichst die ganze zur Verfügung stehende Kohlenprobe, mindestens aber $500\cdots1000$ g, werden auf nicht rostenden Trockenblechen von
500×350 mm Grundfläche und 30 mm hohen Seitenwänden ausgewogen.
Die Büchse, in welcher die Kohle angeliefert wurde, wird mit Deckel
leer gewogen und sofort im Trockenschrank bei $106°$ getrocknet. Man
läßt die Kohlen bei Zimmertemperatur flach ausgebreitet so lange
stehen, bis die im Abstand von etwa 12 Stunden vorgenommenen
Wägungen keine Gewichtsverminderung mehr ergeben. Der so festgestellte Gewichtsverlust der Büchse und der luftgetrockneten Kohle
durch die Einwaage dividiert und mit 100 multipliziert, ergibt die grobe
Feuchtigkeit, die in auf 0,1% abgerundeten Gewichtsprozenten angegeben wird.

Sämtliche Untersuchungsergebnisse einer derart lufttrocken gemachten
Probe müssen nach dem später folgenden Beispiel auf Rohkohle umgerechnet werden.

Zur Ausführung der weiteren Untersuchung muß zunächst die gesamte Kohle bis auf 1 mm Korngröße gemahlen werden. Aus der so
erhaltenen Probe werden nach gutem Mischen 500 g entnommen und
derart fein gemahlen, daß sie restlos durch ein Sieb von 900 Maschen

---

[1] Aus 15. Geschäftsbericht des TÜV-Köln. Teildruck II
[2] Siehe DIN 51718

auf 1 qcm gehen (Prüfsiebgewebe Nr. 30 DIN 1171, 0,2 mm lichte Maschenweite). Nach nochmaligem Mischen werden 250 g in einer Glasflasche mit eingeschliffenem Stopfen aufbewahrt. Vor jedesmaliger Entnahme einer Einwaage muß die Flasche waagerecht gerollt werden.

Wassergehalt[1] der lufttrockenen Probe (hygroskopische Feuchtigkeit).

a) Steinkohle und Steinkohlenkoks. 25···50 g der Probe werden in ein flaches Trockengläschen mit eingeschliffenem Deckel eingewogen und das offene Gefäß im Trockenschrank bei 106° ± 2° (2) 2···2½ Stunden getrocknet. Hierauf läßt man das Gläschen mit lose aufgelegtem Deckel im Exsikkator erkalten. Vor der Wägung wird der Deckel dicht aufgesetzt.

$$\frac{\text{Auswaage} \cdot 100}{\text{Einwaage}} = \% \text{ Wasser}$$

b) Braunkohle und Schwelkoks. 50 g (3) werden in einen Destillierkolben eingewogen und mit 100 ml technischem wassergesättigtem Xylol gut durchgeschüttelt. Man erhitzt zunächst langsam und dann schneller und setzt die Destillation so lange fort, bis das Xylol klar abfließt. Zur Erfassung evtl. im Kühlerrohr haftender Wassertropfen wird kurz vor Beendigung der Destillation das Kühlwasser abgestellt und stufenweise abgelassen. Nach dem Abkühlen auf 20° wird das Volumen der vom Xylol scharf abgesetzten Wassermenge abgelesen (4). Im Untersuchungsbefund muß angegeben werden, ob die Wasserbestimmung nach dem Xylolverfahren oder im Trockenschrank erfolgte.

Bestimmung der Asche[2]. 1 g der Probe wägt man in ein gewogenes Quarzschälchen ein. Dieses stellt man in einen kalten elektrisch heizbaren Muffelofen. Da bei zu rascher Erwärmung eine so heftige Gasentwicklung eintreten kann, daß die Probe zerstäubt wird, erwärmt man zunächst nur gelinde; erst nachdem die Kohle völlig entgast ist, steigert man die Temperatur auf 775° ± 25° (5) und erhitzt bis keine schwarzen Teilchen mehr sichtbar sind (6). Nach dem Erkalten wird gewogen, hierauf das Schälchen ausgepinselt und zurückgewogen (7).

$$\frac{\text{Auswaage} \cdot 100}{\text{Einwaage}} = \% \text{ Asche (8)}$$

Wasser- und aschefreie Substanz (waf) bzw. brennbare Substanz. Dieselbe wird erhalten, indem man Asche + Wasser von 100 abzieht. Bei Verbrennungsrückständen (Rostdurchfall oder Schlacke) ist der Gehalt an „Verbrennlichem" gleich Glühverlust minus Feuchtigkeit. Das Verbrennliche wird in runden flachen Porzellanschalen mit etwa 50 mm Durchmesser bestimmt. Die Einwaage richtet sich nach der Beschaffenheit der Probe und beträgt bis zu 10 g. Es sind mindestens 5 Parallel-

---

[1] Siehe DIN 51718
[2] Siehe DIN 51719

proben anzusetzen, da Rostdurchfall, Schlacke und Flugstaub oft sehr uneinheitlich zusammengesetzt sind.

Bestimmung der flüchtigen Bestandteile und des Verkokungsrückstandes[1]. Unter flüchtigen Bestandteilen sind die bei der Erhitzung auf 875° unter Luftabschluß entweichenden Entgasungsprodukte, abzüglich der hygroskopischen Feuchtigkeit, zu verstehen. Der Verkokungsrückstand ist die bei dieser Bestimmung erzielte Tiegelkoksausbeute. Man verwendet einen mattblanken (nicht polierten) Platintiegel (9), der einen Bodendurchmesser von 22 mm, einen oberen Durchmesser von 35 mm und eine Höhe von 40 mm besitzt. Der Tiegel wird mit einem dichtschließenden übergreifenden Deckel verschlossen, der in der Mitte ein Loch von 2 mm Durchmesser besitzt. Man wägt 1 g der Probe ein, stößt den Tiegel einige Male leicht auf eine harte Unterlage (10) und erhitzt mit einem Bunsenbrenner von 8 bis 10 mm Brennerrohrdurchmesser. Die Flamme ist dabei genau unter die Tiegelmitte zu bringen und durch Windschutz vor Zug zu schützen. Die Flamme, deren Höhe 180 mm betragen soll, muß den Tiegel allseitig bis oben umspülen und gut entleuchtet sein. Der Innenkegel darf den Tiegelboden, der sich 60 mm über dem Bunsenbrenner befinden muß, nicht berühren. Die Erhitzung wird abgebrochen, wenn die Öffnung des Deckels kein Flämmchen mehr zeigt. Nach dem Abkühlen des Tiegels im Exsikkator wägt man zurück (11).

$$\text{Auswaage} \cdot 100 = \%\ \text{Koksausbeute}$$

$$(\text{Gewichtsverlust} - \text{hygroskopische Feuchtigkeit}) \cdot 100 = \%\ \text{flüchtige Bestandteile}$$

Hat man mehrere Bestimmungen der flüchtigen Bestandteile durchzuführen, so arbeitet man rascher mit Hilfe der Quarztiegelmethode. Zu derselben gehören 6 Quarzglastiegel von 25 mm Durchmesser und einer Höhe von 45 mm. Jeder Tiegel besitzt einen dicht schließenden eingelassenen Deckel mit geschliffener Randauflagefläche. Die 6 Tiegel passen in ein Gestell aus hitzebeständigem Werkstoff. Zur Bestimmung wird wie üblich 1 g Kohle eingewogen und der Tiegel zur Einebnung der Kohle mehrere Male leicht aufgestoßen. Im auf 875° elektrisch aufgeheizten Muffelofen bringt man zunächst das leere Gestell auf Temperatur, nimmt dasselbe rasch heraus, setzt die Tiegel ein und stellt es in den Ofen zurück. Der Ofen, dessen Temperatur mit geeigneten Thermoelementen festgestellt wird, muß in spätestens 7 Minuten wieder 875° erreicht haben. Nach Erreichung dieser Temperatur läßt man die Tiegel noch genau 3 Minuten im Ofen. Dann wird das Gestell herausgenommen, die Quarztiegel zur schnelleren Abkühlung auf eine Eisenplatte gestellt und nach völligem Abkühlen, was etwa 30 Minuten dauert, zurück-

---

[1] Siehe DIN 51720

gewogen. Die Genauigkeit der Bestimmung ist dieselbe wie bei Verwendung eines Platintiegels auf dem Brenner.

Die Beschaffenheit des Kokses ist als pulvrig, gesintert oder gebacken anzugeben. Von zwei Bestimmungen nimmt man nicht das Mittel, sondern immer die kleinere Koksausbeute, weil man eher zu wenig als zu viel flüchtige Bestandteile austreibt.

Die absolute Differenz der Einzelwerte vom Mittelwert soll nicht mehr als 0,3% betragen.

Bemerkungen: (1) Grobe Feuchtigkeit besitzen fast immer Torf und Rohbraunkohle, häufig aber auch andere Kohlensorten, wenn sie im Freien lagern oder beim Transport durch Regen feucht geworden sind. Es ist leicht zu erkennen, ob Kohlen lufttrocken sind oder nicht.

Das Mahlen erfolgt am besten in langsam laufenden Kugelmühlen. Eine Erwärmung der Kohlen beim Mahlen darf nicht erfolgen. Um festzustellen, ob ein Wasserverlust beim Mahlen entstanden ist, kann man auch eine Wasserbestimmung der grobgemahlenen Probe vornehmen.

(2) Man hat beim Trocknen der Kohlen streng darauf zu achten, daß die Temperatur des Trockenschrankes nicht über 108° steigt, es gehen sonst zu viel flüchtige Bestandteile der Kohle verloren. Allerdings geschieht die Verflüchtigung derartiger Bestandteile schon bei 108°, andererseits aber werden gleichzeitig oxydierbare Bestandteile der Kohle oxydiert und auch nicht immer wird alles Wasser restlos ausgetrieben, namentlich dann nicht, wenn die Asche Gips oder wasserhaltige Silikate enthält, so daß der durch teilweise Verflüchtigung der Kohle entstehende Fehler sich durch die Sauerstoffaufnahme einigermaßen ausgleicht.

(3) Die Größe der Einwaage richtet sich nach der zu erwartenden Wassermenge und ist so groß wie nur irgend möglich zu wählen, mindestens 50 g.

(4) Das Meßgefäß für das Wasser muß die Ablesung von $^1/_{10}$ ml gestatten. Die Glaswandungen des Gerätes müssen fettfrei sein, um Hängenbleiben von Wassertropfen zu vermeiden. Man spült sie daher mit einer warmen Lösung von Natriumdichromat in 80%iger Schwefelsäure, wäscht mit Wasser und trocknet mit warmer Luft. Zur Eichung werden 1,3 und 5 ml Wasser in den Kolben gebracht und in gleicher Weise wie sonst destilliert.

(5) Kohlen mit leicht flüchtigen Salzen dürfen nur bei 500° verascht werden. Dies trifft oft bei Braunkohle zu.

(6) Bei schwer verbrennlichen Kohlen, insbesondere bei Koks, befeuchtet man die Asche nach dem ersten Glühen mit Spiritus und glüht sie nochmals.

(7) Es muß beachtet werden, daß es Schälchen gibt, welche beim Glühen ihr Gewicht verändern. Aus diesem Grunde ist es nötig, daß die

Asche nach dem Wägen ausgepinselt und das leere Schälchen gewogen wird.

(8) Die bei der Elementaranalyse entstehende Asche hat stets ein höheres Gewicht als die im Muffelofen geglühte Asche.

(9) Der Platintiegel, welcher zur Bestimmung des Verkokungsrückstandes bzw. der flüchtigen Bestandteile verwendet wird, darf nicht ganz neu sein. Die neueren Tiegel haben ein besseres Wärmeleitvermögen, so daß in denselben eine höhere Verkokungstemperatur erreicht wird. Dementsprechend findet man eine größere Ausbeute an flüchtigen Bestandteilen als in einem gebrauchten Tiegel. Es empfiehlt sich daher, mit neuen Tiegeln zunächst eine größere Anzahl von Verkokungen durchzuführen, bevor man diese Tiegel für die eigentlichen Untersuchungen verwendet. Der häufig gebrauchte Tiegel wird durch Kochen mit Salzsäure 1,12 und gegebenenfalls durch Abreiben mit Seesand so gereinigt, daß die Oberfläche glatt, jedoch matt und hellgrau bleibt.

(10) Aus derselben Steinkohle kann man bei der Bestimmung der flüchtigen Bestandteile verschieden stark geblähte Kokse erhalten, je nachdem man den Verkokungstiegel vor der Bestimmung mehr oder minder stark aufstößt.

(11) Ein rußiger oder teeriger Beschlag an der Innenseite des Deckels wird immer zu den flüchtigen Bestandteilen gerechnet. Alle Wägungen bei der Koksausbeute erfolgen ohne Deckel.

Elementaranalyse[1]. a) *Makroverfahren.* (Bestimmung von Wasserstoff und Kohlenstoff.) Die Reinkohle der festen Brennstoffe besteht in der Hauptsache aus Kohlenstoff, Wasserstoff und Sauerstoff. Alle Kohlen enthalten außerdem noch geringe Mengen Stickstoff und Schwefel; bei letzterem unterscheidet man Gesamt- und verbrennlichen Schwefel. Bei der Elementaranalyse darf nur der verbrennliche Schwefel angegeben werden, da der unverbrennliche als Sulfat in der Asche gefunden wird.

Bei der Elementaranalyse werden Kohlenstoff und Wasserstoff im Elementaranalysenofen zu Kohlendioxyd bzw. Wasser verbrannt und in Natronkalk- bzw. Calciumchloridröhrchen aufgefangen und gewogen.

Die Apparatur besteht aus folgenden Teilen:

I. Einer Sauerstoffbombe, welche mit einem Reduzierventil versehen ist, so daß es möglich ist, den zu entnehmenden Sauerstoff genau zu regulieren. Es ist jedoch nur bei schwer verbrennlichen Kohlen, z. B. Koks, erforderlich, im Sauerstoffstrom zu arbeiten. Alle anderen Brennstoffe verbrennen ebensogut mit Luft.

II. Einer Waschflasche mit 30%iger Kalilauge zur Absorption der im Sauerstoff bzw. in der Luft enthaltenen Kohlensäure.

III. Einer Trockenflasche mit Schwefelsäure 1,84.

---

[1] Siehe auch DIN 51721

IV. Einem größeren Calciumchloridrohr.

V. Einem Verbrennungsrohr aus schwer schmelzbarem Glas oder aus Quarz. Dasselbe ist etwa 1100 mm lang und hat 15 mm lichte Weite. Es enthält beginnend von dem der Sauerstoffflasche zugekehrten Ende einen 40…50 cm langen freien Raum zur Aufnahme des Porzellanschiffchens mit der zu verbrennenden Substanz, eine Kupferspirale, dann eine 40 cm lange Schicht von Kupferoxyd in Drahtform, wiederum eine Kupferspirale, hierauf eine 10 cm lange Schicht erbsengroßer Bleichromatstücke und endlich wieder eine Kupferspirale. Hierauf folgt ein etwa 15 cm langer freier Raum. Statt der Kupferspiralen kann man auch einen Asbestpfropfen verwenden (1). Verschlossen wird das Rohr mit einem durchbohrten Gummistopfen, in den zweckmäßigerweise das Calciumchloridröhrchen eingesetzt ist. Das Rohr kann durch zwei elektrisch geheizte Öfen oder besser durch eine größere Anzahl von Gasbrennern erhitzt werden.

VI. Einem zu $\frac{3}{4}$ mit Calciumchlorid und zu $\frac{1}{4}$ mit Phosphorpentoxyd gefüllten U-Rohr zur Aufnahme des aus dem Wasserstoff der Probe entstehenden Wassers (2).

VII. Einem U-Rohr mit Natronkalk oder einem Kaliapparat.

VIII. Einem zweiten U-Rohr mit Natronkalk, welches zu $\frac{1}{4}$ mit Phosphorpentoxyd gefüllt ist. (VII und VIII dienen zur Aufnahme der bei der Verbrennung entstehenden Kohlensäure. Das Phosphorpentoxyd in dem zweiten Natronkalkröhrchen soll die bei der Absorption der Kohlensäure evtl. freiwerdende Feuchtigkeit zurückhalten.)

IX. Einer Waschflasche mit Wasser als Blasenzähler (3).

Vor Beginn des Versuches werden die Apparateteile durch Gummischläuche miteinander verbunden, wobei Glas an Glas stoßen soll. Das Verbrennungsrohr muß, während man Sauerstoff bzw. Luft hindurchleitet, bis zur vollständigen Trocknung erhitzt werden (4). Um die Anziehung von Feuchtigkeit zu verhindern, läßt man auch während des Erkaltens einen Luft- bzw. Sauerstoffstrom hindurchgehen. In der Zeit, in welcher der Teil des Ofens, der das Verbrennungsschiffchen aufnehmen soll, erkaltet, wägt man die Absorptionsgefäße. Hierbei ist darauf zu achten, daß dieselben vor dem Versuch mit demselben Gas gefüllt sind wie nachher. Nachdem man die U-Rohre gewogen hat, verbindet man dieselben in der angegebenen Reihenfolge und prüft durch Saugen auf Dichtigkeit der Apparatur. Nun setzt man das Schiffchen mit 0,3 g der Brennstoffprobe in das Verbrennungsrohr ein (5). Hierbei kann das Kupferoxyd glühend sein, der Teil des Rohres jedoch, welcher das Schiffchen aufnimmt, muß kalt sein, weil sonst die Verbrennung zu schnell verläuft und die Gefahr besteht, daß sich Kohlenoxyd bildet. Jetzt beginnt man mit dem Durchleiten von Sauerstoff bzw. Luft mit einer Geschwindigkeit von 2…3 Blasen pro Sekunde. Sobald das Kupferoxyd Rotglut erreicht hat, beginnt man mit dem Erhitzen der Kohle. Die Verbrennung ist dabei so zu leiten, daß zu Anfang sehr vorsichtig erwärmt wird, um eine zu schnelle Entgasung zu vermeiden. Man steigert allmählich die Hitze, bis die Kohle ganz verbrannt ist und eine gleichmäßig gefärbte Asche im Schiffchen zurückbleibt. Sodann läßt man noch ungefähr 30 Minuten vergehen, worauf die gewogenen Teile abgenommen und zur Waage gebracht werden. Nachdem sie Zimmertemperatur angenommen haben, werden sie gewogen. Das Calciumchloridrohr hat das aus dem Wasserstoff der Kohle entstandene Wasser und das hygroskopische Wasser derselben absorbiert. Die Auswaage durch 0,3 dividiert, ergibt die durch Verbrennen von 1 g des Brennstoffes entstandene Wassermenge. Will man den vorhandenen Wasserstoff aus der Auswaage berechnen, so muß man das hygroskopische Wasser von der auf 1 g Kohle berechneten Verbrennungswassermenge abziehen und erhält so das aus dem Wasserstoff gebildete Wasser. Aus diesem erhält man durch Multiplikation mit 11,19 bzw. durch Division mit 0,09 den Prozentgehalt Wasserstoff.

Die Gewichtszunahme der Natronkalkröhrchen ergibt die aus dem Kohlenstoff entstandene Kohlensäure (6). Durch Multiplikation mit 27,29 und Division durch 0,3 erhält man den Prozentgehalt an Kohlenstoff. Dasselbe Ergebnis erhält man, wenn man bei 0,3 g Einwaage die Auswaage mit 1000 multipliziert und durch 11 dividiert.

Bei 0,3 g Einwaage ergeben sich also folgende Berechnungsformeln:

$$\left(\frac{\text{Gesamtauswaage an Wasser}}{0,3} - \text{hygroskopisches Wasser} \right) : 0,09 = \% \, \text{H}$$

$$\frac{\text{Kohlensäureauswaage} \cdot 1000}{11} = \% \, \text{C}$$

b) Halbmikroverfahren unter Benutzung des Reihlen-Weinbrenner-Automaten[1]. Der ganze Apparat ist auf einer Schiene, ähnlich wie bei einer optischen Bank, montiert. Der wichtigste Teil des Ofens ist der bewegliche Vergasungsbrenner. Er befindet sich auf einem Wagen, der durch eine Feder zum eigentlichen Ofen gezogen wird. Die Geschwindigkeit wird hierbei mit einer Uhr geregelt, die durch ein Klingelzeichen das Ende der Verbrennungen anzeigt. In der Regel wird so gearbeitet, daß die Bewegung des Brenners 15 Minuten dauert. Nach dem dann ertönenden Klingelzeichen läuft der Versuch in dieser Stellung des Brenners noch 10 Minuten weiter, um die Verbrennungserzeugnisse restlos in die Absorptionsgefäße überzuleiten. Der gesamte Versuch dauert demnach 25 Minuten.

Das Verbrennungsrohr, welches aus Supremaxglas besteht, wird folgendermaßen gefüllt: Zunächst wird eine 10 mm lange Kupferspirale

---

[1] Siehe DIN 51721

eingeführt, welche in einem Dorn aus 0,8 mm dickem Kupferdraht endet. Derselbe ragt in den Schnabel des Verbrennungsrohres und schließt mit der Rohrspitze ab. Darauf folgt eine Schicht von 60 mm gekörntem Blei-(IV)oxyd für Mikroanalyse. Nach dem Einfüllen des Blei(IV)oxydes wird das Rohr ausgewischt und dann eine 40 mm lange Schicht aus Asbest, Silberwolle und einer Kupferwendel eingebracht. Diese wird wiederum von dem eigentlichen Katalysator durch eine 5 mm lange Asbestschicht getrennt (7). Als Katalysator wird Vinosit B (8) verwendet, von dem zunächst nur eine 8···10 mm hohe Schicht in das Rohr eingebracht und auf 240 mm verteilt wird. Das Rohr wird dann um 180° gegenüber seiner normalen Lage verdreht, in den Ofen eingeschoben und derselbe aufgeheizt. Nach 30 Minuten ist die Schicht am Glas festgesintert. Nach dem Abkühlen wird mit Vinosit aufgefüllt, 35···40 mm Silberwolle und als Abschluß 10···15 mm Platinasbest eingeführt. Das Rohr wird nunmehr in der normalen Lage in den Ofen eingeführt und etwa 4 Stunden im Sauerstoffstrom aufgeheizt (9).

Zur Absorption des gebildeten Wassers benutzt man Magnesiumperchlorat. Die Kohlensäure wird an Natronasbest gebunden. Die Absorptionsgefäße (10) werden Glas an Glas angeschlossen, dann das Verbrennungsschiffchen, in welches man 30···50 mg Kohle eingewogen hat, eingeschoben und als Abschluß ein Glaskörper eingeführt, welcher mit einer Platindrahtwicklung (11) versehen ist. Damit keine Überhitzung des Blei(IV)oxydes erfolgt, befindet sich der Rohrabschnitt, in welchem dasselbe liegt, in einer Dekalinbombe. Das Dekalin wird bis zum Sieden erhitzt, so daß die Temperatur etwa 190° beträgt. Der mittlere Teil des Rohres soll 650···700° heiß sein.

Nach Beendigung des Versuches darf der Sauerstoffstrom nicht sofort abgestellt werden, sondern muß noch einige Zeit weiterlaufen, damit sich das Vinosit wieder mit Sauerstoff sättigen kann.

Bemerkungen: (1) Das Kupferoxyd hat den Zweck, entstandenes Kohlenoxyd vollständig zu Kohlensäure zu verbrennen. Auftretendes Schwefeldioxyd wird durch das Bleichromat unter Bildung von Bleisulfat und Chromsäure gebunden und kann so nicht in die nachfolgenden Absorptionsgefäße gelangen. Das Einbringen einer Reduktionsspirale aus Kupferdraht zur Reduktion der Stickoxyde ist auch bei höherem Stickstoffgehalt der Kohlen nicht nötig. Will man trotzdem eine Kupferspirale verwenden, so kann man dieselbe nach dem Gebrauch leicht dadurch reduzieren, daß man sie in schwach glühendem Zustand in Methylalkohol taucht. Vor Gebrauch muß sie dann bei 120° getrocknet werden.

(2) Durch neu gefüllte Calciumchloridröhrchen leitet man einige Zeit trockenes Kohlendioxyd, um sicher zu sein, daß das Calciumchlorid bei der Elementaranalyse kein Kohlendioxyd absorbiert. Vor dem Wägen

muß man natürlich erst wieder Luft bzw. Sauerstoff hindurchleiten. Eine blinde Bestimmung, d. h. ohne Verbrennung einer Substanz, ergibt stets eine Gewichtszunahme des Calciumchloridrohres, welche einem Wasserstoffgehalt von etwa 0,2% entspricht.

(3) Statt einer wassergefüllten Flasche nimmt man besser eine solche, welche Palladium(II)chloridlösung enthält, weil man hierdurch feststellen kann, ob eine restlose Verbrennung zu Kohlendioxyd stattgefunden hat, denn Kohlenoxyd färbt Palladium(II)chlorid schwarz.

(4) Da Kupferoxyd und auch Bleichromat stark hygroskopisch sind, müssen sie vor jeder Bestimmung ausgeglüht werden. Das Bleichromat darf jedoch nicht zu heiß werden, es soll höchstens eine Temperatur von 400° erreichen, da es sonst schmilzt. Am besten ist es, einen Teil der Bleichromatschicht überhaupt nicht zu erwärmen.

(5) Das Einsetzen des Schiffchens in das Verbrennungsrohr muß zur Vermeidung von Feuchtigkeitsaufnahme möglichst rasch erfolgen.

(6) Enthält die Kohlenasche Carbonate, so muß zur genauen Ermittlung des Kohlenstoffgehaltes die Carbonatkohlensäure von der in den Natronkalkröhrchen ermittelten Kohlensäure abgezogen werden.

(7) Die etwa 5 mm lange Asbestschicht verhindert eine Überhitzung des Blei(IV)oxydes durch Wärmeleitung.

(8) Vinosit B besteht aus einem Gemisch der Oxyde von Kupfer, Blei, Mangan, Chrom und Silber. Es ist so wirksam, daß man damit etwa 100 Halbmikroverbrennungen durchführen kann. Nach dieser Zeit bilden sich im Rohr feine Sprünge (Risse), die zu Fehlergebnissen führen. Um über die Zahl der Verbrennungen unterrichtet zu sein, macht man sich auf dem zu diesem Zweck am Ofen befestigten Kärtchen jedesmal einen Strich. Hält das Rohr weniger als 100 Verbrennungen aus, ist dies ein Zeichen dafür, daß der Ofen zu stark beheizt wurde.

(9) Das erstmalige Festsintern der Vinositschicht hat den Vorteil, daß nach der Fertigstellung des Rohres die Verbrennungsgase zwischen den beiden Schichten hindurch müssen. Bevor die Apparatur zu einer Elementaranalyse verwendet werden kann, müssen zunächst 50 mg einer Stickstoff enthaltenden Substanz, z. B. Acetanilid, zweimal bei angeschlossenen Absorptionsgefäßen verbrannt werden.

(10) Um Wägefehler durch unterschiedlichen Luftauftrieb auszuschalten, benutzt man ein zweites Paar Absorptionsgefäße als Gegengewicht. Diese enthalten statt Magnesiumperchlorat Kaliumperchlorat (Dichte 2,2) und an Stelle von Natronasbest Kaliumnitrat (Dichte 2,0). Diese Gegengewichte werden, damit sie gleichen Temperatur- und Feuchtigkeitsverhältnissen ausgesetzt werden, unmittelbar neben die Absorptionsgefäße gehängt.

Der unterschiedliche Luftauftrieb kommt dadurch zustande, daß das Volumen der Absorptionsgefäße ein Vielfaches der Meßgewichte einnimmt. Beträgt der Volumenunterschied etwa 15 ml, so bewirkt dies bei Zimmertemperatur einen Luftauftrieb von 17 mg. Erwärmt sich die Luft von 20° auf 23°, so vermindert sich ihre Dichte um 1% und das Absorptionsgefäß wird scheinbar um 0,17 mg schwerer.

(11) Der Glaskörper mit der Platindrahtumwicklung muß den Rohrquerschnitt fast ausfüllen. Hierdurch wird an dieser Stelle die Strömungsgeschwindigkeit des Sauerstoffs so erhöht, daß die Substanz kaum zurücksublimieren kann. Ist dies bei zu raschem Verbrennen doch der Fall, so bewirkt die Platinfläche ein sofortiges Verbrennen der zurückgestiegenen Substanz.

Sauerstoff wird nicht direkt bestimmt. Man errechnet den Prozentgehalt der Kohle an Sauerstoff nach der Gleichung:

$$100 - (\% \, H + \% \, C + \% \, \text{verbrennlichen Schwefel} + \% \, N + \% \, \text{Asche} + \% \, \text{Wasser}) = \% \, \text{Sauerstoff}$$

Die Bestimmung des Stickstoffes geschieht nach der Aufschlußmethode. Hierbei wird die organische Substanz durch längeres Erwärmen mit konz. Schwefelsäure vollständig zerstört und der Stickstoff in Ammoniumsulfat übergeführt. Durch Destillation mit Natronlauge wird das Ammoniumsulfat zerstört. Das entweichende Ammoniak wird in abgemessener Menge Schwefelsäure aufgefangen und kann titrimetrisch bestimmt werden. Die Ausführung gestaltet sich wie folgt: 1 g der feinstgemörserten Substanz wird in einem KJELDAHL-Kolben (ein birnenförmiges Gefäß aus Jenaer Glas von 250 ml Inhalt) eingewogen. Man setzt 10 g Kaliumsulfat und 5···10 g Selenreaktionsgemisch nach WIENINGER oder 2 bis 3 g Quecksilberoxyd oder auch einen großen Tropfen metallisches Quecksilber hinzu.

Der Aufschluß erfolgt mit 20 ml reiner Schwefelsäure 1,84, deren Siedepunkt durch den Zusatz des Kaliumsulfates erhöht ist. In den Kolben wird ein Kondensiereinsatz (z. B. ein Porzellanpistill) eingehängt. In schräger Stellung wird der Kolben auf einem Asbestdrahtnetz oder einem BABO-Trichter zunächst langsam erwärmt. Ist das anfänglich oft auftretende Schäumen vorüber, so wird stärker erhitzt, bis in dem siedenden Gemisch keine dunklen Anteile mehr festzustellen sind. Dies ist gewöhnlich nach 2···3 Stunden der Fall. (1) Nach dem Erkalten wird der Aufschluß mit wenig Wasser evtl. unter schwachem Erwärmen gelöst und die Lösung in einen Destillierkolben übergespült. Die Destillation kann in einer Apparatur erfolgen, die man sich aus Laboratoriumsgeräten zusammenstellt (a) oder in der von KEMPF und ABRESCH verbesserten PARNAS-Apparatur (b).

a) Auf den Destillierkolben setzt man einen KJELDAHL-Aufsatz, den man mit einem Kühler verbindet, der als Vorstoß ein Kugelrohr besitzt, das in einen ERLENMEYER-Kolben eintaucht. Durch schnelle Zugabe von 150 ml Natronlauge 30% in die kalte mit 200 ml Wasser verdünnte Lösung wird das Ammoniak in Freiheit gesetzt. Hat man als Katalysator Quecksilberoxyd oder metallisches Quecksilber genommen, werden noch 20 ml Natriumsulfidlösung zugegeben (2) zur Zerstörung des Quecksilber(II)ammoniumsulfates. Durch Kochen wird das Ammoniak vollständig ausgetrieben und in dem ERLENMEYER-Kolben, in welchem sich 30 ml $n/_{10}$ Schwefelsäure befinden, gebunden. Die Titration erfolgt wie unter b.

b) Zweckmäßiger wird die Destillation in der PARNAS-Apparatur durchgeführt. Wie auf Seite 46 (Stickstoffbestimmung in Stahl und Eisen) ausführlich beschrieben. In diesem Fall wird zum Aufschluß nur das Selenreaktionsgemisch verwendet und zur Destillation nur 75 ml Natronlauge hinzugegeben. Die Rücktitration erfolgt mit $n/_{10}$ NaOH ebenfalls unter Verwendung von 1 ml TASHIRO-Indikator. Durch einen Blindversuch wird der Stickstoffgehalt der verwendeten Chemikalien bestimmt und bei der Ausrechnung berücksichtigt.

Berechnung

a = ml Blindwert-Rücktitration
b = ml Probe-Rücktitration

$$\frac{(a-b)\cdot 0{,}14}{\text{Einwaage}} = \%\ N$$

Zur Bestimmung des Gesamtschwefels[1] gibt es verschiedene Methoden. Die genaueste und daher auch bei Schiedsanalysen anzuwendende ist die nach ESCHKA. Hierbei wird die Probe mit der sog. ESCHKA-Mischung, die aus zwei Teilen Magnesiumoxyd und einem Teil wasserfreiem Natriumcarbonat besteht, vollständig verbrannt (3). Man verfährt dabei wie folgt: 1 g der Probe, bei Kohlen mit mehr als 2% Schwefel 0,5 g, wird in einem Platin- oder Pythagoras-Tiegel mit der dreifachen Menge der ESCHKA-Mischung innig gemischt und mit einer Schicht ESCHKA-Mischung von etwa 10 mm überdeckt. Der ganze Tiegelinhalt wird etwas zusammengedrückt. Der Tiegel wird in einen kalten Muffelofen eingesetzt, aufgeheizt und 2 Stunden lang bei einer Temperatur von 750···800° geglüht (4). Die Kohle ist vollständig verbrannt, wenn beim Umrühren mit einem Platindraht kein Aufleuchten bzw. Aufglühen des Inhaltes mehr zu sehen ist und nach dem Erkalten die Masse rotbraun wie die Asche der Kohle aussieht. Der Tiegel wird sodann, nachdem er noch nicht ganz kalt ist, in ein 800-ml-Becherglas gegeben und mit 150 ml heißem Wasser der Inhalt herausgelöst. Zur Oxydation evtl. gebildeter Sulfide gibt man Bromwasser bis zur schwachen Gelbfärbung oder 10 ml 3%iges Wasserstoffperoxyd hinzu und kocht etwa 20 Minuten. Nun

---

[1] Siehe DIN 51724

filtriert man durch ein 11 cm qualitatives Filter in ein 800-ml-Becherglas. Alsdann wird mit Salzsäure bis zur schwachsauren Reaktion versetzt, durch Kochen das überschüssige Brom bzw. Wasserstoffperoxyd verjagt und in der Siedehitze mit 20 ml heißer Bariumchloridlösung in einem Guß gefällt. Nachdem man 4 Stunden hat absitzen lassen, wird das ausgeschiedene Bariumsulfat durch 11-cm-Weißbandfilter mit Filterschleim filtriert, zunächst mit salzsäurehaltigem und dann mit reinem Wasser ausgewaschen, verascht, geglüht und gewogen.

$$\frac{\text{Auswaage} \cdot 13{,}74}{\text{Einwaage}} = \%\ \text{S}$$

Einfacher und bedeutend rascher durchführbar ist die Schwefelbestimmung nach SEUTHE. Hierbei wird der Brennstoff ähnlich wie der Stahl im Sauerstoffstrom verbrannt und das entstandene Schwefeldioxyd titrimetrisch ermittelt. Als Verbrennungsofen verwendet man den zur Kohlenstoff- bzw. Schwefelbestimmung im Stahl benutzten. Um jedoch eine vorzeitige Kondensation des beim Verbrennen von jüngeren Steinkohlen und namentlich bei Braunkohlen in größeren Mengen entstehenden Wasserdampfes zu verhindern, wird ein etwa 8 cm langer Stein aus poröser feuerfester Masse in die Glühzone eingeführt (5). Zweckmäßigerweise benutzt man hierzu einen Schamottestein, welchen man gut auf den Rohrdurchmesser zurechtschleifen kann (6). Da man naturgemäß eine Kohlenprobe nicht sofort in die heißeste Zone des Rohres einführen kann, ohne daß teerartige Produkte flüchtig gehen und unverbrannt in die Vorlage gelangen, arbeitet man folgendermaßen. Der eine Gummistopfen besitzt zwei Bohrungen. Durch die eine Bohrung geht ein im Winkel gebogenes Glasrohr, das für die Sauerstoffzufuhr benutzt wird. Die zweite Bohrung trägt ein kurzes beiderseitig offenes Glasrohr, durch welches ein Quarz- oder Eisenstab hindurchgeführt wird, der gegen das Glasrohr mittels eines übergezogenen Gummischlauches abgedichtet ist. Der Stab muß sich leicht in dem Gummi bewegen lassen, um mit seiner Hilfe das Schiffchen allmählich in die Glühzone zu schieben.

Die Verbrennungsgase werden in 30 ml 1%ige Wasserstoffperoxydlösung eingeleitet. Als Absorptionsgefäß verwendet man das gleiche, wie es für die Schwefelbestimmung im Stahl benutzt wird. Dieses wird ohne Zwischenschaltung eines Schlauches direkt durch den Gummistopfen mit dem Verbrennungsrohr verbunden. Zur Verbrennung benötigt man eine Temperatur von 1200°. Sobald diese erreicht ist, wird das Schiffchen mit 1 g der Brennstoffprobe in den kalten Teil des Rohres eingesetzt. Unter starkem Durchleiten von Sauerstoff schiebt man das Schiffchen mit Hilfe des Stabes in etwa 3 Minuten in den rotglühenden Teil des Rohres. Die einsetzende Verbrennung ist am Aufsteigen weißer Nebel in der Vorlage erkenntlich. Nach Beendigung der Verbrennung, welche am Verschwinden der weißen Nebel erkenntlich ist, in der Regel in 8 Minuten, gibt man 2 Tropfen Methylrotlösung zur Wasserstoffperoxydlösung hinzu und titriert unter weiterem Durchleiten von Sauerstoff mit $n/_{20}$ Natronlauge bis zum Umschlag nach Gelb. Nach dem Erreichen des Farbumschlages unterbricht man die Sauerstoffzufuhr und wartet, bis die Flüssigkeit in das Einleitungsrohr zurückgestiegen ist. Tritt jetzt eine erneute Rotfärbung ein, was häufig der Fall ist, schaltet man die Sauerstoffzufuhr wieder ein und titriert von neuem.

$$\frac{\text{ml } n/_{20}\ \text{NaOH} \cdot 0{,}08}{\text{Einwaage}} = \%\ \text{Schwefel}$$

Für feuerungstechnische Zwecke genügt es in der Regel, den *verbrennlichen Schwefel* oder *Bombenschwefel* anzugeben. In der Elementaranalyse muß der verbrennliche Schwefel angegeben werden (7). Derselbe wird dadurch bestimmt, daß man in der Kalorimeterbombe 1 g Kohle verbrennt, ohne dabei die Temperatursteigerung zu notieren. In die Bombe hat man vor Ausführung des Versuches 10 ml Wasser gegeben. Nach der Verbrennung leitet man den Sauerstoff durch eine Vorlage, die neutrale Wasserstoffperoxydlösung enthält. Die Bombe sowie der Deckel werden mit Wasser abgespült, das mit der Flüssigkeit der Vorlage vereinigt wird. Die Lösung wird filtriert, stark salzsauer gemacht und mindestens 30 Minuten gekocht (8). In der dann bis zur schwachsauren Reaktion abgestumpften Lösung wird das Sulfat mit Bariumchlorid gefällt wie bei der Bestimmung nach ESCHKA beschrieben.

Die Bestimmung des Pyrits in Kohlen. Die Methode ähnelt der Schwefelbestimmung in Stahl und Eisen nach dem Entwicklungsverfahren, denn der Schwefel wird als Schwefelwasserstoff in Freiheit gesetzt und nach der Bindung als Cadmiumsulfid mit Jodlösung titriert.

Zur Bestimmung werden 2 g Kohle (9) in einem 750-ml-ERLENMEYER-Kolben mit 20 g granuliertem Zink, 1 g Quecksilber(II)chlorid und 2 g Zinn(II)chlorid versetzt (10). Der Kolben wird mit einem Gummistopfen verschlossen, der drei Durchbohrungen besitzt. Die eine dient zur Aufnahme eines Tropftrichters von 100 ml Inhalt, die andere zur Durchführung eines Kohlensäurezuleitungsrohres und die dritte endlich zur Abführung des entstehenden Gasgemisches. Als Absorptionsgefäße werden drei Waschflaschen nach MUENCKE benutzt. Die erste ist mit Wasser zur Absorption der Salzsäuredämpfe, die beiden anderen sind mit Cadmiumacetatlösung gefüllt. Durch den Tropftrichter gibt man 80 ml Salzsäure 1,19 unter Druck in den ERLENMEYER-Kolben. Durch öfteres Umschütteln wird für restloses Freimachen des Schwefelwasserstoffes gesorgt. Läßt die Wasserstoffentwicklung nach, leitet man durch den Kolben einen mäßigen Strom von Kohlensäure und erwärmt auf einer kleinen Heizplatte auf etwa 70°.

Nach 15···20 Minuten wird der Kohlensäurestrom abgestellt, die 2. Waschflasche entfernt und rasch durch die 3. ersetzt. In den Entwicklungskolben gibt man nochmals 5 g Zink und durch den Tropftrichter 50 ml Salzsäure 1,19. Nachdem die neuerdings einsetzende Wasserstoffentwicklung nachgelassen hat, leitet man wiederum Kohlensäure durch das System, bis der Sulfidniederschlag nicht mehr zunimmt. Der Inhalt der beiden Waschflaschen wird vereinigt und nach Vorlage von $n/_{10}$ Jodlösung mit der zugehörigen Thiosulfatlösung zurücktitriert bzw. man verwendet die gleiche Jodlösung wie für die Schwefelbestimmung im Stahl.

Bemerkungen: (1) Sollte die Säure nicht ganz ausreichen, so kann man nach dem Erkalten die am Hals des Kolbens befindlichen schwarzen Teilchen mit 10 ml Säure herunterspülen. Bedingung für gutes Gelingen der Bestimmung ist jedoch, daß nach dem Erkalten keine flüssige Säure mehr vorhanden ist.

(2) Die Natriumsulfidlösung soll die Bildung von Quecksilberamino-Verbindungen verhindern, die sonst nach folgender Gleichung entstehen würden:

$$2\,Hg_2SO_4 + 4\,NH_3 = (NH_2Hg_2)_2SO_4 + (NH_4)_2SO_4$$

Durch den Zusatz von Natriumsulfid bildet sich jedoch unschädliches Quecksilbersulfid:

$$Hg_2SO_4 + Na_2S_2 = 2\,HgS + Na_2SO_4$$

Durch den aus den Zinkkörnchen entwickelten Wasserstoff wird das Kochen der Flüssigkeit erleichtert und namentlich das gefährliche Stoßen vermieden.

(3) Der chemische Vorgang bei der ESCHKA-Methode ist folgender: Das Magnesiumoxyd verhindert das bei alleiniger Anwesenheit von Natriumcarbonat eintretende Schmelzen. Die durch das Erhitzen des Schwefels mit Natriumcarbonat möglichen Umsetzungen sind folgende:

$$a)\ 3\,Na_2CO_3 + 3\,MgO + 3\,S = Na_2SO_3 + 3\,MgCO_3 + 2\,Na_2S$$
$$b)\ 4\,Na_2CO_3 + 4\,MgO + 4\,S = Na_2SO_4 + 4\,MgCO_3 + 3\,Na_2S$$

Es bilden sich also neben Natriumsulfat noch Natriumsulfit und auch Natriumsulfid. Diese werden durch das Brom zu Sulfat oxydiert.

$$a)\ Na_2SO_3 + Br_2 + H_2O = Na_2SO_4 + 2\,HBr$$
$$b)\ Na_2S + 4\,Br_2 + 4\,H_2O = Na_2SO_4 + 8\,HBr$$

(4) Man darf nicht zu schnell erhitzen, weil sonst der organische Schwefel nicht quantitativ gebunden wird.

Muß zur Erhitzung ein Brenner verwendet werden und hat man kein

schwefelfreies Gas zum Heizen des Tiegels und kein Benzingebläse, so
verhindert man die Aufnahme von Schwefeldioxyd aus den Verbrennungsgasen dadurch, daß man den Tiegel so in das Loch einer größeren
Asbestplatte steckt, daß dieselbe dicht am Tiegel anliegt.

(5) Wenn man keinen Stein verwendet, scheidet sich im kälteren Teil
des Rohres Wasser ab, welches die entstandene schweflige Säure zurückhält.

(6) Der Stein muß vor der erstmaligen Benutzung mit Salzsäure ausgekocht werden.

(7) Der Unterschied zwischen Gesamtschwefel und verbrennlichem
Schwefel beträgt etwa 0,1 ··· 0,3%. Bei Schwelkoks kann der Unterschied
bis zu einigen Prozenten betragen. Bei flüssigen Brennstoffen können dadurch Fehler entstehen, daß die Merkaptane zum Teil Sulfosäuren bilden,
deren Bariumsalze wasserlöslich sind. Zur Vermeidung dieser Fehlermöglichkeiten muß mit hohem Bombendruck, jedenfalls nicht unter
25 Atm., verbrannt werden.

(8) Das Kochen in stark salzsaurer Lösung ist notwendig, damit alle
S-Verbindungen in einer mit Bariumchlorid quantitativ fällbaren Form
vorliegen.

(9) Die Kohle muß äußerste Staubfeinheit besitzen, da selbst in kleinsten Kohlepartikelchen noch Pyrit eingeschlossen sein kann, der dann
nicht mit erfaßt wird.

(10) Als Reduktions- und Aufschlußmittel werden auch 0,1 ··· 0,2 g
Chrompulver empfohlen.

C. Heizwertbestimmung[1]

Unter dem Heizwert eines Brennstoffes versteht man die beim Verbrennen desselben freiwerdende Wärmemenge. Als Einheit der Wärmemenge ist die Kilokalorie festgelegt, als Abkürzung dafür „kcal" amtlich
eingeführt worden (1). Bei den Brennstoffen, welche Wasserstoff enthalten, unterscheidet man die Verbrennungswärme („oberer Heizwert"),
Ho abgekürzt, diese drückt die Wärmemenge aus, welche beim Verbrennen eines Brennstoffes frei wird, wenn das im Brennstoff enthaltene
Wasser und das bei der Verbrennung aus dem Wasserstoff entstandene
Wasser kondensiert und auf Zimmertemperatur abgekühlt wird. Der
„untere Heizwert", Hu abgekürzt, gibt nur die Wärmemenge an, welche
beim Verbrennen frei wird, wenn das gesamte Wasser dampfförmig entweicht. Der Unterschied zwischen oberem und unterem Heizwert ist also
gleich der Verdampfungswärme des hygroskopischen und des bei der Verbrennung gebildeten Wassers.

---

[1] Siehe DIN 51708 und „Regeln für Abnahmeversuche an Dampfkesseln". VDI.

Da die Berechnung des Heizwertes auf Grund der Elementaranalyse mit Hilfe der sog. DULONGschen Formel (2) in den weitaus meisten Fällen zu unrichtigen Ergebnissen führt, wird der Heizwert nur experimentell ermittelt. Zu diesem Zweck wird eine genau abgewogene Probe des Brennstoffes in einem geeigneten Gefäß verbrannt und die entstehende Wärme auf eine bestimmte Menge Wasser übertragen. Aus der Temperaturerhöhung desselben läßt sich die freigewordene Wärme errechnen. Da jedoch die Übertragung der Wärme vom Kalorimetergefäß auf das Wasser nicht augenblicklich stattfindet, sondern mehrere Minuten dauert, muß der Einfluß der Raumtemperatur während dieser Zeit festgestellt werden, und zwar findet in der Zeit, in welcher das Kalorimetergefäß noch nicht die Raumtemperatur erreicht hat, eine Wärmeeinstrahlung statt. Hat das Gefäß dagegen die Raumtemperatur überschritten, findet durch Ausstrahlung ein Verlust an Wärme statt. Daher ist die Differenz zwischen Zündungs- und Höchsttemperatur nicht der wahre Temperaturanstieg, sondern dieser muß erhöht werden um die sog. Strahlungskorrektur. Um dieselbe zu ermitteln, teilt man den Kalorimeterversuch in 3 Abschnitte, und zwar: in den sog. Vorversuch, den Hauptversuch und den Nachversuch.

Die Auswertung des Versuchsergebnisses geschieht alsdann auf Grund folgender Formel:

$$Ho = \frac{Ww \cdot (tm + c - to) - \Sigma\, b}{G}$$

In derselben bedeutet:

Ww = Wasserwert des Instrumentes
to = erste Temperatur des Hauptversuches
tm = letzte Temperatur des Hauptversuches
G = Gewicht des Brennstoffes in Gramm
c = Berichtigung für den Wärmeaustausch zwischen Kalorimeter und Umgebung; dieselbe wird nach der vereinfachten Formel von REGNAULT-PFAUNDLER errechnet (siehe weiter unten)
$\Sigma\, b$ = die Summe der Wärmemengen, welche bei der Bildung von Schwefel- und Salpetersäure in der Bombe entstanden sind.

Zur experimentellen Durchführung der Heizwertbestimmungen benutzt man allgemein die Verbrennungsbombe nach „BERTHELOT-MAHLER-KROEKER". Diese, welche der größeren Haltbarkeit wegen nur aus nichtrostendem Stahl gefertigt sein soll (3), besteht aus einem zylindrischen Gefäß mit aufschraubbarem Deckel, der zwei Öffnungen besitzt. Eine davon schneidet unterhalb des Bombendeckels ab und dient zum Herauslassen der Verbrennungsprodukte, z. B. bei der Bestimmung des Schwefels oder des gebildeten Wassers. Die andere Öffnung wird durch ein Platinröhrchen bis beinahe auf den Boden der Bombe geführt. Sie dient zum Einlassen des Sauerstoffes und besitzt einen ringförmigen

Halter zur Aufnahme des Verbrennungsschälchens, ferner etwa 1,5 cm über dem Halter den Wärmeverteiler. Dieser, ein halbkugelförmiges Platinblech, soll die Verbrennungsflamme von ihrem Weg nach oben ablenken und so die im Deckel befindlichen Ventile schonen. Gleichzeitig erreicht man dadurch einen schnelleren Wärmeaustausch, da ja die entwickelte Wärme in erster Linie den großen Flächen der Bombenwandung zugeführt wird. Durch die Mitte des Bombendeckels ist ferner noch eine isolierte Elektrode geführt, die sich im Bombeninnern in Form eines Platindrahtes fortsetzt und in der Nähe des Halters endet. Als andere Elektrode, die zum Zuführen des Zündstromes dient, ist das Platinrohr ausgebildet.

Die Bombe kommt zur Ausführung des Versuches in das Kalorimetergefäß, in welches so viel Wasser eingewogen wird, daß die Bombe mindestens bis zu den Ventilköpfen im Wasser steht.

Das Kalorimetergefäß selbst steht in einem doppelwandigen Kessel, der mit Wasser von Zimmertemperatur gefüllt ist und die Rührvorrichtung trägt. Ferner ist an ihm eine Haltevorrichtung für das Thermometer angebracht. Dieses soll amtlich geeicht und in hundertstel Grade geteilt sein, so daß man durch Ablesen mittels einer Lupe die Tausendstelgrade bequem schätzen kann.

Als Zubehörteile zum Kalorimeter benötigt man ein Manometer, das zweckmäßigerweise ein Sicherheitsventil besitzt, welches verhindert, daß der Druck in der Bombe über 30 Atm. steigt. Weiter benötigt man eine Stromquelle, welche den Rührwerksmotor speist und den Zündstrom liefert. Da ein dauernd gleichmäßiges Rühren für das Erhalten von exakten Versuchsergebnissen erforderlich ist und auch der Zündstrom gedrosselt werden muß, bedient man sich gern eines Schaltbrettes. Auf demselben befindet sich ein Regulierwiderstand, mit dem man in der Lage ist, bei Stromschwankungen die Geschwindigkeit des Motors stets auf gleicher Höhe zu halten.

Ein zweiter Regulierwiderstand dient zur Verringerung des Zündstromes. Ein in letzteren eingebauter Momentausschalter unterbricht den Strom automatisch nach erfolgter Zündung. Die eingeschaltete Glühlampe zeigt durch kurzes Aufleuchten und Erlöschen die erfolgte Zündung an. Man kann dadurch sofort erkennen, ob überhaupt eine Zündung stattgefunden hat. Andererseits kann man beim Nichterlöschen der Lampe auf Isolationsschäden innerhalb der Bombe schließen.

Die eigentliche Versuchsausführung gestaltet sich nun folgendermaßen: 1 g des Brennstoffes wird als loses Pulver (4) in ein Platin- oder besser ein Quarzeimerchen (5) eingewogen. Nachdem man das Eimerchen in die Aufhängevorrichtung des Bombendeckels gebracht hat, wird ein etwa 8 cm langer Nickeldraht (6), welchen man V-förmig gebogen hat, derart angebracht, daß er vom Platinrohr durch den Brennstoff zur anderen

Elektrode führt. Es ist dabei nicht erforderlich, daß der Draht in den Brennstoff eintaucht, sondern es genügt, wenn er möglichst dicht über demselben liegt. Die Bombe, in welche man 5 ml destilliertes Wasser (7) gegeben hat, wird nun geschlossen (8) und aus der Sauerstoffflasche mit Hilfe dünner Kupferröhrchen Sauerstoff von 25···35 Atm. Druck (9) eingeleitet. Nachdem man die Ventile geschlossen und wo nötig die Schutzschrauben eingesetzt hat, bringt man die Bombe in das Kalorimetergefäß, in welchem sich eine genau gewogene Wassermenge (10) befindet. Die Temperatur dieses Wassers muß bei Versuchsbeginn um so viel Grad unter Zimmertemperatur liegen, als sie nach Erreichen der Höchsttemperatur über Zimmertemperatur liegt. Nunmehr verbindet man die elektrischen Leitungsdrähte mit der Bombe, setzt den Rührer und das Thermometer ein, legt den Deckel auf und bringt das Rührwerk in Gang. Man wartet zunächst etwa 3 Minuten, bis der Temperaturausgleich zwischen Bombe und Kalorimeterwasser stattgefunden hat, und beginnt dann mit den Thermometerablesungen. Diese erfolgen an Hand einer Stoppuhr von Minute zu Minute unter Benutzung der verschiebbaren Lupe. Um die Trägheit des Quecksilberfadens zu überwinden, ist es erforderlich, das Thermometer leicht zu klopfen.

Während der sog. Vorperiode beobachtet man das Thermometer 5 Minuten lang. In dieser Zeit muß das Thermometer, da ja das Kalorimeterwasser tiefere Temperatur besitzt als das Isoliergefäß, langsam ansteigen. Bei Beendigung der 5. Minute wird der Stromkreis im Zünddraht geschlossen und so die Kohle entzündet. Man liest auch weiterhin während der Hauptperiode jede Minute die Temperatur ab, und zwar so lange, bis die Höchsttemperatur erreicht ist (11). Die Hauptperiode ist mit dem Ablesen der ersten abfallenden Temperatur oder zweier gleicher Temperaturen beendet. Hierauf stellt man in der Nachperiode 5 Minuten lang den Abfall des Thermometers fest. War das Kalorimeterwasser richtig temperiert und die Rührung gleichmäßig, so fällt das Thermometer in der Nachperiode um ungefähr den gleichen Betrag, um den es in der Vorperiode angestiegen ist.

Zur Errechnung der Strahlungskorrektur (Berichtigung c) benutzt man die vereinfachte REGNAULT-PFAUNDLER-Formel (12)

$$c = m \cdot \varDelta n - (\varDelta n + \varDelta v) \cdot F$$

Hierin bedeutet:

m = Dauer des Hauptversuches in Minuten
$\varDelta v$ = mittlerer Temperaturanstieg für jede Minute des Vorversuches
$\varDelta n$ = mittlerer Temperaturabfall für jede Minute des Nachversuches
F = Beiwert, für den Nährungswerte eingesetzt werden können, und zwar $F = 1$, wenn die größte Temperatursteigerung in der ersten, $F = 1{,}5$, wenn sie in der zweiten Minute erfolgt. Ist der Temperaturanstieg in beiden Minuten ungefähr gleich, so ist $F = 1{,}25$.

Beispiel:

Vorversuch		Hauptversuch			Nachversuch	
0	1,775	5	1,785		13	4,196
1	1,777	6	2,325	$F = 1,5$	14	4,194
2	1,779	7	3,699		15	4,192
3	1,781	8	4,055	$m = 8$	16	4,190
4	1,783	9	4,149		17	4,188
5	1,785	10	4,183		18	4,186
	0,010	11	4,193			0,010
		12	4,197			
$\Delta v = 0,010 : 5$		13	4,196		$\Delta n = 0,010 : 5$	
$= 0,002$			1,785		$= 0,002$	
		$t_m - t_0 = 2,411$				

$$c = 8 \cdot 0,002 - (0,002 + 0,002) \cdot 1,5$$

Der wahre Temperaturanstieg ist dann:

$$2,411 + 0,010 = 2,421$$

Dieser so errechnete Temperaturanstieg mit dem Wasserwert des Instrumentes multipliziert, ergibt den oberen Heizwert des Brennstoffes. Derselbe muß noch um die Bildungswärme der aus dem Schwefel des Brennstoffes entstandenen Schwefelsäure und der aus dem Stickstoff entstandenen Salpetersäure vermindert werden (13). Zu diesem Zweck wird der Bombeninhalt quantitativ in ein Becherglas gespült. Nachdem durch Kochen die Kohlensäure vertrieben ist, wird nach Zusatz von Phenolphthalein mit $n/_{10}$ Bariumhydroxydlösung (14) die Gesamtsäure bestimmt. Hierauf gibt man 20 ml $n/_{10}$ Natriumcarbonatlösung hinzu, kocht kurz auf, wobei sich das Bariumnitrat in unlösliches Bariumcarbonat verwandelt, filtriert durch ein qualitatives 11-cm-Filter und titriert die nicht verbrauchte Natriumcarbonatmenge in der Kälte mit $n/_{10}$ Salzsäure und Methylorange zurück. Der Unterschied zwischen den zugegebenen 20 ml $n/_{10}$ Natriumcarbonatlösung und dem Verbrauch an $n/_{10}$ Salzsäure ist gleich den Millilitern $n/_{10}$ Salpetersäure, die man von der mit $n/_{10}$ Bariumhydroxydlösung ermittelten Gesamtmenge (Schwefel- und Salpetersäure) abzieht. Der Rest entspricht der Schwefelsäure.

Beispiel:

Verbrauchte Barium- hydroxydlösung	$=$ Gesamtsäure 10,2 ml
Natriumcarbonatlösung vorgelegt	$= 20,0$ ml
Zurücktitriert	$= 17,5$ ml
für Salpetersäure demnach verbraucht ·	$2,5$ ml $\cdot 1,5 =$ kcal für HNO_3
für Schwefelsäure allein	$7,7$ ml $\cdot 3,6 =$ kcal für H_2SO_4

Da die Bildungswärme für 1 ml $n/_{10}$ Salpetersäure 1,5 kcal beträgt, errechnet sich in obigem Beispiel der Abzug für die gebildete Salpetersäure zu $2,5 \cdot 1,5 = 3,8$ kcal.

Der Abzug für die gebildete Schwefelsäure beträgt entsprechend der Bildungswärme von 3,6 kcal für 1 ml $n/_{10}$ Schwefelsäure: $7,7 \cdot 3,6 = 27,7$ kcal (15). $\Sigma b = 3,8 + 27,7 = 31,5$ kcal.

Der untere Heizwert ist der um die Verdampfungswärme des Verbrennungswassers verminderte obere Heizwert. Er wird nach folgender Gleichung berechnet:

$$Hu = Ho - 5,85 \cdot W$$

In dieser Formel bedeutet 5,85 die Verdampfungswärme des Wassers (16) bei 20° und W die bei der Elementaranalyse erhaltene Wassermenge in Prozent. Wird die Menge des Verbrennungswassers nicht bestimmt, so kann man dieselbe annähernd errechnen. Sie ist die Summe der Feuchtigkeit der Kohle und des aus dem Wasserstoffgehalt der Kohle entstehenden Wassers. Aus der Gleichung $H_2 + O = H_2O$ ergibt sich, daß aus einem Gewichtsteil Wasserstoff neunmal soviel Wasser entsteht. Die Gleichung für die Errechnung des unteren Heizwertes kann demnach auch folgendermaßen geschrieben werden:

$$Hu = Ho - (\text{Feuchtigkeit} + H \cdot 9) \cdot 5,85 \text{ kcal}$$

Da der Wasserstoffgehalt H bei Steinkohlen gewöhnlich 4% beträgt, ergibt sich die folgende Formel:

$$Hu = Ho - (\text{Feuchtigkeit} + 36) \cdot 5,85 \text{ kcal}$$

Der Wasserstoffgehalt bei Braunkohlen ist normalerweise 5% des Reinkohlegehaltes. Die Formel für Braunkohle lautet also:

$$Hu = Ho - \left(\text{Feuchtigkeit} + 45 \cdot \frac{\text{Reinkohle}}{100}\right) \cdot 5,85 \text{ kcal}$$

Diese Berechnung des unteren Heizwertes ist nicht ganz genau. Bei Kesselprojekten, Abnahmeversuchen sowie stark bituminösen Braunkohlen, d. h. bei Schwelkohlen mit über 6,5% Bitumen und 13% Teer (17) muß die Bestimmung des Verbrennungswassers auf Grund der Elementaranalyse erfolgen. Man kann auch das bei der Verbrennung in der Bombe gebildete Wasser im Ölbad austreiben, wobei jedoch nicht so genaue Werte erhalten werden wie bei der Elementaranalyse (18).

Zur Bestimmung des Wasserwertes des Kalorimeters, worunter man den Wärmebedarf pro Grad Erwärmung für die Bombe, für das Kalorimetergefäß (einschließlich der abgewogenen Wassermenge), den Rührer und das Thermometer versteht, verbrennt man in der Bombe Benzoesäure für kalorimetrische Zwecke mit einer Verbrennungswärme von 6324 kcal (19).

Die Wasserwertbestimmung muß selbstverständlich mit der größten Sorgfalt und unter gleichen Bedingungen wie die Heizwertbestimmung vorgenommen werden. Man hat also dieselbe Formel zum Ausrechnen zu benutzen, denselben Zünddraht zu nehmen und die gleiche Menge Wasser in die Bombe zu geben. Die Wasserwertbestimmung ist also nichts anderes als eine Heizwertbestimmung, bei der der Heizwert bekannt ist. Der Wasserwert errechnet sich nach der Formel: Wasserwert = oberer Heizwert dividiert durch den korrigierten Temperaturanstieg. Zum Beispiel bei Verwendung von Benzoesäure mit 6324 kcal wurde ein korrigierter Temperaturanstieg von 2,635° beobachtet. Der Wasserwert ist demnach:

$$6324 : 2,635 = 2400$$

Man nimmt das Mittel aus mindestens 4 Versuchen und muß die Richtigkeit von Zeit zu Zeit nachprüfen, besonders wenn an der Bombe oder dem Gefäß eine Reparatur ausgeführt wurde, ferner bei Benutzung eines neuen Thermometers.

Beispiel zur Umrechnung der in der lufttrockenen Kohle erhaltenen Werte auf die Ursprungskohle.

Die grobe Feuchtigkeit wurde zu 3,70% ermittelt.

Die lufttrockene Probe ergab 1,76% Wasser, 7,75% Asche, 90,49% Reinkohle, 64,50% Koksausbeute, 33,74% flüchtige Bestandteile; *Ho* 7287 und *Hu* 7052 kcal/kg.

Weil die Kohle 3,70% grobe Feuchtigkeit besitzt, enthält die ursprüngliche Kohle $100 - 3,70 = 96,3\%$ lufttrockene Kohle. Um die Werte der ursprünglichen Kohle zu erhalten, müssen alle im lufttrockenen Zustand gefundenen Zahlen mit 96,3 multipliziert und durch 100 dividiert bzw. einfacher mit 0,963 multipliziert werden.

Es ergibt sich also der Wassergehalt zu $1,76 \cdot 0,963 = 1,69\%$; hierzu kommt noch der Gehalt an 3,70% grober Feuchtigkeit, so daß das Gesamtwasser der ursprünglichen Kohle $1,69 + 3,70 = 5,39\%$ ist.

Der Aschegehalt .... zu $7,75 \cdot 0,963 = 7,46\%$
Der Reinkohlegehalt............................... zu $90,49 \cdot 0,963 = 87,14\%$
Die Koksausbeute .... zu $64,50 \cdot 0,963 = 62,11\%$
Der Gehalt an flüchtigen Bestandteilen .... zu $33,74 \cdot 0,963 = 32,49\%$
Der *Ho* der ursprünglichen Kohle ist $7287 \cdot 0,963 = 7017$ kcal/kg

Um den *Hu* der ursprünglichen Kohle zu erhalten, muß der *Hu* der lufttrockenen Probe mit 0,963 multipliziert und hiervon noch die für die grobe Feuchtigkeit erforderliche Verdampfungswärme abgezogen werden. Es ergibt sich demnach:

$$7052 \cdot 0,963 = 6791 - 3,70 \cdot 5,85 = 6791 - 22 = 6769 \text{ kcal/kg}$$

Die bei der Elementaranalyse der lufttrockenen Probe erhaltenen Zahlen müssen ebenfalls mit 0,963 multipliziert werden, um die Werte der ursprünglichen Kohle zu erhalten.

Bei der Umrechnung des bei einem Wassergehalt von 1,76% ermittelten unteren Heizwertes von 7052 kcal/kg auf einen höheren Wassergehalt, z. B. von 4%, muß man beachten, daß vor der Umrechnung dem unteren Heizwert zunächst die Verdampfungswärme der Feuchtigkeit zugezählt werden muß:

$$7052 + 1{,}76 \cdot 5{,}85 = 7062.$$

Man rechnet dann den Heizwert zunächst auf trockene Kohle um:

$$(7052 + 1{,}76 \cdot 5{,}85) \cdot \frac{100}{100 - 1{,}76} = Hu \text{ der trockenen Kohle}$$

$$7062 : 0{,}9824 = 7188 \text{ kcal/kg } Hu \text{ der trockenen Kohle}$$

Aus dem Hu der trockenen Kohle errechnet man den Hu bei 4% Wasser und zieht von diesem Wert noch die Verdampfungswärme für 4% Wasser ab.

$$7188 \cdot \frac{100 - 4{,}00}{100} - 4{,}00 \cdot 5{,}85 = 6877 \text{ kcal/kg}$$

Zusammengezogen ergibt sich folgende Formel:

$$(7052 + 1{,}76 \cdot 5{,}85) \cdot \frac{100 - 4{,}00}{100 - 1{,}76} - 4 \cdot 5{,}85.$$

Bei der Umrechnung des oberen Heizwertes oder der Asche einer Kohle mit niedrigerem Wassergehalt (z. B. 1,76%) auf eine solche mit höherem Wassergehalt (z. B. 4,00%) braucht man selbstverständlich nur mit dem Faktor $\frac{100 - 4{,}00}{100 - 1{,}76}$ zu multiplizieren.

Diese Rechnungsart kann auch angewendet werden, um aus dem Hu der lufttrockenen Kohle den der Ursprungskohle zu errechnen. Die obige Umrechnung lautet dann:

1. lufttrocken auf Trockenkohle:

$$(7052 + 1{,}76 \cdot 5{,}85) \cdot \frac{100}{100 - 1{,}76} = 7188 \text{ kcal/kg,}$$

2. Trockenkohle auf Ursprungskohle:

$$7188 \cdot \frac{100 - 5{,}39}{100} - 5{,}39 \cdot 5{,}85 = 6769 \text{ kcal/kg.}$$

Zur Umrechnung der in der ursprünglichen Kohle gefundenen Ergebnisse auf solche der Reinkohle müssen, da der Reinkohlegehalt 87,14% beträgt, sämtliche Werte durch $\frac{87{,}14}{100} = 0{,}8714$ dividiert werden.

Beim *Hu* muß jedoch vorher die Verdampfungswärme der Feuchtigkeit zugezählt werden.

Bemerkungen: (1) 1 kcal ist diejenige Wärmemenge, welche erforderlich ist, um 1 kg Wasser bei Atmosphärendruck von 14,5° auf 15,5° zu erwärmen.

(2) Die bekannteste Formel lautet:

$$Hu = 81\ C + 290\left(H - \frac{O}{8}\right) + 25\ S - 6\ W\ \text{kcal}$$

C = % Kohlenstoff, H = % Wasserstoff, O = % Sauerstoff, S = % Schwefel, W = % Feuchtigkeit.

Die Heizwertberechnung nach dieser Formel gibt bei wasserstoff- bzw. sauerstoff- oder schwefel- und aschereichen Kohlen Differenzen bis zu mehreren 100 kcal. Dies gilt besonders auch für Kohlen, deren Aschen Carbonate enthalten, wodurch naturgemäß der C-Gehalt zu hoch gefunden wird. Besitzen die Aschen Kristallwasser, so wird dies bei der üblichen Wasserbestimmung nicht erfaßt, der Wasserstoffgehalt in der Elementaranalyse daher zu hoch ermittelt.

Bei Ruhrkohlen und Kohlenarten ähnlichen Charakters kann der Heizwert auch aus dem Gehalt der Kohle an Wasser, Asche und flüchtigen Bestandteilen ungefähr errechnet werden. Dies geschieht nach der sog. HARPENer Formel:

$$Hu\ (i.\ waf.) = 3664 + 112,1\cdot K - 0,6574\cdot K^2$$
$$Ho\ (i.\ waf.) = 1,0344\ Hu$$

K bedeutet die Tiegelkoksausbeute (i. waf.) in Prozenten.

(3) Mit Platin ausgekleidete Bomben sind zu teuer, emaillierte haben zu kurze Lebensdauer.

(4) Vielfach wird verlangt, daß der Brennstoff als Brikett verbrannt wird. Wie Versuche gezeigt haben, ist es vorteilhafter, den Brennstoff nicht zu brikettieren, denn wenn man die gepulverte Substanz in Brikettform verbrennt, können leicht größere Stücke des Brennstoffes abgeschleudert werden. Verbrennt man dagegen loses Pulver, so haben die Verbrennungsgase keinen großen Widerstand zu überwinden, um nach außen zu treten, und wenn dann wirklich geringe Teile des fein gepulverten Brennstoffes an die Bombenwandung geschleudert werden sollten, führen sie derart kleine Wärmemengen mit sich, daß die Bombenwand dadurch kaum beschädigt werden kann. Ein weiterer Nachteil des brikettierten Brennstoffes besteht darin, daß die umherspritzenden größeren Stücke beim Auftreffen auf die kalten Wandungen ihre Wärme zu schnell abgeben, sich dabei unter die Verbrennungstemperatur abkühlen, so daß die Verbrennung des betreffenden Bruchstückes zum Stillstand kommt. Hierdurch entstehen größere bzw. kleinere Unter-

schiede im Heizwert. Beim Verbrennen eines festen Brennstoffes als loses Pulver erhält man also nicht nur besser übereinstimmende Werte, sondern man schont auch die Bombe.

Bei schwer verbrennlichen Substanzen, wie Koks oder Rostdurchfall, bietet das Brikettieren absolut keine Vorteile. Wenn man diese nicht mit einer gewogenen Menge Benzoesäure bzw. Paraffinöl verbrennen will, kann man sie in ein Tütchen aus aschefreiem Zigarettenpapier bringen. Diese Hülle wiegt 0,005 g und entwickelt 155 kcal. Vielfach genügt es auch, zu schwer entzündlichen Brennstoffen einige Tropfen Wasser zu geben, oder man mischt mit lufttrockener Braunkohle mit bekanntem Heizwert. Flüssigen Brennstoffen, die zu rasch und daher leicht unvollständig verbrennen, mengt man ausgeglühten Quarzsand bei.

(5) Quarzschälchen haben gegenüber Platin den Vorteil, daß sie schlechtere Wärmeleiter sind. Bei schwer verbrennlichen Stoffen kann häufig beobachtet werden, daß sich am Boden des Platineimerchens noch unverbrannte Teilchen befinden. Dies kann, da ja immer genügend Sauerstoff vorhanden ist, nur daher rühren, daß der Platinboden seine Wärme zu schnell abgibt und die Temperatur in der Nähe des Bodens nicht ausreicht, um die Substanz völlig zu verbrennen. Bei Quarzeimerchen tritt diese Erscheinung nicht auf.

(6) Als Zünddraht eignet sich am besten Nickelindraht. Die Wärme, die beim Erhitzen desselben bis zum Durchschmelzen auftritt, beträgt nur Bruchteile einer kleinen Kalorie. Die Verbrennungswärme selbst beträgt nur 0,775 kcal/g, bei Eisen ist dieselbe 1,600 kcal/g. Da jedoch der Nickelindraht nie vollständig verbrennt, kann man die Wärmemenge, welche durch denselben hervorgerufen wird, praktisch mit ruhigem Gewissen vernachlässigen, besonders dann, wenn man beim Bestimmen des Wasserwertes der Bombe ebenfalls Nickelindraht benutzt hat. Der Abzug für Nickelin-Zünddraht beträgt höchstens 2,6 kcal vom gefundenen Heizwert. Für Eisen macht er etwa 6 kcal aus.

(7) Es ist nicht unbedingt nötig, Wasser in die Bombe zu geben. Man kann auch bei wasserstoffreichen bzw. feuchten Kohlen ohne Wasserzusatz arbeiten. Erforderlich ist derselbe jedoch bei wasserstoffarmen Kohlen. Natürlich muß der Wasserzusatz beim Wasserwert berücksichtigt werden, d. h. wenn der Wasserwert ohne Wasser in der Bombe bestimmt wurde, muß man entweder die 5 ml Wasser aus dem Kalorimetergefäß entnehmen, oder aber in dieses 5 g weniger Wasser einwägen. Es führt natürlich auch zu richtigen Ergebnissen, wenn man den Wasserwert um die Zahl 5 vermehrt.

Der Grund, warum überhaupt Wasser in die Bombe gegeben werden soll, ist folgender: In der Bombe verbrennt der Schwefel infolge des hohen Sauerstoffüberschusses und der Anwesenheit von Wasser zu

Schwefelsäure. Diese wird durch das in der Bombe vorhandene Wasser verdünnt. Daß beim Verdünnen von Schwefelsäure mit Wasser Wärme frei wird, ist allgemein bekannt, ebenso, daß diese Wärmemenge abhängig ist vom Grade der Verdünnung. Erreicht man jedoch eine genügend große Verdünnung, so ändert sich die freiwerdende Wärmemenge nicht in dem Maße, wie das bei geringeren Wassermengen der Fall ist, und man ist so in der Lage, diese Wärmetönungen rechnerisch zu erfassen. Zum Beispiel ist die Verdünnungswärme von 1 Mol H_2SO_4 mit 2 Mol H_2O 9,42 kcal, bei 1 Mol mit 9 Mol beträgt sie schon 14,95. Dagegen ist der Unterschied zwischen 99 Mol mit 16,9 kcal und 399 Mol mit 17,3 kcal nur sehr gering. Bei 1599 Mol endlich beträgt sie 17,9 kcal und mit letzterer Zahl rechnet man auch. Hat man also eine trockene wasserstoffarme, dazu schwefelreiche Kohle zu untersuchen, so ist es unbedingt zu empfehlen, in die Bombe eine abgemessene Wassermenge zu geben.

(8) Beim Schließen der Bombe darf man nicht zu viel Kraft anwenden, denn die Abdichtung der Bombe wird durch einen im Deckel befindlichen Bleiring bewerkstelligt. Dieser Dichtungsring würde sonst bald deformiert sein und dann nicht mehr abdichten. Befeuchtet man den oberen Bombenrand mit einem Tropfen Wasser, erhält man auch ohne scharfes Anpressen des Bombendeckels ein gutes Abschließen. Muß man einen neuen Bleiring einsetzen, so empfiehlt es sich, den Bombenrand beim erstmaligen Schließen etwas mit Vaseline einzufetten. Hierdurch wird verhindert, daß der Bleiring statt am Deckel an der Bombe haftet.

Schnelleres und bequemeres Arbeiten ermöglichen die neueren Verbrennungsbomben mit automatischem Verschluß, da deren Deckel ohne Werkzeug und ohne Anwendung von Gewalt geschlossen und geöffnet werden können. An die Stelle des Bleiringes als Abdichtung ist ein elastischer Dichtungsring getreten. Auf diese Weise wird eine vollständige und mit zunehmendem Druck steigende Abdichtung erreicht. Von den Ventilen arbeitet das Einlaßventil automatisch. Nach beendeter Füllung der Bombe mit Sauerstoff und nach Entfernen des Anschlusses dichtet das Ventil selbsttätig ab. Das Auslaßventil ist so verbessert, daß es durch sanften Druck geschlossen werden kann.

Schwergehende Bombenventile bzw. Ventile der Sauerstoffflasche darf man keineswegs durch Ölen leichter gangbar machen, denn wenn komprimierter Sauerstoff mit Öl oder Fett in Berührung kommt, gibt es eine Explosion.

(9) Es ist nicht erforderlich, die Luft beim Einlassen des Sauerstoffes zu vertreiben, da die Annahme, daß der Stickstoff der Luft zu Salpetersäure verbrennen könnte, nicht richtig ist, weil dazu die Temperatur nicht hoch genug ist. Die Salpetersäure, welche man bei der Heizwertbestimmung findet, stammt einzig und allein aus dem Brennstoff. Außer-

dem enthält der käufliche Sauerstoff, wenn er nach dem LINDE-Verfahren hergestellt ist, immer einige Prozente Stickstoff, so daß die Vertreibung der Luft illusorisch ist.

Es ist nicht ratsam, Elektrolytsauerstoff zum Füllen der Bombe zu verwenden. Derselbe enthält oft $1 \cdots 2\%$ Wasserstoff, so daß man einen um $180 \cdots 200$ kcal zu hohen Heizwert findet.

(10) Man muß mindestens so viel Wasser einwägen, daß die Bombe bis zu den Ventilköpfen im Wasser steht. Gewöhnlich ist das bei 2000 g der Fall. Man kann aber natürlich auch mehr Wasser nehmen, so daß der Wasserwert eine aufgerundete Zahl ergibt. Zum Beispiel der Wasserwert bei 2000 g Wassermenge wäre zu 2339 ermittelt. Um eine einfachere Rechnung zu haben, wägt man statt 2000 g Wasser 2061 g ab und erhält so einen Wasserwert von 2400.

(11) Die Dauer des Hauptversuches ist abhängig von der Bauart des Kalorimeters und dem Werkstoff der Bombe. Bei den Bomben alter Bauart, welche innen emailliert sind, vollzieht sich der Temperaturausgleich innerhalb $3 \cdots 4$ Minuten. Die neuen Bomben sind aus nichtrostendem Stahl gefertigt. Da derselbe ein sehr schlechtes Wärmeleitvermögen besitzt, dauert der Hauptversuch bei den neuen Apparaten entsprechend länger.

(12) Zur Berechnung von c dient noch in einigen Industrielaboratorien die LANGBEIN-Formel. Der Ausdruck für c ist hier:

$$(m - 1) \cdot n + \frac{n - v}{2}$$

Es bedeutet hierin:

m = Anzahl der Temperaturintervalle im Hauptversuch
n = Temperaturverlust je Minute des Nachversuches
v = Temperaturzunahme je Minute des Vorversuches.

Diese Formel ergibt angenähert richtige Werte, wenn die Temperierung des Kühlwassers richtig vorgenommen wurde. Vergleichsversuche im BORSIG-Laboratorium haben ergeben, daß die nach LANGBEIN errechneten Werte um weniger als $\pm$ 20 Kalorien mit den Werten differieren, die nach der ungekürzten REGNAULT-PFAUNDLER-Formel errechnet werden.

(13) Der im Kalorimeter ermittelte obere Heizwert wird etwas zu hoch gefunden, denn in der Bombe bildet sich im Gegensatz zum Feuerungsbetrieb aus dem verbrennlichen Schwefel Schwefelsäure und nicht Schwefeldioxyd. Die Bildungswärme der Schwefelsäure beträgt 123,2 kcal, die für gasförmiges Schwefeldioxyd nur 69,3 kcal für 1 Mol Schwefel. Der Unterschied beträgt somit 53,9 kcal, wozu noch die Verdünnungswärme mit 17,9 kcal kommt (siehe Bemerkung 7). Es ergibt sich demnach 71,8 dividiert durch das Molgewicht 32 = 2,25 kcal pro kg Schwefel, entsprechend 22,5 kcal für eine Kohle mit 1% Schwefel. Ähnlich liegen die

Verhältnisse beim Verbrennen des Stickstoffes zu Salpetersäure. Beim Verbrennen einer Kohle mit 1% Stickstoff würden, wenn letzterer vollständig zu Salpetersäure verbrennen würde, was aber selten der Fall ist, 10,2 kcal zuviel gefunden werden. Gewöhnlich aber beträgt die durch das Entstehen von Salpetersäure frei gewordene Wärmemenge nur 3···4 kcal.

(14) Der Titer der Bariumhydroxydlösung wird folgendermaßen gestellt: In einen 300-ml-ERLENMEYER-Kolben werden 25 ml $n/_{10}$ Salzsäure und etwa 150 ml Wasser gegeben. Zur Vertreibung der im Wasser möglicherweise gelösten Kohlensäure kocht man kurz auf und titriert sofort mit der einzustellenden Bariumhydroxydlösung. Als Indikator dient Phenolphthalein.

Beispiel vorgelegt: 25 ml $n/_{10}$ Salzsäure; an Bariumhydroxydlösung verbraucht 23,5 ml, demnach ist der Titer 25,0 : 23,5 = 1,064.

(15) Gleichzeitig läßt sich auch die Menge des verbrannten Schwefels errechnen, denn 1 ml $n/_{10}$ Schwefelsäure enthält 0,0016 g Schwefel. Man erhält also durch Multiplikation der verbrauchten Milliliter mit 0,0016 den Prozentgehalt an Schwefel. Im vorliegenden Falle 7,7· 0,0016 = 0,0123 g = 1,23% Schwefel.

(16) Die Verdampfungswärme des Wassers ist 585 kcal/kg. Die Gleichung müßte demnach lauten: $Hu = Ho - 585 \cdot \dfrac{w}{100}$ kcal/kg. Da jedoch w in Prozenten und nicht in Gramm eingesetzt wird, erreicht man praktisch bei Anwendung der Gleichung $Hu = Ho - 5,85 \cdot w$ das gleiche Ergebnis.

(17) Bei stark bituminösen Braunkohlen können Unterschiede bis 100 kcal/kg auftreten.

(18) Wenn man das bei der Verbrennung gebildete Wasser durch Austreiben aus der Bombe bestimmen will, muß man selbstverständlich eine bei 105° getrocknete Bombe verwenden und darf natürlich auch nicht Wasser in die Bombe geben. Das Austreiben des Wassers erfolgt derart, daß man die Bombe in ein Öl-, Luft- oder Sandbad bringt, das man langsam auf 105° erwärmt. An das Ventil, welches unterhalb des Bombendeckels mündet, hat man ein gewogenes Calciumchloridrohr angeschlossen. Man läßt zunächst die Verbrennungsluft durch langsames Öffnen des Ventils durch das Calciumchloridrohr entweichen. Ist das nach etwa 30 Minuten erfolgt, so öffnet man das zweite Ventil und saugt oder drückt 1···1½ Stunden einen getrockneten Luftstrom langsam durch die Bombe. Da der komprimierte Sauerstoff häufig nicht ganz trocken ist, können hierdurch falsche Ergebnisse erhalten werden. Der Hauptnachteil dieser Wasserbestimmungsart ist jedoch der, daß die Bomben längere Zeit ihrem eigentlichen Zweck entzogen werden und die Dichtungen durch das Erhitzen sehr leiden.

(19) Um die Benzoesäure restlos zu verbrennen, ist es nötig, dieselbe zu einem Brikett zu pressen, in das der gewogene Zünddraht mit eingepreßt wird.

Vor Gebrauch ist die Benzoesäure zu pulvern und 24 Stunden in einem Vakuumexsikkator über konz. Schwefelsäure zu trocknen.

Rohrzucker und Salicylsäure verbrennen auch als loses Pulver restlos.

Flüssige Brennstoffe

Die Untersuchung erstreckt sich im allgemeinen auf die Bestimmung des Heizwertes, des Schwefelgehaltes, des Spez. Gewichtes, der Zähigkeit und des Aschegehaltes.

Bei der Bestimmung des Heizwertes von hochwertigem Öl darf man höchstens 0,7 g verbrennen. Zur Ermittlung des unteren Heizwertes, insbesondere von Benzin und Benzol, kann man, falls man sich die Elementaranalyse ersparen will, das bei der Verbrennung gebildete Wasser dadurch ermitteln, daß man die Bombe in einem Luft- oder Ölbad auf 110° erwärmt und durch die Bombe einen getrockneten Luftstrom hindurchsaugt. Das Wasser wird in einem gewogenen Calciumchloridröhrchen aufgefangen. (Siehe S. 156 Bem. 18).

Um den Heizwert leichtflüchtiger Brennstoffe zu bestimmen, wird derselbe in einer Gelatinekapsel (1) von bekanntem Gewicht abgewogen. Den Ho und Hu der Kapsel hat man vorher durch Verbrennen einer größeren Anzahl derselben festgestellt. Zum Beispiel wurde der Ho zu 4430 kcal/kg und der Hu zu 4020 kcal/kg ermittelt. Der Zünddraht wird um die Kapsel herumgeschlungen. Die Errechnung des Heizwertes gestaltet sich nun folgendermaßen:

$$\text{Gewicht der Gelatinekapsel} \dots\dots \quad 0,1375 \text{ g}$$
$$\text{Gewicht des Brennstoffes} \dots\dots\dots \quad 0,5259 \text{ g}$$
$$\text{Gewicht des Verbrennungswassers} \quad 0,628 \text{ g}$$

$$\text{Korrigierter Temperaturanstieg} \cdot \text{Wasserwert} = \text{Gesamt-}Ho$$
$$2,343° \cdot 2345 = 5494,3 \,(2)$$

$$Ho \text{ des Brennstoffes } \frac{5494,3 - 4430 \cdot 0,1375}{0,5259} = 9289 \text{ kcal/kg}$$

Der Abzug für das Verbrennungswasser ist $0,628 \cdot 585 = 367,4$ kcal/kg

Diese vom Gesamt-Ho abgezogen ergibt: Gesamt-$Hu = 5126,9$ kcal/kg.

$$Hu \text{ des Brennstoffes } \frac{5126,9 - 4020 \cdot 0,1375}{0,5259} = 8697,8 \text{ kcal/kg}$$

Der Schwefel im Öl wird bestimmt, indem man das Öl wie üblich in der Bombe verbrennt, jedoch hat man in dieselbe vorher 10 ml Wasser gegeben. Nach dem Verbrennen wird der Sauerstoffüberschuß durch

Wasser, das Natriumhydrogencarbonat enthält, geleitet. Hierzu spült man quantitativ den Bombeninhalt, oxydiert mit Brom, filtriert, wäscht gut aus, macht stark sauer und arbeitet weiter wie beim Bombenschwefel beschrieben.

Bei der Verbrennung von niedrigen aliphatischen Merkaptanen können sich leicht Sulfosäuren bilden, die mit Bariumchlorid keine Fällung geben. Um dies zu vermeiden, muß bei einem Druck von etwa 35 Atm. verbrannt werden.

Die Zähigkeit des Öles bei 20° C oder bei der Temperatur, auf welche der Brennstoff im Betrieb vorgewärmt wird, kann nach zwei verschiedenen Methoden bestimmt werden.

a) Bestimmung mit dem ENGLER-Gerät nach DIN 51560.

Das Prinzip des Gerätes ist folgendes: Die Auslaufzeit einer bestimmten Flüssigkeitsmenge durch eine Kapillare wird mit Hilfe einer Stoppuhr festgestellt.

Etwa 250 ml Öl werden auf die Meßtemperatur vorgewärmt und in das Meßgefäß gefüllt. Der Flüssigkeitsstand muß genau bis zu den 3 Markenspitzen reichen. Durch wiederholtes Lüften des Verschlußstiftes wird auch das Auslaufröhrchen ganz mit dem Öl gefüllt.

Die Temperatur des Außenbades soll bei

<table>
<tr><td>20° C Meßtemperatur</td><td>20° C</td></tr>
<tr><td>50° C   ,,</td><td>50, 25° C</td></tr>
<tr><td>100° C   ,,</td><td>101° C</td></tr>
</table>

betragen.

Nach Einstellen der Temperatur läßt man durch Anheben des Verschlußstiftes 200 ml in das Auffanggefäß laufen und mißt die Auslaufzeit mit einer Stoppuhr. Während der Messung ist darauf zu achten, daß die Badtemperatur konstant bleibt. Die Eichung des Gerätes geschieht mit destilliertem Wasser bei 20° C.

$$\frac{\text{Auslaufzeit von 200 ml Öl}}{\text{Auslaufzeit von 200 ml Wasser bei 20° C}} = {}° E$$

Für sehr zähe Flüssigkeiten können auch ENGLER-Viskosimeter verwendet werden, in die ein kleineres Auslaufgefäß (Zehntelgefäß) eingesetzt wird. Die Auslaufzeit von Wasser bei 20° C beträgt dabei etwa 5,0···5,2 Sekunden.

b) Bestimmung mit dem HÖPPLER-Viskosimeter.

Das Gerät besteht aus einem etwas geneigten Meßrohr, welches von einem Glasmantel zur Aufnahme der Temperierflüssigkeit umgeben ist. Zu dem Gerät gehören 6 Kugeln, die jede für einen beschränkten Meßbereich vorgesehen sind.

Das Öl wird in das Meßrohr eingefüllt und mindestens 15 Minuten auf Meßtemperatur gehalten. Nach dem Schließen der Verschlüsse wird die

Zeit gestoppt, welche die Kugel braucht, um die Meßstrecke von 100 mm zu durchlaufen.

Berechnet wird die dynamische Viskosität η in Zentipoise bzw. die kinematische Zähigkeit

$$\frac{\eta}{\text{Spez. Gewicht}} \text{ in Zentistokes}$$

Zur Bestimmung des Aschegehaltes werden 10···20 g des Öles in einem geräumigen Porzellan- oder Quarztiegel verbrannt und der Rückstand geglüht bis keine verbrennlichen Anteile mehr vorhanden sind. Bilden sich kohleartige Rückstände, die schwer veraschen, gibt man eine kleine Menge Ammoniumnitrat bzw. einige Tropfen Wasserstoffperoxyd (10%ig) hinzu und glüht nochmals.

$$\frac{\text{Auswaage} \cdot 100}{E} = \% \text{ Asche}$$

In vielen Fällen ist es notwendig, die Asche zu untersuchen. Besonders muß dabei auf Vanadiumverbindungen geachtet werden.

Bemerkungen: (1) Besser als Gelatinekapseln sollen nach Literaturangaben solche aus Zelluloseacetobutyrat sein, da diese in ihrem Gewicht und Feuchtigkeitsgehalt konstanter sind als Gelatinekapseln.

(2) Bei Brennstoffen mit hohem Schwefelgehalt, z. B. Bunker C-Ölen, muß die Verbrennungswärme noch um die Bildungswärme der aus dem Schwefel und Stickstoff entstandenen Schwefelsäure und Salpetersäure vermindert werden. (Siehe bei festen Brennstoffen.)

Die Untersuchung von Generator- und Wassergas

Von den zahlreichen Gasanalysenapparaten ist einer der einfachsten der ORSAT-PINTSCH-Apparat. Derselbe besitzt acht Absorptionsgefäße und eine Verbrennungseinrichtung zur Bestimmung des Wasserstoffs und des Methans. Das erste Absorptionsgefäß enthält Kalilauge, das zweite Bromwasser bzw. rauchende Schwefelsäure, das dritte Pyrogallollösung, das vierte, fünfte und sechste Kupfer(I)chloridlösung, das siebente sowie die Meßbürette und das Niveaugefäß sind mit einer 26%igen Kochsalzlösung gefüllt, die noch einen Zusatz von 1% Schwefelsäure (1) und einigen Tropfen Methylorange hat. Schließlich bildet das achte Gefäß mit Kalilauge den Abschluß. Zur eigentlichen Gasanalyse mißt man genau 100 ml Gas ab und absorbiert die einzelnen Gasbestandteile wie folgt (2):

A. *Kohlensäure.* Die Absorption geschieht mit Kalilauge (3) (Lösung I).

B. *Schwere Kohlenwasserstoffe.* Diese werden mit rauchender Schwefelsäure oder Bromwasser absorbiert (Lösung II), wobei Schwefelsäure-

oder Bromdämpfe in den Gasrest übergehen und durch Einleiten in Kalilauge entfernt werden müssen (4).

C. Sauerstoff. Vom Sauerstoff wird das Gas durch Absorption in alkalischer Pyrogallol- oder in O_2-Multi-Rapid-Lösung befreit (Lösung III) (5).

D. Kohlenoxyd. Zur Absorption des Kohlenoxyds verwendet man am besten eine ammoniakalische Kupfer(I)chloridlösung, die je Mol Kupfer(I)chlorid 4 Mol Ammoniumchlorid enthält (Lösung IV). Da die Absorption des Kohlenoxyds zum Schluß träge ist, benutzt man zur Absorption des restlichen Kohlenoxyds ein zweites und drittes Kupfer(I)chloridgefäß (6). Die vorhandenen Ammoniakdämpfe sind so gering, daß sie von der angesäuerten Sperrflüssigkeit in der Meßbürette vollkommen entfernt werden.

E. Wasserstoff, Methan und Äthan. Den Gasrest leitet man drei- bis viermal durch ein etwa 280° (7) heißes Quarzröhrchen, das mit Kupferoxyd gefüllt ist. Hierbei verbrennt der Wasserstoff zu Wasser und der Rest des Kohlenoxyds zu Kohlensäure und Wasser. Ist die Reaktion beendet, d. h. ist keine Volumenabnahme mehr festzustellen, drückt man den Gasrest in die Gasbürette und entfernt die Diatomitsteine. Nach Erkalten des Röhrchens auf Zimmertemperatur liest man den Stand der Bürette ab. Die festgestellte Kontraktion entspricht nach der Gleichung:

$$2\,H_2 + O_2 = 2\,H_2O$$

dem Wasserstoffgehalt.

Das Volumen der gebildeten Kohlensäure ist nach der Gleichung:

$$2\,CO + O_2 = 2\,CO_2$$

gleich dem Kohlenoxydvolumen und wird durch Absorption der Kohlensäure in Kalilauge ermittelt. Jetzt leitet man zur Verbrennung des Methans drei- bis viermal über etwa 800° heißes (rotglühendes) Kupferoxyd. Nach Beendigung der Reaktion hält man das Quarzröhrchen auf schwacher Dunkelrotglut und leitet den Gasrest noch einige Male durch das Röhrchen (8).

Da nach der Gleichung:

$$CH_4 + 2\,O_2 = 2\,H_2O + CO_2$$

aus 1 Mol Methan 1 Mol Kohlendioxyd entsteht, entspricht die bei der Absorption in Kalilauge auftretende Volumenverminderung dem Methangehalt. Bei höherem Äthangehalt bzw. wenn derselbe genau bestimmt werden soll, leitet man die Verbrennungsprodukte des Methans und Äthans in das mit Kochsalz gefüllte Absorptionsgefäß. Die nach der Verbrennung festgestellte Volumenvermehrung entspricht dem Äthangehalt, denn aus einem Volumen C_2H_6 entstehen bei der Verbrennung 2 Volumen Kohlensäure. Die nach der Absorption in Kalilauge abgelesene Gesamtkontraktion, vermindert um den doppelten Wert des Äthangehaltes, entspricht dem Methangehalt.

F. Stickstoff. Der Stickstoff ergibt sich aus dem Gasrest.
Ausführungsbeispiel.

	Ablesung	Differenz
1. Gasprobe entnommen	100,0	–
2. mit Kalilauge absorbiert	95,0	5,0% CO_2
3. mit rauchender Schwefelsäure bzw. Bromwasser absorbiert..	94,8	0,2% $C_n H_{2n}$
4. mit alkalischer Pyrogallollösung	94,5	0,3% O_2
5. mit Kupfer(I)chloridlösung	70,0	24,5% CO
6. über 280° heißes Kupferoxyd geleitet..............	45,8	24,2% H_2
7. die aus CO gebildete Kohlensäure in Kalilauge absorbiert..	45,0	0,8% CO
8. über rotglühendes Kupferoxyd geleitet und absorbiert..	42,2	2,8% CH_4

Die untersuchte Gasprobe hatte also folgende Zusammensetzung:

5,0% Kohlensäure,	25,3% Kohlenoxyd,
0,2% schwere Kohlen- 　　wasserstoffe,	24,2% Wasserstoff, 2,8% Methan,
0,3% Sauerstoff,	42,2% Stickstoff.

Zur Verbrennung von Methan und Wasserstoff kann auch eine Verbrennungspipette verwendet werden. In dieser befindet sich eine elektrisch heizbare Platindrahtspirale. Die Pipette ist mit Sperrflüssigkeit gefüllt. Die Hälfte des von CO_2, schweren Kohlenwasserstoffen, O_2 und CO befreiten Gasrestes wird aus der Meßbürette abgelassen und diese mit Luft wieder auf 100 ml aufgefüllt. Dann wird dieses Gasgemisch langsam in die Verbrennungspipette geleitet. Sobald darin die Platinspirale aus der Sperrflüssigkeit herausragt, wird diese zum Glühen gebracht und das Gas mehrere Male langsam darüber geleitet.

Nach dem Abkühlen des Gases wird die Volumenkontraktion gemessen (V_k). Dann wird die durch Verbrennen von Methan gebildete Kohlensäure in Kalilauge absorbiert. Die Volumenverminderung wird wieder gemessen (V_c).

Nach der Gleichung

$$CH_4 + 2\,O_2 = 2\,H_2O + CO_2$$

entspricht

$$1\ \text{Mol } CH_4 = 1\ \text{Mol } CO_2$$

Da man nur mit der Hälfte der ursprünglichen Gasmenge gearbeitet hat, ergibt sich

$$\text{Methan} = 2\,V_c$$

Nach der obigen Gleichung werden bei der Verbrennung von 1 Volumen CH_4 2 Volumen O_2 verbraucht.

Die durch die Verbrennung von H_2 bedingte Volumenverminderung beträgt demnach

$$V_k - 2\,V_c$$

wovon nach der Gleichung $2\,H_2 + O_2 = 2\,H_2O$ $^2/_3$ dem Wasserstoff entsprechen.

Es ist also unter Berücksichtigung des vor der Verbrennung halbierten Gasvolumens

$$\text{Wasserstoff} = 2 \cdot {}^2/_3\,(V_k - 2\,V_c)$$

Beispiel:

Nach Entfernung von CO_2, schweren Kohlenwasserstoffen, O_2 und CO abgelesene Milliliter 70,4

$$
\begin{aligned}
&\text{Gasmenge halbiert} \ldots\ldots\ldots\ldots && 35,2 \\
&\text{aufgefüllt auf} \ldots\ldots\ldots\ldots\ldots && 100,0 \\
&\text{nach der Verbrennung} \ldots\ldots\ldots\ldots && 84,6 \\
&\text{nach Absorption in Kalilauge} \ldots\ldots && 83,2
\end{aligned}
$$

$$V_k = 15,4 \qquad V_c = 1,4$$

$$\text{Methan} = 2 \cdot 1,4 = 2,8\%$$

$$\text{Wasserstoff} = 2 \cdot {}^2/_3\,(15,4 - 2,8) = 16,8\%$$

Berechnung des Heizwertes: Der Heizwert eines Gasgemisches wird durch Addition der Heizwertanteile[1] der einzelnen Bestandteile an H_2, CO usw. nach folgender Formel berechnet:

$$
\begin{aligned}
Ho &= 3050 \cdot H_2 & \qquad Hu &= 2570 \cdot H_2 \\
&+ 3020 \cdot CO & &+ 3020 \cdot CO \\
&+ 25000 \cdot C_nH_{2n} & &+ 17000 \cdot C_nH_{2n} \\
&+ 9520 \cdot CH_4 & &+ 8550 \cdot CH_4 \\
&+ 15290 \cdot C_2H_4 & &+ 14320 \cdot C_2H_4 \\
&+ 16820 \cdot C_2H_6 & &+ 15370 \cdot C_2H_6
\end{aligned}
$$

Erforderliche Lösungen. I. *Kalilauge* (nicht mit Alkohol gereinigt) (9): 100 g Kaliumhydroxyd und 200 g Wasser. 1 ml dieser Lösung absorbiert sicher 40 ml Kohlensäure.

II. *Rauchende Schwefelsäure:* 170 ml Schwefelsäure 1,84 und 100 ml rauchende Schwefelsäure (65% SO_3) mischen (spez. Gewicht 1,94) bzw. gesättigtes Bromwasser verdünnt mit dem doppelten Volumen Wasser, so daß der Bromgehalt etwa 1% beträgt.

III. a) *Pyrogallollösung:* 225 g Kaliumhydroxyd in 170 ml Wasser lösen (also Kalilauge vom spez. Gewicht 1,5). Zu dieser Lauge 38 g in wenig Wasser gelöstes Pyrogallol zusetzen. Das Mischen der beiden Lösungen muß möglichst im Absorptionsgefäß und vor Luft geschützt geschehen.

Noch wirkungsvoller soll folgende Lösung sein: 55 g Kaliumhydroxyd (in Stangen) in 102,5 ml Wasser lösen und diese Lösung mit 65° in eine solche von 30 g Pyrogallol in 102,5 ml Wasser von 40° eingießen.

III. b) O_2-Multi-Rapid wird fertig bezogen. Es nimmt etwa 16 mal mehr Sauerstoff auf als die üblichen Pyrogallollösungen. Außerdem ist die Absorptionsgeschwindigkeit größer.

---

[1] Siehe DIN DVM 1872

Um die Aufnahmefähigkeit auf das Höchste zu steigern und damit
Zeit zu sparen, empfiehlt es sich, bei Verwendung von O_2-Multi-Rapid
eine neue Sauerstoffabsorptionspipette zu nehmen, welche an Stelle der
üblichen Glasrohrfüllung Stahlspäne von etwa 1 mm Blattbreite enthält.
Der Absorptionsteil der Pipette wird hiermit ganz gefüllt. Die Stahl-
späne vergrößern die Oberfläche gegenüber Glasröhren ganz gewaltig.
Sie füllen die Pipette ganz aus, so daß auch schon die ersten Milliliter
Gas große Oberflächen vorfinden. Durch ihre Windungen halten die
Späne die Absorptionslösung viel fester als Glasröhren, so daß im ganzen
Gasraum auch immer Absorptionsmittel vorhanden ist, während dies bei
den Glasröhren abfließen kann und sich dann jeweils dem Gas nur eine
kleine und erschöpfte Oberfläche darbietet.

Weiter empfiehlt es sich, *schnell* überzuleiten und das Gas lieber 10 bis
15 Sekunden in der Pipette zu lassen. Je schneller übergeleitet wird, desto
mehr Flüssigkeit befindet sich noch auf den Stahlspänen.

IV. *Kupfer(I)chlorid (10)*. *Mutterlösung:* 400 g Kupfer(I)chlorid und
500 g Ammoniumchlorid in 1500 ml Wasser lösen. Zur besseren Haltbarkeit werden der Lösung Kupferspäne zugesetzt.

Gebrauchslösung: 150 ml der Mutterlösung werden mit 130 ml Ammoniak 0,91 gemischt und dann zur Absorption verwendet.

Bemerkungen: (1) Das Ansäuern soll verhindern, daß die Sperr-
flüssigkeit durch ein oft unvermeidliches Eindringen von alkalischer
Absorptionsflüssigkeit alkalisch wird und dann durch chemische Bindung
von Kohlensäure Fehler entstehen können. Um ein Alkalischwerden der
Lösung auf jeden Fall sofort zu bemerken, empfiehlt sich auch noch ein
Zusatz von einigen Tropfen Phenolphthaleinlösung.

(2) Das zu untersuchende Gas muß vor der Untersuchung möglichst
auf Zimmertemperatur gebracht und die Absorption nicht unter 15° C
ausgeführt werden. Ebenso sollen sämtliche Ablesungen in gleichen Zeit-
räumen erfolgen.

Gasproben dürfen nicht in Metallgefäßen aufbewahrt werden, weil sich
das Gas in ihnen stark verändert. Die Kohlensäure vermindert sich und
Gase, die ursprünglich keinen Wasserstoff enthalten, zeigen nach der
Aufbewahrung in Metallgefäßen erhebliche Mengen desselben. Die Ent-
stehung ist durch den Kohlensäureangriff auf das Metall und bei ver-
zinnten Gefäßen auf die Bildung eines galvanischen Elementes zwischen
Eisen/Zinn und feuchter Kohlensäure zurückzuführen. Man muß also zur
Aufbewahrung der Gasproben Glasgefäße benutzen.

(3) Natronlauge wird wegen der Schwerlöslichkeit des sich bildenden
Natriumcarbonates nicht verwendet.

(4) Die schweren Kohlenwasserstoffe lagern sich an Schwefelsäure an.
So bildet sich aus Äthylen C_2H_4 Äthionsäure $C_2H_6S_2O_7$, aus Benzol C_6H_6

Benzolsulfonsäure $C_6H_5SO_3H$, aus Acetylen C_2H_2 Acetylenschwefelsäure $C_2H_4SO_4$.

(5) Pyrogallol $C_6H_3(OH)_3$ nimmt Sauerstoff auf, indem unter Aboxydation je eines Wasserstoffatoms zwei Benzolkerne zu Hexaoxydiphenyl zusammentreten:

$$2\ C_6H_3(OH)_3 + O = (OH)_3C_6H_2 \cdot H_2C_6(OH)_3 + H_2O$$

Mit Natriumhydroxyd bereitete Lösungen absorbieren wesentlich langsamer. Alle Pyrogallollösungen entwickeln Kohlenoxyd, besonders bei Gasgemischen mit mehr als $20 \cdots 25\%$ Sauerstoff, und zwar um so mehr, je langsamer das Gas durch die Absorptionslösung perlt. Bei technischen Analysen kann die geringe Menge entstandenen Kohlenoxyds vernachlässigt werden. Die Lösungen müssen vor Einfüllung in den Apparat stets frisch angesetzt werden, können also nicht einer Vorratsflasche entnommen werden.

O_2-Multi-Rapid spaltet auch bei sauerstoffreichen Gasgemischen kein Kohlenoxyd ab. Vorteilhaft ist es, daß diese Lösung fertig bezogen werden kann und längere Zeit haltbar ist.

(6) Die Absorption erfolgt in salzsaurer Lösung nach folgender Gleichung:

$$CuCl + CO + 2\ H_2O \rightleftharpoons CuCl \cdot 2\ H_2O \cdot CO$$

Es besteht also ein Gleichgewicht zwischen diesen Verbindungen. Daher können gebrauchte, an $CuCl \cdot CO$ reiche Lösungen, infolge Dissoziation der Kupfer(I)kohlenoxydverbindung, an kohlenoxydarme Gasgemische Kohlenoxyd abgeben. Die Absorption des Kohlenoxydes wird praktisch quantitativ, wenn man in ammoniakalischer Lösung die leicht dissoziierbare Kupfer(I)chloridkohlenstoffverbindung durch eine sekundäre Reaktion dauernd entfernt.

$$2\ (CuCl \cdot CO) + 4\ NH_3 + 2\ H_2O = 2\ Cu + H_4NOOC \cdot COONH_4 + 2\ NH_4Cl$$

Da von gebrauchten alten ammoniakalischen Kupfer(I)chloridlösungen leicht Kohlenoxyd abgegeben werden kann, absorbiert man die Hauptmenge des Kohlenoxydes in einer gebrauchten, die letzten Anteile in einer frischen Lösung.

Ammoniakalische Kupfer(I)chloridlösungen absorbieren neben Kohlenoxyd auch schwere Kohlenwasserstoffe und Sauerstoff, daher müssen diese Bestandteile entfernt werden, ehe man die Bestimmung des Kohlenoxyds ausführt, und die Lösung muß möglichst unter Luftabschluß hergestellt werden.

(7) Die Temperatur des Quarzröhrchens darf 300° nicht überschreiten, da bei 300° bereits die Verbrennung des Methans beginnt.

(8) Bei heller Rotglut wird vom Kupferoxyd Sauerstoff abgespalten, bei dunkler Rotglut wird der zur Verbrennung nicht benötigte Sauerstoff vom reduzierten Kupfer wieder aufgenommen.

Um das Kupferoxyd zu regenerieren, muß man nach jeder Gasanalyse über das glühende Kupferoxyd sechs- bis siebenmal Luft leiten, so daß das bei der Verbrennung des Wasserstoffs und Methans reduzierte Kupferoxyd wieder restlos oxydiert wird. Anschließend muß der unverbrauchte Luftsauerstoff entweder in Pyrogallollösung absorbiert oder die gesamte Apparatur mit Stickstoff gefüllt werden.

(9) Durch Alkohol gereinigtes Kaliumhydroxyd absorbiert auch schwere Kohlenwasserstoffe, z. B. Benzol.

(10) Statt Kupfer(I)chloridlösung kann man auch eine Kupfer(I)sulfatlösung verwenden (z. B. 10 g β-Naphthol und 5 g Kupfer(I)oxyd, in 95 ml Schwefelsäure 1,84 mit 5 ml Wasser in der Kälte auflösen).

Speise- und Kesselwasseruntersuchung

1. Alkalität

a) Speise- und Kesselwasser. 100 ml Speisewasser (bei Kesselwasser entsprechend weniger) werden im 300-ml-ERLENMEYER-Kolben mit zwei bis drei Tropfen Phenolphthalein versetzt und mit $n/_{10}$ Salzsäure bis zum Verschwinden der roten Farbe titriert. Die verbrauchten Milliliter ergeben den Wert p.

In die farblose Probe gibt man zwei Tropfen Methylorange und setzt weiter $n/_{10}$ Salzsäure zu, bis die gelbe Färbung in orange umschlägt. Die jetzt verbrauchten Milliliter werden zu dem p-Wert addiert und ergeben so den m-Wert.

$$(2\,p - m) \cdot 40 = \text{mg/l Ätznatron}$$
$$(m - p) \cdot 106 = \text{mg/l Soda}$$

Sollte m größer sein als $2\,p$, so enthält das Wasser kein Ätznatron, sondern nur Soda und Natriumhydrogencarbonat, deren Berechnung auf folgende Weise geschieht:

$$106 \cdot p = \text{mg/l Soda}$$
$$(m - 2\,p) \cdot 84 = \text{mg/l Natriumhydrogencarbonat}$$

Sollte $p = 0$ sein, so ist keine Soda vorhanden und nur die letzte Formel dient zur Berechnung des Hydrogencarbonats.

Wenn das Wasser Phosphat enthält, muß die Alkalität desselben bei der Ausrechnung des Natronlaugegehaltes berücksichtigt werden, und zwar werden für 10 mg/l P_2O_5 0,2 ml vom p- und 0,4 ml vom m-Wert abgezogen. Bei höherem P_2O_5-Gehalt entsprechend mehr.

Aus den gefundenen Werten für Natronlauge und Soda kann man die „Natronzahl" nach folgender Formel errechnen.

$$\text{Natronzahl} = NaOH + 0{,}22\ Na_2CO_3\ \text{mg/l} = 56{,}4\ p - 16{,}4\ m$$

Bei Anwesenheit von Trinatriumphosphat gilt folgende Berechnungsart:

$$\text{Natronzahl} = NaOH + 0{,}22\ Na_2CO_3 + 3{,}23\ P_2O_5\ \text{(mg/l)}$$

Nach Überlegungen bei der I.G.[1] genügt es vollständig, wenn man den Alkalitätscharakter als solchen feststellt, d. h. den Laugegehalt, wie er durch das Vorhandensein der Natronlauge und die Spaltung der übrigen Salze entstanden ist. Hierfür wurde der Begriff „Alkalitätszahl" eingeführt. Sie wird dadurch erhalten, daß man den p-Wert mit 40 multipliziert.

Alkalitätszahl $= p \cdot 40$.

In neuerer Zeit geht man dazu über, den Alkalitätscharakter des Wassers nur durch Angabe des p-Wertes und des p_H-Wertes zu kennzeichnen.

b) Rohwasser. Dieses enthält normalerweise keine Soda und gibt daher mit Phenolphthalein keine Rotfärbung. Man titriert unter Zusatz von Methylorange und errechnet aus dem Verbrauch an $n/10$ Salzsäure durch Multiplikation mit 2,8 die Carbonathärte.

2. Härte

a) Zur Bestimmung der Gesamthärte können die zur Alkalitätsbestimmung verwendeten 100 ml Wasser weiter benutzt werden. Man gibt noch etwa 1 ml $n/10$ Salzsäure sowie etwas Bromwasser zu, um die Indikatoren zu zerstören, und erhitzt zum Sieden. Nachdem das Brom und die aus den Carbonaten durch die Salzsäure freigewordene Kohlensäure verkocht sind, wird die Probe abgekühlt, mit fünf bis zehn Tropfen Phenolphthalein versetzt, mit $n/10$ Natronlauge schwach alkalisch gemacht und tropfenweise $n/10$ Salzsäure zugegeben, bis die Rosafärbung verschwindet. In der so vorbereiteten Lösung wird sofort die Härte mit $n/10$ Kaliumpalmitatlösung festgestellt. Diese wird so lange zugegeben, bis die Lösung einen äußerst schwachen rosa Farbton annimmt. Da dieser Umschlag sehr schwer zu erkennen ist, titriert man weiter, bis die Färbung deutlich rosa ist. Von den jetzt verbrauchten Millilitern zieht man

---

[1] A. f. W. 1937 Nr. 8, S. 209.

0,3 ml ab und erhält den wahren Verbrauch, der mit 2,8 multipliziert die Gesamthärte angibt.

b) Gesamthärtebestimmung mit Seifenlösung nach Boutron-Boudet. Zu 40 ml Wasser im 40-ml-Schüttelzylinder werden etwa 0,2 g Natriumchlorid gegeben und durch Zugabe von Salzsäure bzw. Natronlauge eine schwache Phenolphthaleinalkalität eingestellt. Aus dem Meßrohr DIN 12812 gibt man solange Seifenlösung nach Boutron-Boudet zu, bis durch Schütteln ein bleibender feinblasiger am Glase haftender Schaum entsteht. Der Versuch ist so oft zu wiederholen, bis man mit 2 Zugaben der Seifenlösung den Endpunkt erreicht hat.

Die Härte des Wassers wird am Meßrohr in ° d. H. abgelesen.

c) Bestimmung geringer Härten (0,1 ⋯ 1° d. H.). Die Bestimmung erfolgt wie oben beschrieben unter Verwendung 1 + 9 verdünnter Seifenlösung. Der am Meßrohr abgelesene Wert muß naturgemäß durch 10 dividiert werden.

d) Bestimmung von Resthärten nach Wesly (unter 0,1° d. H.). Die Bestimmung erfolgt ebenfalls durch Schütteln von 40 ml Wasser im 50 ml Schüttelzylinder mit Seifenlösung 1 + 9. Diese wird jedoch aus einer 2 ml Mikrobürette zugegeben.

Die Ausrechnung erfolgt nach folgender Tabelle:

ml	° d. H.	ml	° d. H.	ml	° d. H.
0,05	0,003				
0,10	0,007				
0,20	0,014	0,37	0,038	0,54	0,078
0,21	0,015	0,38	0,040	0,55	0,081
0,22	0,016	0,39	0,041	0,56	0,083
0,23	0,017	0,40	0,043	0,57	0,086
0,24	0,019	0,41	0,045	0,58	0,089
0,25	0,020	0,42	0,048	0,59	0,092
0,26	0,021	0,43	0,050	0,60	0,095
0,27	0,022	0,44	0,052	0,61	0,099
0,28	0,024	0,45	0,055	0,62	0,102
0,29	0,025	0,46	0,057	0,63	0,106
0,30	0,026	0,47	0,059	0,64	0,109
0,31	0,028	0,48	0,061	0,65	0,113
0,32	0,029	0,49	0,064	0,66	0,116
0,33	0,031	0,50	0,066	0,67	0,120
0,34	0,033	0,51	0,069	0,68	0,123
0,35	0,034	0,52	0,072	0,69	0,127
0,36	0,036	0,53	0,075		

Aus der Gesamthärte ergibt sich durch Subtraktion der Carbonathärte die Nichtcarbonathärte.

3. Phosphatgehalt

10 ml des Wassers werden in einem Reagensglas mit etwa 0,3 g Natriumchlorid und drei Tropfen einer Sulfatmolybdänlösung (1) ver-

setzt und umgeschüttelt. Nach Zugabe von geraspeltem Zinn oder Zinn-
folie (2) (letztere reagiert langsamer) wird bei Anwesenheit von Phosphat
die Lösung blau gefärbt. Nach etwa 3 Minuten vergleicht man die Farbe
im Phosphatkolorimeter (3) oder mit Hilfe frisch hergestellter Vergleichslösungen (4). Wird der höchste Farbwert erreicht oder sogar
überschritten, so muß die Bestimmung mit entsprechend verdünntem
Untersuchungswasser wiederholt werden. Das Kolorimeter gibt gewöhnlich P_2O_5 an.

Durch Multiplikation mit 5 erhält man den Gehalt an Trinatriumphosphat: $Na_3PO_4 \cdot 10\ H_2O$.

Bemerkungen: (1) Zur Herstellung der Sulfatmolybdänlösung werden 100 ml einer wässrigen 10%igen Ammoniummolybdatlösung mit
300 ml einer 50 Vol.-%igen Schwefelsäure gemischt. Die Lösung wird
nach längerem Stehen schwach blau. Durch Zugabe von $n/_{10}$ Permanganat kann sie entfärbt werden.

(2) Die Reihenfolge muß eingehalten werden.

(3) Das Phosphatkolorimeter hat 5 verschiedene Farbfelder, von
denen das schwächste 1 mg/l P_2O_5 bzw. 5 mg/l $Na_3PO_4 \cdot 10\ H_2O$ entspricht. Das nächste 2 mg/l P_2O_5 bzw. 10 mg/l $Na_3PO_4 \cdot 10\ H_2O$ bis
zum stärksten Feld, welches 5 mg/l P_2O_5 bzw. 25 mg/l $Na_3PO_4 \cdot 10\ H_2O$
entspricht. Neuere Phosphatkolorimeter bestehen aus zugeschmolze-
nen beschrifteten Glasröhrchen, in denen sich Vergleichslösungen verschiedener Stärke befinden. Bei Benutzung des Energiekolorimeters ist
auf ganz genaue Einhaltung der angegebenen Mengen zu achten. Nötigen-
falls ist entsprechend zu verdünnen.

(4) Die Vergleichslösung erhält man durch Auflösen von 14,73 g
chemisch reinem Natriumammoniumhydrogenphosphat
($NaHNH_4PO_4 \cdot 4\ H_2O$) in 1 l 3%iger Natriumchloridlösung. Jeder Milliliter dieser Lösung entspricht 5 mg P_2O_5. Durch entsprechende Verdünnung lassen sich auch niedriger konz. Lösungen erzielen. Diese
Lösungen werden gleichzeitig und genau so wie die zu untersuchende
Wasserprobe behandelt. Ihre Haltbarkeit ist nur begrenzt, da sie bereits nach 20 Minuten zu verblassen beginnen.

4. Sauerstoffgehalt

Die Sauerstoffbestimmung kann naturgemäß nur dann richtige Werte
liefern, wenn das Wasser bei der Entnahme verhindert wird, Sauerstoff
aufzunehmen. Zu diesem Zweck verwendet man etwa 250 ml fassende
Flaschen mit eingeschliffenen Stopfen, die schräg abgeschnitten sind.
Das Volumen der Flaschen muß genau bekannt sein.

Mit Hilfe eines Schlauches, der bis zum Boden der Flasche reicht,
wird das Wasser in die Flasche gefüllt. Man läßt so lange überlaufen.

bis sich der Inhalt der Flasche fünf- bis sechsmal erneuert hat. Jetzt entfernt man langsam den Schlauch und gibt ungeachtet des überlaufenden Wassers mit Hilfe langstieliger Pipetten zuerst 3 ml Mangan-(II)chloridlösung (1) und dann 3 ml kaliumjodidhaltige Natronlauge (2) auf den Boden des Gefäßes (3). Man verschließt die Flasche mit dem vorher angefeuchteten Stopfen und schüttelt kräftig um (4).

Nach $\frac{1}{4}\cdots\frac{1}{2}$ Stunde, während welcher der Niederschlag im Dunkeln abgesessen hat, kann die Bestimmung beendet werden. Man gibt nach Abnahme des Stopfens 5 ml Salzsäure 1,19 in den Flaschenhals und schüttelt gut um bis sich der Niederschlag gelöst hat. Man bringt die jetzt klare Lösung unter dreimaligem Nachspülen mit destilliertem Wasser verlustlos in einen ERLENMEYER-Kolben. Man gibt noch 1 ml einer 10%igen Kaliumjodidlösung und 5 ml Stärkelösung hinzu und titriert die jetzt blaue Lösung mit $n/_{100}$ Natriumthiosulfatlösung auf farblos (5). Der Sauerstoffgehalt errechnet sich wie folgt:

Das Volumen der Flasche abzüglich der 3 ml Mangan(II)chlorid-lösung und der 3 ml Natronlauge sei V, die verbrauchten Milliliter $n/_{100}$ Thiosulfat $= n$. Der Sauerstoffgehalt des Wassers ist dann $\dfrac{n \cdot 0,08 \cdot 1000}{V}$ oder $\dfrac{80\,n}{V}$ mg/l.

Bemerkungen: (1) Mangan(II)chloridlösung: 10 g kristallisiertes Mangan(II)chlorid in 100 ml Wasser.

(2) Kaliumjodidhaltige Natronlauge: 100 ml 50%ige Natronlauge + 10 g Kaliumjodid.

(3) Die Reihenfolge ist wichtig; denn wenn zuerst Natronlauge zugegeben wird, findet man leicht zu wenig Sauerstoff.

(4) Schnelles Arbeiten ist bei der Zugabe der Chemikalien unbedingt erforderlich, da weitgehend entgastes Kesselspeisewasser mit großer Schnelligkeit Luftsauerstoff aufnimmt.

(5) Der chemische Vorgang ist hierbei folgender: Durch die Natronlauge wird aus dem Mangan(II)chlorid weißes Mangan(II)hydroxyd gefällt, das durch den Sauerstoff zu braunem Manganoxyhydrat oxydiert wird:

$$\text{I.} \quad 2\,MnCl_2 + 4\,NaOH = 2\,Mn(OH)_2 + 4\,NaCl,$$
$$2\,Mn(OH)_2 + O_2 = 2\,MnO(OH)_2$$

Man kann aus dem mehr oder weniger braun gefärbten Niederschlag die Höhe des Sauerstoffgehaltes abschätzen. Dieser scheidet beim Lösen in Salzsäure aus dem vorhandenen Kaliumjodid eine dem Sauerstoff entsprechende Menge Jod aus:

$$\text{II.} \quad MnO(OH)_2 + 4\,HCl + 2\,KJ = MnCl_2 + 2\,KCl + 3\,H_2O + J_2$$

Vierter Teil

Lösungen

Bereitung und Titerstellung der Lösungen zur Maßanalyse

1. Natriumarsenit zur Manganbestimmung nach Smith in Stahl und Leichtmetall

4 g Natriumhydrogencarbonat werden in heißem Wasser gelöst und in die heiße Lösung nach und nach 2 g Arsen(III)oxyd eingetragen. Nach dem Abkühlen wird auf 2 l aufgefüllt.

Zur Titerstellung werden 0,2 g Stahl bzw. Aluminium mit bekanntem Mangangehalt genau so behandelt wie die zu untersuchende Probe. Den Mangangehalt des Vergleichsstahles bestimmt man entweder nach VOLHARD oder man bezieht von der Bundesanstalt für Materialprüfung sog. Normalstähle mit bekanntem Mangangehalt.

Der Mangangehalt der zur Titerstellung benutzten Aluminiumlegierung wird ebenfalls nach VOLHARD bestimmt. Neuerdings kann man auch Aluminiumlegierungen mit Analysenangabe von der Fa. Dujardin, Düsseldorf, beziehen. Die Berechnung gestaltet sich wie folgt:

Der Mangangehalt der Vergleichsprobe sei z. B. 1,01%, der Verbrauch an Natriumarsenit 6,0 ml, so entspricht 1 ml $\dfrac{1,01}{6} = 0,168\%$ Mangan.

Dies gilt naturgemäß nur, wenn sowohl von der Vergleichs- als auch von der zu untersuchenden Probe gleiche Gewichtsteile eingewogen werden.

Es hat sich gezeigt, daß der ermittelte Titer für den Mangangehalt nicht genau linear ist, sondern im oberen Teil einer aufgestellten Kurve etwas abfällt. Deshalb ist es zweckmäßig, jeweils einen Normalstahl in der zu erwartenden Höhe des Mangangehaltes mit zu titrieren und den sich ergebenden Faktor zu benutzen.

Beispiel: Für einen Normalstahl mit 0,89% Mn sind 5,8 ml Titerlösung verbraucht worden, für die zu untersuchende Probe 5,5 ml. Die Ausrechnung ist dann:

$$\frac{0,89 \cdot 5,5}{5,8} = 0,84\% \text{ Mn}$$

2. Kaliumpermanganatlösung zur Titration von Chrom, Eisen, Mangan, Vanadium, Calciumoxalat

Man löst 32 g Kaliumpermanganat in 10 l ausgekochtem Wasser auf. Die Lösung wird in einer mit Glasstopfen versehenen braunen Flasche, vor Licht geschützt, aufbewahrt. Die Titerstellung wird erst nach 8 bis 14 Tagen vorgenommen, da erst nach dieser Zeit keine Veränderung der Lösung mehr auftritt (1).

Titerstellung mit Natriumoxalat (2). Man löst dreimal 0,25 g im 1000-ml-ERLENMEYER-Kolben in etwa 300 ml ausgekochtem Wasser, fügt 30 ml verdünnte Schwefelsäure hinzu (3), erwärmt auf 70° und titriert mit Kaliumpermanganat möglichst rasch, bis die Lösung schwach rot wird. Die Reaktion verläuft nach der Gleichung:

$$5\,Na_2C_2O_4 + 2\,KMnO_4 + 8\,H_2SO_4$$
$$= K_2SO_4 + 5\,Na_2SO_4 + 2\,MnSO_4 + 10\,CO_2 + 8\,H_2O$$

Aus der Formel für die Oxydation des Eisen(II)sulfates durch Kaliumpermanganat:

$$10\,FeSO_4 + 2\,KMnO_4 + 8\,H_2SO_4 = 5\,Fe_2(SO_4)_3 + K_2SO_4 + 2\,MnSO_4 + 8\,H_2O$$

geht hervor, daß $2\,KMnO_4 = 10\,Fe$ entsprechen.

Aus der ersten Formel ergibt sich, daß 2 Moleküle $KMnO_4$ 5 Molekülen $Na_2C_2O_4$ entsprechen, folglich auch 5 Moleküle $Na_2C_2O_4 = 10$ Molekülen Fe oder $670,02\,Na_2C_2O_4 = 558,5\,Fe$ oder

$$1\,Na_2C_2O_4 = \frac{558,5}{670,02} = 0,83356\,Fe$$

Der *Eisentiter* (4) ergibt sich demnach aus:

$$\frac{Einwaage \times 0,83356}{ml\,KMnO_4} = g\,Fe,\ \text{welche 1 ml } KMnO_4\text{-Lösung entsprechen;}$$

z. B. 0,25 g $Na_2C_2O_4$ verbrauchen 37,3 ml $KMnO_4$

$$also\ \frac{0,25 \cdot 0,83356}{37,3} = 0,005587\,g\,Fe$$

Der *Mangantiter* ergibt sich aus der ersten Gleichung:

$$3\,MnSO_4 + 2\,KMnO_4 + 2\,H_2O = K_2SO_4 + 5\,MnO_2 + 2\,H_2SO_4$$

Aus der zweiten Gleichung

$$10\,FeSO_4 + 2\,KMnO_4 + 8\,H_2SO_4 = 5\,Fe_2(SO_4)_3 + 2\,MnSO_4 + K_2SO_4 + 8\,H_2O$$

folgt:

$$2\,KMnO_4 = 10\,FeSO_4$$

Aus der ersten Gleichung geht hervor, daß

$$2\,KMnO_4 = 3\,MnSO_4$$

sind.

Aus den beiden Gleichungen ergibt sich daher

$$10\,Fe = 3\,Mn$$

Nach dem Einsetzen der Atomgewichte erhält man: $10 \times 55{,}85$ Gewichtsteile Fe $= 3 \times 54{,}94$ Gewichtsteile Mangan. Demnach entspricht 1 Gewichtsteil Fe $= \dfrac{164{,}82}{558{,}5} = 0{,}2951$ Gewichtsteilen Mangan. Man muß also den Eisentiter des Kaliumpermanganats mit 0,2951 multiplizieren, um den Mangantiter zu bekommen. Bei der Bestimmung größerer Mengen Mangan nach der VOLHARD-Methode ist es besser, den Titer mit Kaliumpermanganat zu stellen, dessen Mangangehalt gewichtsanalytisch wie folgt bestimmt wird:

0,4 g Kaliumpermanganat werden in einer Porzellanschale mit wenig Wasser gelöst. Nach Zugabe von 4 ml Salzsäure 1,19 wird die Lösung auf dem Wasserbad zur Trockne eingedampft. Den Eindampfrückstand löst man in 100 ml Wasser und versetzt mit 2 g festem Ammoniumchlorid. Die Lösung wird zum Sieden erhitzt und mit einem Überschuß einer 25%igen Dinatriumhydrogenphosphatlösung gefällt, schwach ammoniakalisch gemacht und gekocht bis der Niederschlag sich zusammenballt. Das ausgefällte Manganammoniumphosphat wird abfiltriert durch 11-cm-Weißbandfilter, mit kaltem, schwach ammoniakalischem Wasser gewaschen, im Platintiegel mit dem Filter naß verascht und vor dem Gebläse stark geglüht. Die Auswaage mit 0,3871 multipliziert ergibt Gramm Mangan.

Zur Titerstellung der Kaliumpermanganatlösung werden 1,5 g Kaliumpermanganat, dessen Mangangehalt auf obige Weise bestimmt wurde, in einer Porzellanschale in wenig Wasser gelöst. Nach allmählichem Zusatz von 15 ml Salzsäure 1,19 wird die Lösung gekocht bis sie klar und das Chlor vollständig verflüchtigt ist. Nach dem Erkalten wird die Lösung in einem 500-ml-Meßkolben aufgefüllt, durchgeschüttelt und je 100 ml zur Titration verwendet. Diese führt man in einem 1000-ml-ERLENMEYER-Kolben aus, in dem man zunächst die abgenommenen 100 ml mit 300 ml Wasser verdünnt, zum Kochen erhitzt und einen kleinen Überschuß von Zinkoxydmilch hinzugibt. Die kochend heiße Lösung wird mit der einzustellenden Permanganatlösung unter kräftigem Schütteln bis zur Rotfärbung titriert. Bei einer zweiten Titration läßt man den größten Teil der bei der ersten Titration benötigten Permanganatlösung auf einmal zufließen und bestimmt durch tropfenweisen Zusatz der Titerflüssigkeit den Endpunkt. Bei der dritten Titration muß die Rotfärbung bei Zugabe der bei der zweiten Abnahme festgestellten Milliliterzahl erfolgen. Der Titer der Permanganatlösung errechnet sich:

$$\frac{\text{Mangangehalt der Einwaage}}{\text{Verbrauchte ml Permanganatlösung}} = \text{g Mangan.}$$

Den *Chromtiter* erhält man nach folgender Überlegung: Setzt man zu einer Lösung von Chromat Eisen(II)salzlösung zu, so findet schon in der

Kälte eine Reduktion des Chromates zu Chrom(III)salz und eine Oxydation des Eisen(II)salzes zu Eisen(III)salz statt.

$$K_2Cr_2O_7 + 6\,FeSO_4 + 7\,H_2SO_4 = Cr_2(SO_4)_3 + 3\,Fe_2(SO_4)_3 + K_2SO_4 + 7\,H_2O$$

Nach dieser Gleichung entsprechen

$$6\,Fe = 2\,Cr \text{ oder } 1\,Cr = 3\,Fe$$

Nach dem Einsetzen der Atomgewichte erhält man:

$$52,01\,g\,Cr = 3\cdot55,85\,g\,Fe$$

Man erhält also den Titer der Kaliumpermanganatlösung für Chrom, wenn man ihren Titer für Eisen multipliziert mit

$$\frac{52,01}{3\cdot55,85} = 0,3104$$

Zur Errechnung des *Vanadiumtiters* wird der Eisentiter mit 0,9123 multipliziert. Es empfiehlt sich jedoch, den Titer auch unter Verwendung reinsten Vanadium(V)oxyds zu kontrollieren, um gleichzeitig den schlecht zu erkennenden Titrationsendpunkt kennenzulernen.

Benutzt man die Permanganatlösung auch zur Titration von Calciumoxalat, so multipliziert man die verbrauchten Milliliter mit dem halben Eisentiter, der stöchiometrisch richtig mit 0,5021 multipliziert werden muß.

$$5\,CaC_2O_4 + 2\,KMnO_4 + 8\,H_2SO_4 = 5\,CaSO_4 + 2\,MnSO_4 + K_2SO_4 + 8\,H_2O + 10\,CO_2$$

oder $$5\,CaC_2O_4 = 5\,CaO$$

Aus weiter oben stehenden Gleichungen ergibt sich:

$$5\,CaO:10\,Fe = 28,04:55,85$$

Ein Titer, der 10 Fe anzeigt, entspricht demnach 5 CaO. Da die Molekulargewichte fast gleich sind, kann man mit dem halben Eisentiter rechnen, ohne die Fehlergrenze wesentlich zu überschreiten.

Zusammenfassung:

$$\text{Eisentiter} \times 0,2951 = \text{Titer für Mn,}$$
$$\times 0,3104 = \text{Titer für Cr}$$
$$\times 0,9123 = \text{Titer für V}$$
$$\times 0,5021 = \text{Titer für CaO}$$

Bemerkungen: (1) In den ersten Tagen ändert sich der Titer der Lösung, weil das beim Lösen verwendete destillierte Wasser stets Spuren von organischen Substanzen enthält. Nach 8…14 Tagen sind diese vom Permanganat oxydiert, und die Lösung verändert sich nicht mehr.

(2) Das nach der Vorschrift von SÖRENSEN hergestellte Natriumoxalat enthält nur Spuren von Feuchtigkeit und ist, sorgfältig aufbewahrt,

unbegrenzt lange haltbar. Um die Feuchtigkeit zu entfernen, genügt ein zweistündiges Trocknen im Trockenschrank bei 105° und Erkaltenlassen im Exsikkator.

(3) Wichtig ist, daß die Lösung eine genügende Menge freier Schwefelsäure enthält, um die Ausscheidung von Mangan(IV)oxyd zu verhindern. Sollte die Lösung während des Titrierens eine bräunliche Farbe annehmen, fehlt es an Schwefelsäure.

(4) Es ist nicht angängig, den aus dem Oxalat errechneten Eisentiter ohne weiteres dem REINHARDTschen Titrationsverfahren zugrunde zu legen. Zur Titration größerer Mengen Eisen nach REINHARDT muß der Titer der Permanganatlösung mit Eisenoxyd (zur Analyse) gestellt werden. Hierzu werden 0,2 g des bei 120° getrockneten Pulvers in 30 ml Salzsäure 1,19 auf der Heizplatte gelöst und genau wie die Eisenbestimmung im Rotguß behandelt. Der Titer errechnet sich:

$$\frac{0,1399 \text{ g Fe}}{\text{ml KMnO}_4}$$

3. Natronlauge und Schwefelsäure für die Phosphorbestimmung

Die für die Phosphorbestimmung verwendete Natronlauge bzw. Schwefelsäure erhält man durch Verdünnen von 500 ml 1 n Natronlauge bzw. 1 n Schwefelsäure mit 2200 ml Wasser. Oder besser 250 ml 2 n Lösungen auf 2700 ml auffüllen.

Aus der Gleichung:

$$2\,[(NH_4)_3PO_4 \cdot 12\,MoO_3] + 46\,NaOH + H_2O$$
$$= 23\,Na_2MoO_4 + (NH_4)_2MoO_4 + 2\,(NH_4)_2HPO_4 + 23\,H_2O$$

folgt:

$$2\,P = 46\,NaOH$$

oder

$$2 \times 30,975\,\text{g P} = 46 \times 40,00\,\text{g NaOH}$$

Da eine 1 n NaOH 40 g NaOH im Liter enthält, so entspricht 1 l 1 n NaOH demnach $\dfrac{2 \cdot 30,975}{46} = 1,3467$ g P, 1 ml 1 n NaOH also 0,0013467 g P. 1 ml nach obiger Vorschrift bereitete Natronlauge entspricht dann

$$\frac{500 \cdot 0,0013467}{2700} = 0,0002494\,\text{g P}$$

oder 1 ml = 0,025% P bei 1 g Einwaage.

Um den Titer zu kontrollieren, benutzt man entweder einen Normalstahl, dessen Phosphorgehalt bekannt ist, oder ein Phosphorsalz, z. B. $(NH_4)_2HPO_4$. 1 g dieses Phosphorsalzes löst man in einem 1000-ml-Meßkolben, füllt zur Marke auf, nimmt dreimal 50 ml ab, neutralisiert mit Ammoniak, macht schwach salpetersauer und fällt den Phosphor genau wie bei der Phosphorbestimmung im Stahl.

Aus dem Verbrauch an Natronlauge läßt sich nun der Wirkungswert derselben wie folgt berechnen:

$$1 \text{ g } (NH_4)_2HPO_4 \text{ enthält } 0{,}23455 \text{ g P}$$

Zum Titrieren werden 0,05 g $(NH_4)_2HPO_4$ verwendet; dieselben enthalten $0{,}23455 \times 0{,}05 = 0{,}011727$ g P.

Der Verbrauch an NaOH sei z. B. 47 ml, dann entsprechen

$$
\begin{aligned}
47 \text{ ml NaOH} &= 0{,}011727 \text{ g P,} \\
1 \text{ ml NaOH} &= 0{,}011727 : 47 = 0{,}0002495 \text{ g P} \\
\text{oder} \quad 1 \text{ ml NaOH} &= 0{,}02495\% \text{ P bei 1 g Einwaage.}
\end{aligned}
$$

Von der richtigen Stärke der Schwefelsäure überzeugt man sich mit Hilfe der Natronlauge, indem man 25 ml Lauge mit der zu prüfenden Schwefelsäure unter Zusatz von Phenolphthalein titriert.

Man kann aber auch zur Titration der Schwefelsäure Kaliumhydrogencarbonat verwenden; denn aus der Gleichung

$$P = 23 \text{ NaOH} = 23 \text{ KHCO}_3$$

ergibt sich

$$23 \cdot 100{,}119 = 2302{,}7$$

$$1 \text{ g KHCO}_3 = \frac{30{,}975}{2302{,}7} = 0{,}01345 \text{ g P}$$

Man erhält den Titer der Säure für Phosphor, indem man ihren Titer für Kaliumhydrogencarbonat mit 0,01345 multipliziert.

Das Kaliumhydrogencarbonat wird im Exsikkator, der mit Calciumchlorid beschickt und mit Kohlensäure gefüllt ist, getrocknet und in wässriger Lösung bei Anwesenheit von Methylorange als Indikator mit der Säure kalt titriert. Zum Austreiben der Kohlensäure kocht man auf, läßt abkühlen und beendet die Titration.

4. Natriumthiosulfatlösung für die Schwefelbestimmung

Man löst 154,80 g Natriumthiosulfat in 10 l ausgekochtem Wasser (1), hebt in gut verschlossener Flasche auf und stellt nach 8···14 Tagen den Titer mit Kaliumjodid. Zu diesem Zweck löst man 1···2 g Kaliumjodid in wenig Wasser, versetzt mit 10 ml verdünnter Salzsäure (2) und läßt aus der Permanganatbürette genau 25 ml zufließen.

$$10 \text{ KJ} + 2 \text{ KMnO}_4 + 16 \text{ HCl} = 5 \text{ J}_2 + 2 \text{ MnCl}_2 + 12 \text{ KCl} + 8 \text{ H}_2O$$

Das ausgeschiedene Jod titriert man unter Zugabe von Stärkelösung mit der einzustellenden Thiosulfatlösung bis zum Verschwinden der Blaufärbung.

Aus den Gleichungen:

I. $H_2S + J_2 = 2\,HJ + S$

II. $10\,KJ + 2\,KMnO_4 + 8\,H_2SO_4 = 5\,J_2 + 6\,K_2SO_4 + 2\,MnSO_4 + 8\,H_2O$

III. $10\,FeSO_4 + 2\,KMnO_4 + 8\,H_2SO_4 = 5\,Fe_2(SO_4)_3 + K_2SO_4 + 2\,MnSO_4 + 8\,H_2O$

ist folgendes zu ersehen:

1. Aus I. $2\,J = 1\,S$.
2. Aus II. $2\,KMnO_4 = 10\,J$.
3. Aus III. $2\,KMnO_4 = 10\,Fe$.

Aus II und III folgt auf Grund mathematischer Gesetze, daß

$$10\,J = 10\,Fe$$

bzw.

$$2\,J = 2\,Fe$$

entsprechen.

Da entsprechend Gleichung I

$$2\,J = 1\,S$$

ist, gilt aber auch

$$2\,Fe = 1\,S$$

Durch Einsetzen der Atomgewichte erhält man:

$$2 \times 55{,}85 \text{ Gewichtsteile Fe} = 32{,}066 \text{ Gewichtsteile S}$$
$$111{,}70 \text{ Gewichtsteile Fe} = 32{,}066 \text{ Gewichtsteile S}$$
$$1 \text{ Gewichtsteil Fe} = \frac{32{,}066}{111{,}70} \text{ Gewichtsteile S}$$

1 Gewichtsteil Fe entspricht also 0,2871 Gewichtsteilen S.

Der Schwefeltiter der Thiosulfatlösung errechnet sich wie folgt: Angewandt 25 ml Permanganatlösung, deren Fe-Titer 0,005585 sei, d. h. 1 ml $KMnO_4$ entspricht 0,005585 g Fe.

Es ist also

$$25 \cdot 0{,}005585 = 0{,}1396 \text{ g Fe}$$

oder da

$$1 \text{ g Fe} = 0{,}2871 \text{ g S}$$

ist:

$$0{,}1396 \text{ g Fe} = 0{,}2871 \cdot 0{,}1396 \text{ g S}$$
$$0{,}1396 \text{ g Fe} = 0{,}04008 \text{ g S}$$

Der Verbrauch von Thiosulfat sei 40 ml, dann entspricht

$$1 \text{ ml } Na_2S_2O_3 = \frac{0{,}04008}{40} = 0{,}001002 \text{ g S.}$$

Bei einer Einwaage von 1 g Stahl wäre also der Schwefelgehalt beim Verbrauch von 1 ml = 0,001002 g S oder 0,1002% S. Da man gewöhnlich 5 g Stahl bzw. Eisen einwägt, rechnet man den Titer gleich auf diese Einwaage um, erhält also dann $0{,}1002 : 5 = 0{,}0200$ als Titer für 1 ml $Na_2S_2O_3$ bei einer Einwaage von 5 g.

Zusammengefaßt ergibt sich folgende Formel:

$$\text{S Titer} = \frac{\text{ml KMnO}_4 \cdot \text{Fe Titer}}{\text{ml Na}_2\text{S}_2\text{O}_3} \cdot \frac{\text{Atomgewicht des S}}{2 \cdot \text{Atomgewicht des Fe}}$$

$$\text{S Titer bei 5 g Einwaage} = \frac{\text{ml KMnO}_4 \cdot \text{Fe Titer}}{\text{ml Na}_2\text{S}_2\text{O}_3} \cdot \frac{32{,}066}{111{,}70} \cdot \frac{100}{5}$$

$$\text{Zusammengefaßt ergibt sich:} \; \frac{\text{ml KMnO}_4 \cdot \text{Fe Titer}}{\text{ml Na}_2\text{S}_2\text{O}_3} \cdot 5{,}74 = \% \; \text{S}$$

Bemerkungen: (1) Eine mit völlig kohlensäurefreiem Wasser hergestellte Lösung ist sehr lange haltbar, ohne ihren Wirkungswert zu ändern. Da aber das destillierte Wasser stets Kohlensäure enthält, zersetzt sich die Natriumthiosulfatlösung nach folgender Gleichung:

$$\text{Na}_2\text{S}_2\text{O}_3 + 2\,\text{H}_2\text{CO}_3 = 2\,\text{NaHCO}_3 + \text{H}_2\text{S}_2\text{O}_3$$
$$\text{H}_2\text{S}_2\text{O}_3 = \text{H}_2\text{SO}_3 + \text{S}$$
$$\text{H}_2\text{SO}_3 = \text{H}_2\text{O} + \text{SO}_2$$

Der Titer der Lösung wächst stetig, weil die entstehende schweflige Säure mehr Jod verbraucht als die Menge Thioschwefelsäure, aus der sie entstanden ist.

$$\text{H}_2\text{SO}_3 + \text{J}_2 + \text{H}_2\text{O} = 2\,\text{HJ} + \text{H}_2\text{SO}_4$$
$$2\,\text{H}_2\text{S}_2\text{O}_3 + \text{J}_2 = 2\,\text{HJ} + \text{H}_2\text{S}_4\text{O}_6$$

Man muß daher das zur Lösung verwendete destillierte Wasser durch Kochen von der Kohlensäure befreien. Zweckmäßig läßt man aber trotzdem die Lösung noch 8···14 Tage stehen, ehe man den Titer stellt. Nach dieser Zeit ist auch die im gekochten destillierten Wasser noch enthaltene Kohlensäure verbraucht, und die Lösung hält sich mehrere Monate lang ohne nennenswerte Veränderung.

Trotzdem kann es vorkommen, daß sich der Titer der Thiosulfatlösung verändert. Das kann einmal darauf zurückzuführen sein, daß durch den Lebensprozeß gewisser Bakterien, der sog. Thiobakterien, das Thiosulfat unter Abscheidung von Schwefel über Sulfit in Sulfat umgewandelt wird. Die andere Ursache kann folgende sein: Fast in jedem destilliertem Wasser sind Spuren von Kupfer enthalten. Dieses muß die Oxydation von Thiosulfat zu Tetrathionat katalysieren bzw. praktisch herbeiführen, und zwar in dem Maße, in welchem Kupfer(I)salz, das aus Kupfer(II)salz und Thiosulfat schnell entsteht, durch Luftsauerstoff zu Kupfer(II)salz rückoxydiert wird.

(2) Mit Natriumthiosulfat kann man Jod nur in saurer oder vollkommen neutraler Lösung titrieren. Bei Titrationen in saurer Lösung muß man darauf achten, daß die Lösung nicht zu viel freie Säure enthält, weil sonst leicht durch den Luftsauerstoff Jod aus der Jodwasser-

stoffsäure frei gemacht werden kann. Außerdem muß man beim Titrieren mit Thiosulfatlösung immer gut schütteln oder umrühren, um eine örtliche Zerlegung des Thiosulfates in Schwefel und schweflige Säure nach der Gleichung

$$Na_2S_2O_3 + 2\ HCl = S + SO_2 + 2\ NaCl + H_2O$$

zu vermeiden. Demgemäß würde unter diesen Umständen ein Mehrverbrauch an Jod eintreten, da die schweflige Säure doppelt soviel Jod verbraucht als Thiosulfat, aus dem sie entstanden ist.

$$J_2 + 2\ Na_2S_2O_3 = 2\ NaJ + Na_2S_4O_6$$
$$J_2 + SO_2 + 2\ H_2O = 2\ HJ + H_2SO_4$$

5. Jodlösung für Schwefelbestimmung

Man löst 7,9155 g Jod doppelt sublimiert und die doppelte Menge Kaliumjodid (1) in möglichst wenig Wasser und füllt erst dann auf 1000 ml auf, wenn sämtliches Jod in Lösung gegangen ist. Es ist dies unbedingt zu beachten, weil es sehr langwierig ist, Jod in einer verdünnten Kaliumjodidlösung in Lösung zu bringen (2).

Zur Titerstellung titriert man 25 ml Jodlösung unter Zusatz von 10 ml Salzsäure 1,12 mit einer eingestellten Natriumthiosulfatlösung. Gegen Ende der Titration, wenn die gelbe Jodfarbe verschwindet, setzt man 5 ml Stärkelösung zu (3) und titriert bis die Lösung farblos ist. Ist die Jodlösung zu stark, wird sie mit Wasser verdünnt, ist sie dagegen zu schwach, gibt man etwas konz. Jodlösung hinzu bzw. man verdünnt die Thiosulfatlösung, bis sie mit der Jodlösung übereinstimmt. Man muß dann jedoch den Titer der Thiosulfatlösung neu stellen.

Bemerkungen: (1) Das Kaliumjodid dient nur als Lösungsmittel für das Jod.

(2) Zum Aufbewahren der Jodlösung benutzt man nur Flaschen aus braunem Glas, die man vor Licht geschützt aufbewahrt. Man muß auch das häufige Öffnen der Flasche vermeiden, da durch Verdampfen von Jod der Gehalt der Lösung sich vermindert.

(3) Man darf nie die Stärkelösung bei überschüssiger Jodlösung zusetzen, also etwa, wenn man mit der Titration beginnt und Thiosulfat aus einer Bürette zufließen läßt, da hierbei die Stärke vom Jod unter teilweisem Verbrauch von diesem in anders gefärbte Verbindungen zersetzt wird.

6. Cer(IV)sulfatlösung zur Eisenbestimmung

Das Äquivalentgewicht des $Ce(SO_4)_2 \cdot 4\ H_2O$ ist gleich seinem Molekulargewicht, also 404,32.

a) $n/_{10}$ Lösung. 40,43 g Cer(IV)sulfat Ce(SO$_4$)$_2$·4 H$_2$O) werden in 500 ml Wasser, denen 28 ml Schwefelsäure 1,84 zugesetzt sind, gelöst und auf 1 l aufgefüllt.

b) $n/_{100}$ Lösung. 100 ml der obigen Lösung werden mit 1 n Schwefelsäure auf 1 l aufgefüllt.

Titerstellung: Der Titer der Lösung wird mit Eisenoxyd als Urtitersubstanz gestellt. Hierbei verfährt man genau wie bei der Eisenbestimmung mit Cer(IV)sulfat beim Rotguß beschrieben. Besonders ist auf gleiche Säurekonzentration zu achten.

Beispiel für $n/_{10}$ Lösung: 0,2 g Eisenoxyd verbrauchen 25,0 ml Cer(IV)-sulfatlösung.

Da

$$2\ \mathrm{Fe} = 1\ \mathrm{Fe_2O_3}$$

bzw.

$$2 \cdot 55{,}85\ \mathrm{g\ Fe} = 159{,}70\ \mathrm{g\ Fe_2O_3\ ist,}$$

ergibt sich: $\dfrac{2 \cdot 55{,}85 \cdot 0{,}2}{159{,}70 \cdot 25{,}0} = 0{,}005596$

1 ml der $n/_{10}$ Lösung entspricht 0,005596 g Eisen, das sind bei x g Einwaage

$$\frac{0{,}005596 \cdot 100}{x} = \%\ \mathrm{Eisen}$$

Bei der Titerstellung der $n/_{100}$ Lösung wägt man 0,2 g Eisenoxyd ein, füllt nach dem Lösen auf 1000 ml auf und nimmt zur Titration 50 ml $= \dfrac{0{,}2 \cdot 50}{1000} = 0{,}01$ g ab.

Zur Ausrechnung dieses Titers sind die entsprechenden Zahlen sinngemäß in obiges Beispiel einzusetzen.

7. Kaliumbromatlösung für Arsen- und Antimonbestimmung

Zur Herstellung von $n/_{10}$ Kaliumbromat werden 2,7836 g des bei 100° bis zur Gewichtskonstanz getrockneten Salzes in 1000 ml Wasser gelöst. 1 ml dieser Lösung entspricht dann nach der Gleichung:

$$2\ \mathrm{KBrO_3} + 2\ \mathrm{HCl} + 3\ \mathrm{Sb_2O_3} = 2\ \mathrm{HBr} + 2\ \mathrm{KCl} + 3\ \mathrm{Sb_2O_5}$$

0,006088 g Antimon.

Der Titer für Arsen errechnet sich zu 0,003746 g Arsen.

8. Jodlösung für Arsen-, Antimon-, Zinn- und Pyritbestimmung

$n/_{10}$ Jodlösung wird erhalten, indem man 12,6910 g reines sublimiertes Jod mit der doppelten Menge Kaliumjodid in 50 ml Wasser löst und dann auf 1000 ml auffüllt. Zur Titerstellung bereitet man sich eine Lösung, welche im Liter 1,3204 g Arsen(III)oxyd enthält. Man löst zu diesem Zweck zunächst das Arsen(III)oxyd mit 10 g Natriumhydrogencarbonat in 100 ml Wasser und verdünnt auf 1 l. 1 ml dieser Lösung entspricht 0,001 g Arsen. Zur Titerstellung nimmt man 10 ml der Natriumarsenit-lösung = 0,01 g Arsen und titriert mit der Jodlösung. 0,01 dividiert durch die Milliliterzahl Jodlösung ergibt den Titer der Jodlösung für Arsen.

$$1 \text{ ml } n/_{10} \text{ Jodlösung} \quad \left.\begin{array}{l} 0{,}3746\% \text{ As} \\ 0{,}6088\% \text{ Sb} \\ 0{,}5935\% \text{ Sn} \end{array}\right\} \quad \begin{array}{l} \text{berechnet aus} \\ SnCl_2 + J_2 + 2\,HCl \\ = SnCl_4 + 2\,HJ \end{array}$$

Benutzt man die Jodlösung auch zur Titration von Zinn in Weiß-metall, so stellt man den Titer mit reinem Zinn. Zu diesem Zweck wägt man 2,5 g chemisch reines Zinn in einen 500-ml-Meßkolben ein, fügt 60 ml Salzsäure 1,19 hinzu und läßt am besten über Nacht in der Kälte lösen. Ist alles gelöst, füllt man zur Marke auf, schüttelt gut durch, entnimmt 100 ml = 0,5 g, setzt Stärkelösung zu und titriert mit der einzustellenden Jodlösung. 0,5 dividiert durch die Milliliteranzahl Jod-lösung ergibt den Titer für Zinn.

Zinntiter $\times$ 0,6311 ergibt Arsentiter,
Zinntiter $\times$ 1,0258 ergibt Antimontiter.

Zubereitung der Lösungen

Titerlösungen

Bariumhydroxyd etwa $n/_{10}$....	16 g $Ba(OH)_2 \cdot 2\,H_2O$ (p. a.) in 1000 ml Wasser. Entstandenes Bariumcarbonat abfiltrieren
Bariumhydroxyd etwa $n/_{20}$....	8 g $Ba(OH)_2 \cdot 2\,H_2O$ (p. a.) in 1000 ml Wasser
Cer(IV)sulfat $n/_{10}$ .... (Cerisulfat) für Fe- Be-stimmung	40,432 g $Ce(SO_4)_2 \cdot 4\,H_2O$ (reinst) in 500 ml Wasser und 28 ml H_2SO_4 1,84 lösen und auf 1000 ml mit Wasser auf-füllen
Cer(IV)sulfat $n/_{100}$	100 ml $n/_{10}$ Lösung mit 1n H_2SO_4 auf 1000 ml auffüllen
Jod $n/_{10}$	12,6910 g J_2 (doppelt sublimiert) und 25,382 g KJ (reinst) in 50 ml Wasser lösen und mit Wasser auf 1000 ml auf-füllen
Jod $n/_{100}$	100 ml $n/_{10}$ Lösung mit Wasser auf 1000 ml auffüllen

Jod	7,9155 g J_2 (doppelt sublimiert) und
für Schwefelbest. nach dem Entwicklungsverf.	16 g KJ (reinst) in 30 ml Wasser lösen und mit Wasser auf 1000 ml auffüllen
Eisen(II)sulfat etwa $n/_{10}$	27,8 g $FeSO_4 \cdot 7\ H_2O$ (rein) in 900 ml
für Cr-Best.	Wasser und 100 ml H_2SO_4 1,84
Eisen(II)sulfat	16 g $FeSO_4 \cdot 7\ H_2O$ (rein) in 900 ml
für potentiometrische Cr- und V-Bestimmung	Wasser und 100 ml H_2SO_4 1,84
Eisen(II)sulfat	50 g $FeSO_4 \cdot 7\ H_2O$ (rein) in 800 ml
für Ferrovanadium	Wasser und 200 ml H_2SO_4 1,84
Kaliumbromat $n/_{10}$	2,7836 g $KBrO_3$ (p. a.) in Wasser lösen und auf 1000 ml mit Wasser auffüllen
Kaliumchromat	1,4 g K_2CrO_4 (p. a.) in 1000 ml Wasser
für Mo-Bestimmung	
Kaliumcyanid $n/_{10}$	6,512 g KCN (reinst) in Wasser lösen und mit Wasser auf 1000 ml auffüllen
für Ni-Bestimmung	
Kaliumcyanoferrat (II)	27 g $K_4[Fe(CN)_6] \cdot 3\ H_2O$ (p. a.) in
(Kaliumferrocyanid) für Zn-Bestimmung	1000 ml Wasser
Kaliumcyanoferrat (III)......	11 g $K_3[Fe(CN)_6]$ (p. a.) in 1000 ml
(Kaliumferricyanid) für Co-Bestimmung	Wasser
Kaliumjodat $n/_{100}$	0,3567 g KJO_3 (reinst) in Wasser lösen und auf 1000 ml mit Wasser auffüllen
für Zinn-Bestimmung	
Kaliumpermanganat.......... etwa $n/_{10}$	32 g $KMnO_4$ in 10 l ausgekochtem Wasser
Natriumarsenit..............	20 g $NaHCO_3$ (DAB 6) in 1000 ml
für Mn-Bestimmung	heißem Wasser lösen. 10 g As_2O_3 (p. a.) eintragen und mit Wasser auf 10 l auffüllen
Natriumthiosulfat...........	15,480 g $Na_2S_2O_3 \cdot 5\ H_2O$ (p. a.) in ausgekochtem kalten Wasser lösen und mit Wasser auf 1000 ml auffüllen
Natronlauge................	500 ml 1n NaOH und 2200 ml Wasser
für P-Bestimmung	mischen oder 250 ml 2n NaOH mit Wasser auf 2700 ml auffüllen
Schwefelsäure	500 ml $1n\ H_2SO_4$ und 2200 ml Wasser
für P-Bestimmung	mischen oder 250 ml 2n H_2SO_4 mit Wasser auf 2700 ml auffüllen
Titan(III)chlorid	$15\cdots20$ ml $10\cdots15\%$ eisenfreie $TiCl_3$-
für Ferromolybdän	Lösung und 30 ml HCl 1,19 mit Wasser auf 1000 ml auffüllen

Diverse Lösungen

Äthersalzsäure	HCl 1,19 bzw. 1,12 (chem. rein) wird unter Kühlen mit Äther $(C_2H_5)_2O$ gesättigt
Ammoniumcarbonat	150 g $(NH_4)_2CO_3$ (p. a.) in 1000 ml Wasser
Ammoniumchlorid	300 g NH_4Cl (chem. rein) in 1000 ml Wasser
Ammoniumfluorid	100 g NH_4F (reinst) in 1000 ml Wasser
Ammoniumnitrat	1000 g NH_4NO_3 (rein) in 1000 ml heißem Wasser
Ammoniumoxalat	42 g $(NH_4)_2C_2O_4 \cdot H_2O$ (chem. rein) in 1000 ml heißem Wasser
Ammoniumperoxydisulfat (Ammoniumpersulfat)	100 g $(NH_4)_2S_2O_8$ (rein) in 1000 ml Wasser (nicht erwärmen)
Ammoniumsulfat	300 g $(NH_4)_2SO_4$ (chem. rein) in 1000 ml heißem Wasser
Ammoniumsulfid	In 200 ml NH_4OH 0,91 und 300 ml Wasser 1 Stunde H_2S einleiten und mit der gleichen Menge Wasser und Ammoniak verdünnen
Ammoniumtartrat	2000 g Weinsäure (chem. rein) in 4000 ml Wasser lösen und mit 2700 ml NH_4OH 0,91 neutralisieren
Ammoniumthiocyanat (Ammoniumrhodanid)	100 g NH_4CNS (chem. rein) in 1000 ml Wasser
Ammoniumthiosulfat	250 g $(NH_4)_2S_2O_3$ (rein) in 1000 ml Wasser
Antimon(III)chlorid	5 g $SbCl_3$ mit 15 ml H_2SO_4 1,84 (chem. rein) 5 Minuten abrauchen. Nach dem Abkühlen in eine Mischung von 100 ml HCl 1,19 und 250 ml Wasser eintragen, aufkochen und nach dem Abkühlen auf 500 ml auffüllen
Bariumchlorid	100 g $BaCl_2 \cdot H_2O$ (chem. rein) in 1000 ml heißem Wasser
Cadmiumacetat	10 g $Cd(CH_3COO)_2 \cdot 2\,H_2O$ (p. a.), 10 g NH_4CH_3COO (p. a.) und 30 ml Eisessig in 1000 ml Wasser
Citronensäure	100 g $C_6H_8O_7$ (chem. rein) in 1000 ml Wasser. Um die Lösung haltbar zu machen, fügt man 5 g Salicylsäure hin-

	zu. Vor Gebrauch wird die Lösung 1:4 mit Wasser verdünnt
Citronensäure.............. für photometr. Ni-Best.	100 g $C_6H_8O_7$ (chem. rein) in 1000 ml Wasser
Chrom(II)chlorid	5 g Elektrolyt-Chrommetall werden im 500 ml-ERLENMEYER-Kolben mit 30 ml HCl 1,19 unter Erwärmen gelöst. In einer braunen 3 l Titrationseinrichtung nach DICKENS werden 2,5 l gasfreies Wasser mit einer 2 cm starken Schicht Petroleum überschichtet und ein O_2-freier Stickstoffstrom darüber geleitet. Die Chrom(II)chloridlösung wird nunmehr in einem Guß in das Titrationsgefäß gebracht
Diacetyldioxim	10 g $C_4H_8O_2N_2$ (chem. rein) in 1000 ml filtriertem Brennspiritus
Diammoniumhydrogen- phosphat................ (Ammoniumdiphosphat)	100 g $(NH_4)_2HPO_4$ (reinst) in 1000 ml Wasser
Dinatriumhydrogenphosphat . (Natriumdiphosphat)	100 g $Na_2HPO_4 \cdot 12\ H_2O$ (chem. rein) in 1000 ml Wasser
Diphenylamin	1 g $(C_6H_5)_2NH$ (p. a.) in 100 ml H_2SO_4 1,84
Eisen(II)sulfat.............. für photom. Mo-Bestimmung	250 g $FeSO_4 \cdot 7\ H_2O$ (rein) in 1000 ml Wasser
Eisen(III)sulfat .... für photom. Mo-Bestimmung	145 g $Fe_2(SO_4)_3$ (chem. rein) mit Wasser und 10 ml H_2SO_4 1,84 zu 1000 ml lösen
Essigsäure verd.	1000 ml Eisessig und 1000 ml Wasser
Hydroxylaminhydrochlorid .. (Hydroxylaminchlorhydrat)	100 g $NH_2OH \cdot HCl$ (chem. rein) in 1000 ml Wasser
Kalilauge	360 g KOH (rein) in 1000 ml Wasser
Kaliumbromid -bromat	39 g KBr (chem. rein) und 11 g $KBrO_3$ (chem. rein) in Wasser lösen und auf 1000 ml mit Wasser auffüllen
Kaliumjodid................	200 g KJ (reinst) in 1000 ml Wasser
Kaliumoxalat...............	250 g $K_2C_2O_4 \cdot H_2O$ (chem. rein) in 1000 ml Wasser
Kaliumpermanganat.........	40 g $KMnO_4$ (rein) in 1000 ml heißem Wasser
Kaliumthiocyanat .... (Kaliumrhodanid)	250 g KCNS (rein) in 1000 ml Wasser

Kobaltnitrat	10 g $Co(NO_3)_2 \cdot 6\ H_2O$ (chem. rein) in 1000 ml Wasser
o-Kresolphthalein	1 g $C_6H_4COCO(C_6H_3OHCH_3)_2$ in 1000 ml Alkohol
Kupfersulfat	120 g $CuSO_4 \cdot 5\ H_2O$ (chem. rein) in 880 ml Wasser und 120 ml H_2SO_4 1,84
Magnesiamixtur	220 g $MgCl_2 \cdot 6\ H_2O$ (chem. rein) und 280 g NH_4Cl (chem. rein) in 1000 ml Wasser und 1000 ml NH_4OH 0,91
Mangan(II)chlorid...........	200 g $MnCl_2 \cdot 4\ H_2O$ (p. a.) und 200 g NH_4Cl (chem. rein) in 1000 ml Wasser
Mangansulfat...............	225 g $MnSO_4$ (rein) in 4000 ml Wasser lösen, 450 ml H_3PO_4 1,7 und 430 ml H_2SO_4 1,84 zugeben
Methylorange	1 g $(CH_3)_2N \cdot C_6H_4 \cdot N_2 \cdot C_6H_4 \cdot SO_3Na \cdot 4\ H_2O$ in 1000 ml Wasser
Methylrot.................	1 g $(CH_3)_2H \cdot C_6H_4 \cdot N_2 \cdot C_6H_4 \cdot COONa$ in 600 ml Alkohol lösen und 400 ml Wasser zugeben
Molybdänlösung .... (kann nach I oder II angesetzt werden)	I. Lösung A) 500 g H_2MoO_4 (rein) in 1000 ml Wasser und 1000 ml NH_4OH 0,91. Lösung B) 6000 ml Wasser und 2000 ml HNO_3 1,4 Nach Erkalten Lösung A unter Rühren in Lösung B eingießen II. Lösung A) 750 g Ammoniummolybdat $(NH_4)_6Mo_7O_{24} \cdot 4\ H_2O$ (chem. rein) in 4000 ml Wasser Lösung B) 3500 ml Wasser und 2500 ml HNO_3 1,4 Nach Erkalten Lösung A in Lösung B filtrieren. Die Lösung soll vor Gebrauch einige Tage im Dunkeln stehen. III. Siehe Wiedergewinnung der Molybdänsäure
Natriumchlorid	100 g NaCl (reinst) in 1000 ml Wasser
Natriumsulfid	Kaltgesättigte Lösung von $Na_2S \cdot 9\ H_2O$ (rein) in Wasser
Natriumthiosulfat...........	200 g $Na_2S_2O_3 \cdot 5\ H_2O$ (chem. rein) in 1000 ml Wasser
Natronlauge................	360 g NaOH (rein) in 1000 ml Wasser
Natronlauge................ für photom. Mo-Bestimmung	160 g NaOH (reinst) in 1000 ml Wasser

Natronlauge............... für N_2-Bestimmung	450 g NaOH (rein) in 1000 ml Wasser. Die Lösung muß durch Kochen mit granuliertem Zink von Ammoniumsalzen und Nitraten befreit werden
α-Nitroso-β-Naphthol........	2 g $C_{10}H_6NO$ OH (p. a.) in 50 ml Eisessig kalt lösen, mit 50 ml heißem Wasser verdünnen und vom ungelösten abfiltrieren
Oxalsäure	12,5 g $(COOH)_2$ (chem. rein) in 1000 ml Wasser
Phenolphthalein	1 g C_6H_4CO $CO(C_6H_4OH)_2$ in 50 ml Alkohol lösen und mit 50 ml Wasser verdünnen
Phosphorsäure 1,3...........	1000 ml H_3PO_4 1,7 (chem. rein) und 1500 ml Wasser
Phosphorschwefelsäure.......	150 ml H_3PO_4 1,7 (chem. rein) und 150 ml H_2SO_4 1,84 (chem. rein) unter Kühlen in 700 ml Wasser eingießen
Quecksilber(II)chlorid	40 g $HgCl_2$ (DAB. 6) in 1000 ml heißem Wasser
Säuremischung .... für Si-Bestimmung in Metallen	60 ml H_2SO_4 1,4 (chem. rein), 15 ml HNO_3 1,4 (chem. rein) und 30 ml HCl 1,19 (chem. rein). Die Lösung muß jeweils frisch angesetzt werden
Salpetersäure 1,2	1000 ml HNO_3 1,4 (chem. rein) und 1160 ml Wasser
Salzsäure 1,12	1000 ml HCl 1,19 (chem. rein) und 1000 ml Wasser
Schwefelsäure 1,4	1000 ml H_2SO_4 1,84 (chem. rein) langsam unter Kühlen in 1000 ml Wasser eingießen
Schwefelsäure .... für N_2-Bestimmung und photometrische Ni-Bestimmung	800 ml Wasser und 200 ml H_2SO_4 1,84 (chem. rein)
Silbernitrat etwa $n/_{10}$	17 g $AgNO_3$ (DAB. 6) in 1000 ml Wasser
Stärke....................	5 g lösliche Stärke $(C_6H_{10}O_5)n$ (rein) mit 25 ml Wasser verrühren und in 2000 ml kochendes Wasser geben. 15 Minuten kochen und nach teilweisem Abkühlen 2,5 g Salicylsäure C_6H_4OH COOH (chem. rein) zugeben, die durch Rühren gelöst werden

Tashiro-Indikator	0,12 g Methylrot in 400 ml Alkohol und 0,06 g Methylenblau in 60 ml Wasser mischen
Tropäolin 00	0,04 g $C_6H_5NH \cdot C_6H_4N_2 \cdot C_6H_4SO_3Na$ in 100 ml Wasser
Überchlorsäure 15%	140 ml $HClO_4$ (reinst 70 Gew.%) und 860 ml Wasser
Vergleichslösung für potentiometrische V-Best.	113 g $FeNH_4(SO_4)_2 \cdot 12\,H_2O$ (Eig. B. 6) und 0,8 g $FeSO_4 \cdot 7\,H_2O$ (rein) in 220 ml H_2SO_4 20%
Wasserstoffperoxyd 3%	100 ml H_2O_2 (30%) und 900 ml Wasser
Weinsäure	500 g $C_4H_6O_6$ (chem. rein) in 700 ml Wasser
Zinn(II)chlorid	35 g $SnCl_2 \cdot 2\,H_2O$ (rein) in 250 ml HCl 1,19 lösen und 750 ml Wasser zugeben
Zinn(II)chlorid . . . . für photom. Mo-Bestimmung	100 g $SnCl_2 \cdot 2\,H_2O$ (rein) in 100 ml HCl 1,19 lösen und mit Wasser auf 1000 ml auffüllen. Die Lösung ist unter Kohlensäure aufzubewahren
Zinn(II)chlorid . . . . für photom. Co-Bestimmung	150 g $SnCl_2 \cdot 2\,H_2O$ (rein) in 1000 ml HCl 1,19 (chem. rein)

Wiedergewinnung der Molybdänsäure
aus den Phosphorfiltraten

Grundlagen des Verfahrens. Man entfernt aus den Phosphorfiltraten den Überschuß an Molybdänsäure durch Versetzen mit technischem Trinatriumphosphat. Der entstehende Niederschlag von Ammoniumphosphormolybdat wird in Ammoniak gelöst und das Phosphat mit Magnesiamixtur ausgefällt. Nach dem Salpetersauermachen ist die Lösung gebrauchsfertig.

Arbeitsgang. Die täglich gesammelten Filtrate der Phosphorbestimmung werden pro Liter mit 30 ml einer 10%igen Lösung von Trinatriumphosphat in der Siedehitze versetzt. Hierdurch wird die Molybdänsäure als Phosphorammoniummolybdat abgeschieden.

Der von mehreren Tagen gesammelte Niederschlag wird mit salpetersäurehaltigem Wasser ausgezogen und so lange dekantiert, bis die überstehende Flüssigkeit fast eisenfrei ist. Nun wird durch ein großes Filter filtriert, der Niederschlag in eine Porzellanschale gespült und getrocknet.

Von dem getrockneten Phosphorammoniummolybdat werden 325 g (= 300 g MoO_3) in 550 ml konz. Ammoniak und 550 ml Wasser in der

Wärme gelöst. Die Lösung ist meistens durch ausgeschiedenes Eisen(III)-phosphat trübe. Um das Phosphat zu entfernen, versetzt man mit einer Lösung von 40 g Magnesiumchlorid und 40 g Ammoniumchlorid in etwa 100 ml Wasser und läßt unter öfterem Umrühren 24 Stunden absitzen. Von der klaren Flüssigkeit entnimmt man 320 ml und gießt diese unter Umrühren in 1200 ml Salpetersäure 1,2.

Nach einigen Tagen wird die klare Lösung abgehebert und kann für die Phosphorbestimmung verwendet werden.

Wiedergewinnung von Silber aus silberhaltigen Chemikalien und Fixierbädern

Die silberhaltigen Chemikalienlösungen werden zur Abscheidung des Silbers mit roher Salzsäure versetzt. Das entstandene Silberchlorid wird nach dem Absitzen durch Dekantieren mit Wasser eisen- und chlorfrei gewaschen. In einem geeigneten Gefäß reduziert man Silberchlorid durch Zusatz von Zinkstückchen und verdünnter Schwefelsäure, bis keine weißen Teilchen von Silberchlorid mehr zu erkennen sind. Der so erhaltene grauschwarze Silberschlamm muß durch Dekantieren mit Wasser säure- und zinkfrei gewaschen werden. Um metallisches Silber zu erhalten, schmilzt man den Silberschlamm in einem Kohle- oder Schamottetiegel ein.

Soll das Silber jedoch wieder zur Manganbestimmung nach SMITH verwendet werden, so kann der gut getrocknete Silberschlamm direkt in Salpetersäure gelöst werden.

Hierzu bringt man 220 g mit Salpetersäure 1,4 in Lösung und verdampft die überschüssige Säure auf der Heizplatte. Der Rückstand wird mit destilliertem Wasser aufgenommen und nach Filtration von evtl. vorhandenen Verunreinigungen auf 2 l aufgefüllt. Um etwa $^n/_{50}$-Silbernitratlösung zur Manganbestimmung zu erhalten, nimmt man von dieser Stammlösung 200 ml ab und füllt auf 10 l auf.

Um das Silber aus gebrauchten Fixierbädern abzuscheiden, versetzt man die zweckmäßig in größeren, mit Deckel versehenen Steingutbottichen angesammelten Bäder mit technischer Natronlauge bis zur deutlich alkalischen Reaktion und gibt hierauf eine kalt gesättigte Lösung von technischem Natriumsulfid hinzu. Diese hat man vorher durch ein Faltenfilter filtriert. Nach gutem Umrühren läßt man etwa 24 Stunden absitzen und hebert die überstehende Lösung ab, nachdem man mit Natriumsulfid auf Silberfreiheit geprüft hat. Eine auf diese Art gesammelte größere Menge von Silbersulfid filtriert man durch möglichst große Faltenfilter ab und wäscht mehrmals mit Wasser aus. Der Niederschlag wird in einer größeren Porzellanschale vorsichtig mit Salpetersäure behandelt und auf der Heizplatte erhitzt. (Diese Arbeit

darf wegen Entwicklung der überaus giftigen nitrosen Gase nur unter
dem Abzug ausgeführt werden.)

Die so erhaltene Lösung wird mit Salzsäure versetzt. Das gebildete
Silberchlorid wäscht man durch Dekantieren mit Wasser gut aus und
verarbeitet es, wie oben beschrieben, durch Reduktion mit Zink und
Schwefelsäure auf metallisches Silber.

Die Schwefelsäure und Kaliumdichromat enthaltenden „Umkehr-"
oder „Bleichbäder" von Photoautomaten werden mit Kochsalz versetzt, wodurch sich Silber in Form von Silberchlorid abscheidet, das mit
dem auf obige Art erhaltenen Silberchlorid vereinigt wird.

Quantitative Filter. Als Bezeichnungen der verschiedenen quantitativen
Filter sind die der Firma Schleicher & Schüll benutzt worden. Es soll
hiermit nicht gesagt werden, daß ausschließlich die Filter dieser Firma
verwendet werden können.

Schwarzbandfilter sind weiche, Weißbandfilter mittlere und Blaubandfilter harte Filter.

Entsprechende Qualitäten werden z. B. von der Firma Macherey &
Nagel als Grau-, Weiß- und Grünpackung und von der Firma Delta als
Blau-, Braun- und Schwarzkreuz in den Handel gebracht.

Faktoren

Gesucht	Gegeben	Faktor	lg
Ag	AgCl	0,7526	87 658
Al	Al_2O_3	0,5293	72 367
	$AlPO_4$	0,2212	34 482
Al_2O_3	$AlPO_4$	0,4180	62 118
As	As_2S_3	0,6090	78 460
Bi	Bi_2O_3	0,8970	95 279
C	CO_2	0,2729	43 602
Cd	CdO	0,8754	94 220
	$CdSO_4$	0,5392	73 175
Co	Co_3O_4	0,7343	86 584
Cu	CuO	0,7988	90 246
CuO	Cu	1,219	09 754
Fe	Fe_2O_3	0,6994	84 475
Fe_2O_3	Fe	1,430	15 525
FeO	Fe	1,287	10 941
Mg	$Mg_2P_2O_7$	0,2185	33 948
MgO	$Mg_2P_2O_7$	0,3623	55 904
Mn	Mn_3O_4	0,7203	85 751
MnO	Mn	1,291	11 100
Mn_3O_4	Mn	1,388	14 239
Mo	MoO_3	0,6665	82 383
	$PbMoO_4$	0,2613	41 719
Na_2O	Na_2SO_4	0,4364	63 983
Ni	NiO	0,7858	89 530
	$NiC_8H_{14}N_4O_4$	0,2032	30 776
P	$Mg_2P_2O_7$	0,2783	44 456
Pb	PbO	0,9283	96 770
	$PbSO_4$	0,6832	83 457
S	$BaSO_4$	0,1374	13 789
	CuO	0,4031	60 545
SO_3	$BaSO_4$	0,3430	53 530
Sb	Sb_2O_4	0,7919	89 866
Si	SiO_2	0,4672	66 975
Sn	SnO_2	0,7877	89 634
Ti	TiO_2	0,5995	77 779
V_2O_5	V	1,785	25 164
W	WO_3	0,7930	89 929
Zn	ZnO	0,8034	90 492

Berichtigung

Seite 64, 19. Zeile von oben:	**statt**	Quecksilber(II)wolframat
	lies	Quecksilber(I)wolframat

Seite 64, letzte Zeile: **statt** Hg_2O **lies** HgO

Seite 89, 21. Zeile von oben: **statt** außer Zinn und Antimon
lies   außer Zinn, Arsen und Antimon

Seite 118, letzte Zeile: **statt** Natriumhydrogencrabonat
lies . Natriumhydrogencarbonat

Seite 131, 11. Zeile von oben: **statt**
$$\frac{\text{Auswaage} \cdot 100}{\text{Einwaage}} = \%\ \text{Wasser}$$

lies
$$\frac{\text{Gewichtsverlust} \cdot 100}{\text{Einwaage}} = \%\ \text{Wasser}$$

Seite 140, 5. Zeile von oben: **statt** 20 ml Natriumsulfidlösung zugeben
lies   20 ml Na_2S-Lösung und etwas granuliertes Zink zugeben . . .

Seite 147, 40. Zeile von oben: **statt** Nährungswerte
lies   Näherungswerte

Ferner ist der Umrechnungsfaktor von SiO_2 nicht 0,4672, sondern 0,4675. Demnach ändern sich diese Faktoren auf Seite 6, 7, 53, 60, 61, 68, 69, 76, 97, 107 und 189 wobei zu beachten ist, daß nur der Faktor 0,4672 jedoch nicht der Logarithmus geändert werden muß.

Niezoldi, Untersuchungsmethoden, 5. Aufl.